"十四五"时期国家重点出版物出版专项规划项目

第二次青藏高原综合科学考察研究丛书

西藏珞隅地区
热带亚热带药用植物

张　宇　王雨华　编著

（中国科学院昆明植物研究所）

科 学 出 版 社

北　京

内 容 简 介

　　本书是在编著者对西藏珞隅地区产热带、亚热带药用植物进行调查、采集、记录，并考证藏医本草文献基础上撰写而成的。全书由总论和各论两部分组成。总论部分简要介绍了热带、亚热带植物药材在藏药中的重要地位、进口藏药材的现状和风险、珞隅地区的自然和人文概况、珞隅地区藏药与民族药用植物调查方法、珞隅地区的药用植物资源、珞隅地区进口藏药材国产替代资源。各论部分详细介绍了 110 味珞隅地区产热带、亚热带藏药材，每味药材尽可能全面记载其藏文名、别名、本草考证、基原、植物性状、分布与生境（含珞隅地区产地）、功效成分、药理、加工炮制、藏医和民间医应用、资源与贸易状况、药用历史与植物文化、其他应用，以及相关的药材标准、毒性、副作用、注意事项等信息，并附有药材和 / 或基原植物图片。本书可为珞隅地区藏药材资源开发和种植提供本底资料和参考依据。

　　本书可供传统医学、藏药材、青藏高原生物多样性、民族文化等领域的科研、教学人员参考，亦可供普通大众，特别是藏医药爱好者阅读。

图书在版编目（CIP）数据

西藏珞隅地区热带亚热带药用植物／张宇，王雨华编著 . —北京：科学出版社，2024.10

（第二次青藏高原综合科学考察研究丛书）

ISBN 978-7-03-077461-3

Ⅰ.①西… Ⅱ.①张…②王… Ⅲ.①热带植物–药用植物–考察报告–西藏 ②亚热带–药用植物–考察报告–西藏 Ⅳ.①Q949.95

中国国家版本馆CIP数据核字（2024）第009939号

责任编辑：王海光　田明霞／责任校对：郑金红
责任印制：肖　兴／封面设计：马晓敏

科 学 出 版 社 出版

北京东黄城根北街 16 号
邮政编码：100717
http://www.sciencep.com

北京建宏印刷有限公司印刷

科学出版社发行　各地新华书店经销

*

2024年10月第 一 版　开本：787×1092　1/16
2024年10月第一次印刷　印张：14 1/4
字数：332 000

定价：228.00元

（如有印装质量问题，我社负责调换）

"第二次青藏高原综合科学考察研究丛书"
指导委员会

刘丛强　中国科学院地球化学研究所

龚健雅　武汉大学

焦念志　厦门大学

赖远明　中国科学院西北生态环境资源研究院

胡春宏　中国水利水电科学研究院

郭正堂　中国科学院地质与地球物理研究所

王会军　南京信息工程大学

周成虎　中国科学院地理科学与资源研究所

吴立新　中国海洋大学

夏　军　武汉大学

陈大可　自然资源部第二海洋研究所

张人禾　复旦大学

杨经绥　南京大学

邵明安　中国科学院地理科学与资源研究所

侯增谦　国家自然科学基金委员会

吴丰昌　中国环境科学研究院

孙和平　中国科学院精密测量科学与技术创新研究院

于贵瑞　中国科学院地理科学与资源研究所

王　赤　中国科学院国家空间科学中心

肖文交　中国科学院新疆生态与地理研究所

朱永官　中国科学院城市环境研究所

丛 书 序 一

　　青藏高原是地球上最年轻、海拔最高、面积最大的高原，西起帕米尔高原和兴都库什、东到横断山脉，北起昆仑山和祁连山、南至喜马拉雅山区，高原面海拔 4500 米上下，是地球上最独特的地质-地理单元，是开展地球演化、圈层相互作用及人地关系研究的天然实验室。

　　鉴于青藏高原区位的特殊性和重要性，新中国成立以来，在我国重大科技规划中，青藏高原持续被列为重点关注区域。《1956—1967 年科学技术发展远景规划》《1963—1972 年科学技术发展规划》《1978—1985 年全国科学技术发展规划纲要》等规划中都列入针对青藏高原的相关任务。1971 年，周恩来总理主持召开全国科学技术工作会议，制订了基础研究八年科技发展规划（1972—1980 年），青藏高原科学考察是五个核心内容之一，从而拉开了第一次大规模青藏高原综合科学考察研究的序幕。经过近 20 年的不懈努力，第一次青藏综合科考全面完成了 250 多万平方千米的考察，产出了近 100 部专著和论文集，成果荣获了 1987 年国家自然科学奖一等奖，在推动区域经济建设和社会发展、巩固国防边防和国家西部大开发战略的实施中发挥了不可替代的作用。

　　自第一次青藏综合科考开展以来的近 50 年，青藏高原自然与社会环境发生了重大变化，气候变暖幅度是同期全球平均值的两倍，青藏高原生态环境和水循环格局发生了显著变化，如冰川退缩、冻土退化、冰湖溃决、冰崩、草地退化、泥石流频发，严重影响了人类生存环境和经济社会的发展。青藏高原还是"一带一路"环境变化的核心驱动区，将对"一带一路"20 多个国家和 30 多亿人口的生存与发展带来影响。

　　2017 年 8 月 19 日，第二次青藏高原综合科学考察研究启动，习近平总书记发来贺信，指出"青藏高原是世界屋脊、亚洲水塔，是地球第三极，是我国重要的生态安全屏障、战略资源储备基地，是中华民族特色文化的重要保护地"，要求第二次青藏高原综合科学考察研究要"聚焦水、生态、人类活动，着力解决青藏高原资源环境承载力、灾害风险、绿色发展途径等方面的问题，为守护好世界上最后一方净土、建设美丽的青藏高原作出新贡献，让青藏高原各族群众生活更加幸福安康"。习近平总书记的贺信传达了党中央对青藏高原可持续发展和建设国家生态保护屏障的战略方针。

第二次青藏综合科考将围绕青藏高原地球系统变化及其影响这一关键科学问题，开展西风–季风协同作用及其影响、亚洲水塔动态变化与影响、生态系统与生态安全、生态安全屏障功能与优化体系、生物多样性保护与可持续利用、人类活动与生存环境安全、高原生长与演化、资源能源现状与远景评估、地质环境与灾害、区域绿色发展途径等10大科学问题的研究，以服务国家战略需求和区域可持续发展。

"第二次青藏高原综合科学考察研究丛书"将系统展示科考成果，从多角度综合反映过去50年来青藏高原环境变化的过程、机制及其对人类社会的影响。相信第二次青藏综合科考将继续发扬老一辈科学家艰苦奋斗、团结奋进、勇攀高峰的精神，不忘初心，砥砺前行，为守护好世界上最后一方净土、建设美丽的青藏高原作出新的更大贡献！

孙鸿烈

第一次青藏科考队队长

丛书序二

　　青藏高原及其周边山地作为地球第三极矗立在北半球，同南极和北极一样既是全球变化的发动机，又是全球变化的放大器。2000年前人们就认识到青藏高原北缘昆仑山的重要性，公元18世纪人们就发现珠穆朗玛峰的存在，19世纪以来，人们对青藏高原的科考水平不断从一个高度推向另一个高度。随着人类远足能力的不断加强，逐梦三极的科考日益频繁。虽然青藏高原科考长期以来一直在通过不同的方式在不同的地区进行着，但对于整个青藏高原的综合科考迄今只有两次。第一次是20世纪70年代开始的第一次青藏科考。这次科考在地学与生物学等科学领域取得了一系列重大成果，奠定了青藏高原科学研究的基础，为推动社会发展、国防安全和西部大开发提供了重要科学依据。第二次是刚刚开始的第二次青藏科考。第二次青藏科考最初是从区域发展和国家需求层面提出来的，后来成为科学家的共同行动。中国科学院的A类先导专项率先支持启动了第二次青藏科考。刚刚启动的国家专项支持，使得第二次青藏科考有了广度和深度的提升。

　　习近平总书记高度关怀第二次青藏科考，在2017年8月19日第二次青藏科考启动之际，专门给科考队发来贺信，作出重要指示，以高屋建瓴的战略胸怀和俯瞰全球的国际视野，深刻阐述了青藏高原环境变化研究的重要性，要求第二次青藏科考队聚焦水、生态、人类活动，揭示青藏高原环境变化机理，为生态屏障优化和亚洲水塔安全、美丽青藏高原建设作出贡献。殷切期望广大科考人员发扬老一辈科学家艰苦奋斗、团结奋进、勇攀高峰的精神，为守护好世界上最后一方净土顽强拼搏。这充分体现了习近平生态文明思想和绿色发展理念，是第二次青藏科考的基本遵循。

　　第二次青藏科考的目标是阐明过去环境变化规律，预估未来变化与影响，服务区域经济社会高质量发展，引领国际青藏高原研究，促进全球生态环境保护。为此，第二次青藏科考组织了10大任务和 60 多个专题，在亚洲水塔区、喜马拉雅区、横断山高山峡谷区、祁连山 - 阿尔金区、天山 - 帕米尔区等 5 大综合考察研究区的 19 个关键区，开展综合科学考察研究，强化野外观测研究体系布局、科考数据集成、新技术融合和灾害预警体系建设，产出科学考察研究报告、国际科学前沿文章、服务国家需求评估和咨询报告、科学传播产品四大体系的科考成果。

两次青藏综合科考有其相同的地方。表现在两次科考都具有学科齐全的特点，两次科考都有全国不同部门科学家广泛参与，两次科考都是国家专项支持。两次青藏综合科考也有其不同的地方。第一，两次科考的目标不一样：第一次科考是以科学发现为目标；第二次科考是以摸清变化和影响为目标。第二，两次科考的基础不一样：第一次青藏科考时青藏高原交通整体落后、技术手段普遍缺乏；第二次青藏科考时青藏高原交通四通八达，新技术、新手段、新方法日新月异。第三，两次科考的理念不一样：第一次科考的理念是不同学科考察研究的平行推进；第二次科考的理念是实现多学科交叉与融合和地球系统多圈层作用考察研究新突破。

"第二次青藏高原综合科学考察研究丛书"是第二次青藏科考成果四大产出体系的重要组成部分，是系统阐述青藏高原环境变化过程与机理、评估环境变化影响、提出科学应对方案的综合文库。希望丛书的出版能全方位展示青藏高原科学考察研究的新成果和地球系统科学研究的新进展，能为推动青藏高原环境保护和可持续发展、推进国家生态文明建设、促进全球生态环境保护做出应有的贡献。

姚檀栋

第二次青藏科考队队长

前　言

　　中华医药是中国人民献给全人类的礼物，是世界医药的瑰宝。藏医药是中华传统医药体系的重要组成部分。藏医药是以生活在青藏高原上的各族群众在 3000 年来与疾病所作斗争中总结出的经验和医药知识为基础，吸收融合通过文化和贸易交流传来的中医、阿育吠陀、悉昙、尤那尼、波斯医学，以及周边各地民间医学知识而形成的传统医药体系。藏医药具有理论严密、系统完整、经方验方丰富等特征，是和中医、维医、蒙医、傣医齐名的我国"五大传统医药体系"之一。正是由于藏医药体系在发展完备的过程中不断地吸收融合其他医药体系、知识和用药，因此藏药材不仅来源于高原地带所产的动植物和矿物物产，还来源于其他地域物产，其中产自热带、亚热带的植物占有较大比例。从藏药材基原植物种来看，在历代藏医本草记载的植物源药材中，有超过 1/3 的藏药材来自热带、亚热带植物；而从用药频率和用量来看，使用频率最高、用量最大的 20 味药材全部来源于热带、亚热带植物。在这些植物药材中，有相当一部分是我国不产的进口药材。如藏药的根本方"哲布松（大三果）"，绝大多数的藏药经方都是以"哲布松"为基础加减化裁而来的。"哲布松"由诃子、毛诃子和余甘子 3 味药材组成，除余甘子在我国南方热带区域有分布和种植外，诃子和毛诃子都是原产于热带南亚的进口药材。长期以来，这些藏药材依赖于进口或内地转运，存在运输成本高昂、运输途中容易产生变质、混伪品掺入等质量问题；而且，药材原产国政治经济不稳定、大规模传染病流行等因素也会严重影响进口药材贸易的通畅。近年来，藏医药的知名度越来越高，越来越受到广大患者的欢迎和认可，藏医药产业和市场迅速扩大。然而，重要进口藏药材来源的不稳定会严重制约藏医药的运用及现代化发展。因此，从青藏高原或邻近地区的热带、亚热带区域寻找资源或适宜栽培区就显得十分迫切。以珞隅地区为代表的藏南是青藏高原唯一具有连片热带、亚热带气候的区域，具有丰富的热带、亚热带藏药材资源。随着扎墨公路的通车，派墨公路、察墨公路等的修建，以及边境公路的闭环完善，越来越便利的交通条件为珞隅地区热带、亚热带藏药资源的利用和栽培提供了发展契机。因此，在"第二次青藏高原综合科学考察研究"的任务中，我们策划和开展了本项研究。本研究以民族植物学调查为基础，结合植物多样性调查、本草学、历史文献学及文化人类学、民族学等手段，通过文献研究和实地调研，调查和分析了珞隅地区热带、亚热带区域产藏药材的品种多样性、资源状况和国产替代状况，整理成本书。本书可以作为西藏地区本土产热带、亚热带藏药资源挖掘和利用的本底资料，也可以作为发展这些药材种植区域评价的参考资料。

本书由总论和各论两部分组成。总论部分简要介绍了热带、亚热带植物药材在藏药中的重要地位、进口藏药材的现状和风险、珞隅地区的自然和人文概况、珞隅地区藏药与民族药用植物调查方法、珞隅地区的药用植物资源、珞隅地区进口藏药材国产替代资源。各论部分详细介绍了110味珞隅地区产热带、亚热带藏药材及民族药材，这些药材的基原植物，绝大部分是产自珞隅地区雅鲁藏布江及其各支流温暖河谷的野生或栽培植物。书中收录的药材按照其基原植物排序（蕨类植物、裸子植物、被子植物），每味药材尽可能全面记载其藏文名、别名、本草考证、基原、植物性状、分布与生境、珞隅地区产地、功效成分、药理、加工炮制、应用、资源与贸易状况，以及相关的药材标准、毒性、副作用、注意事项等信息，并附有药材和/或基原植物图片。关于物种在珞隅地区的分布，对于研究团队经过实地调研确认并采集了样品的物种，则列出其分布信息；对于分布信息仅来自文献并未经过实地调研的物种，则不列出其分布信息。关于物种在国外的分布，如查阅文献有相关信息，则列出，反之，则不列出。关于物种的生境，如经过实地调查或查阅文献获取到相关信息，则列出，反之，则不列出。

本书在编写过程中参考了历代藏医本草文献，同时结合实地调研进行再考证，书中收载了实地调研记录和历代本草文献记载的药材使用历史及相关文化等信息。书中论及的所有藏药材、藏药本草著作和藏文历史文献均附有藏文（或拉丁文转写形式）原名，对其中引用的关键性历史文献附注了原文。对于每味药材的藏药应用及民族民间药应用，本书参考并收录了相关的功效成分、药理和临床的新近研究成果。本书将文献研究和实地调研相结合，内容丰富、实用，既可供传统医学、藏药材、青藏高原生物多样性、民族文化等领域的科研、教学人员参考，亦可供普通大众，特别是藏医药爱好者阅读。

本研究是在"第二次青藏高原综合科学考察研究"任务五专题二子课题一"野生经济植物资源与民族植物学调查与评估"（2019QZKK05020301）的资助和支持下完成

的，同时得到了西藏自治区各级党政部门的支持。此外，林芝市墨脱县背崩乡、达木珞巴民族乡、加热萨乡、德兴乡，林芝市察隅县西巴村，山南市隆子县斗玉珞巴民族乡的民众也给予了支持和帮助，使得实地调研工作得以顺利进行，我们收获颇丰。本书的进口热带药材论述部分引用了本书作者在东南亚国家进行"一带一路"药材品种和贸易考察工作的成果，该工作得到了中国科学院东南亚生物多样性研究中心和云南中医药大学"南药协同创新中心"的资助和支持。本研究在问题提出、方法设计、文献调研等工作中得到了裴盛基教授的悉心指导，许海昆先生提供了本书中的部分照片，在此一并表示衷心的感谢。

由于作者水平有限，书中难免存在不足之处，敬请读者批评指正。

张　宇　王雨华

2023 年 4 月

摘　要

　　传统藏药材植物中至少有三分之一产自热带、亚热带地区，其中大部分不产于我国，长期依赖进口。高昂的进口成本，长期制约着藏药的生产和应用。因此，有必要推进我国热带、亚热带藏药植物资源的挖掘和种植。珞隅地区是青藏高原最大的具有热带、亚热带气候的区域，适宜热带、亚热带藏药植物资源开发与种植，但目前专门针对珞隅地区产热带、亚热带藏药植物资源的本底信息尚不清楚。

　　本研究依托"第二次青藏高原综合科学考察研究"任务五专题二子课题一"野生经济植物资源与民族植物学调查与评估"（2019QZKK05020301），通过实地调查结合藏医本草文献考证的方式，对珞隅地区产热带、亚热带重要藏药植物进行调查、采集、记录和考证。结果表明，珞隅地区热带、亚热带区域具有丰富的藏药材和民族药材植物资源，且具有发展成道地药材的潜力。

　　本书由总论和各论两部分组成。总论部分简要介绍了热带、亚热带植物药材在藏药中的重要地位、进口藏药材的现状和风险、珞隅地区的自然和人文概况、珞隅地区藏药与民族药用植物调查方法、珞隅地区的药用植物资源、珞隅地区进口藏药材国产替代资源。各论部分详细介绍了110味珞隅地区产热带、亚热带藏药材，每味药材尽可能全面记载其藏文名、别名、本草考证、基原、植物性状、分布与生境（含珞隅地区产地）、功效成分、药理、加工炮制、藏医和民间医应用、资源与贸易状况、药用历史与植物文化、其他应用，以及相关的药材标准、毒性、副作用、注意事项等信息，并附有药材和/或基原植物图片。本书可为珞隅地区藏药材资源开发和种植提供本底资料和参考依据。

凡　例

1. 本书收录植物以藏药植物为主，兼顾珞隅地区门巴族、珞巴族等少数民族及民间特色药用植物。

2. 各论部分记录的药用植物，蕨类植物按秦仁昌分类系统排列，裸子植物按郑万钧分类系统排列，被子植物按 APG Ⅳ 分类系统排列。

3. 药材名称收录汉文名、藏文名、别名。汉文名、藏文名和藏文名汉字音译参考《中华本草·藏药卷》和《藏药志》。别名来自实地调研和相关参考文献，其中汉语别名以汉字记录，少数民族语别名以拉丁拼音记录其读音。

4. 本草考证：对照经典藏药本草记载，对基原植物的形态、分布、生境等进行考辨，论证其用药品种、历史变迁和延续等，阐明基原植物正品、代用品和混伪品，澄清混乱。

5. 基原：参考《中国植物志》、*Flora of China* 和《西藏植物志》对基原植物的重点识别特征、花期物候等进行简要描述。

6. 分布与生境：参考《中国植物志》、*Flora of China* 和《西藏植物志》，记录基原植物的分布和生境等。

7. 珞隅地区产地：记录实地调查所得的基原植物或药材采集地点。

8. 功效成分：参考相关研究，记录药材的主要成分，尤其是与藏医和民间医应用相关的功效成分。

9. 药理：简要收录近 10 年来植物药理学相关研究成果，尤其是同藏医和民间医应用相关的研究。

10. 加工炮制：参考经典藏药本草，收录炮制加工信息。

11. 藏医应用：参考经典藏医本草，依据藏药理论收录药材的"性效化味"和功能主治信息。

12. 民间医应用：收录实地调查所得的民族民间利用信息。

13. 资源与贸易状况：参考相关生物多样性评估资料，结合实地调研，阐述基原植物目前的野生或栽培情况、资源量，药材的采集收购、市场贸易、进出口情况等信息。

14. 药用历史与植物文化：部分药用植物是青藏高原地区重要的文化植物，本书简要收录了与实地调研和文献研究所得的重要文化植物相关的民族民间习俗、礼仪、传说、历史等信息，尤其是药用相关的信息。

15. 其他应用：部分植物在珞隅地区既是药用植物，也是重要的食用植物、染料植物、纤维植物等，本书简要收录相关信息。

16. 附注：凡不适合收录在上述条目中，但又较为重要的信息，简要收录于此。

目　　录

第一部分　总　　论

一、热带、亚热带植物药材在藏药中的重要地位

1. 热带、亚热带植物药材在藏医诊疗中的重要性

　　藏医药学是中华医学宝库中的重要组成部分。藏医是我国五大传统医药体系（中医、藏医、蒙医、维医、傣医）之一。藏医药学是以藏族为主的青藏高原各族群众在长期的生产实践中，不断总结与疾病作斗争的经验，并吸收其他医学体系，特别是汉族及南亚各民族传统医药学的部分内容，逐步形成的具有独特风格的民族医药体系。藏医药发端于古象雄，兴盛于吐蕃，传承于甘丹颇章，新生于新中国，在数千年藏医药发展历程中，藏医结合本地区的生活习惯、发病规律，结合青藏高原的自然条件、药物资源，长期反复临床实践，不断整理提高，逐步形成有实践、有理论、内容丰富的完整体系。它流传于整个青藏高原，在内蒙古、新疆、云南一带也很流行，甚至被推广至我国周边的蒙古国、不丹、印度、尼泊尔、俄罗斯布里亚特和图瓦、克什米尔，以及中亚各国部分与我国西藏相邻的省区等国家和地区。藏医药在中华民族数千年历史长河中救死扶伤、经世济民，为维护青藏高原各族群众生命健康做出了杰出的贡献（胡文忠等，2012；贡却坚赞，2002；丹增坚措，1989；毛继祖，1980）。

　　说起藏药，一般人马上会想起"虫草、贝母、雪莲花"。的确，在全国各地"藏药材"商店里堆满了这3类药材，并且在商家的口中，这些都是"包治百病"的"雪域神药"。然而，只要读上一两本正规出版社的藏医药书籍或者仔细阅读一下制药企业依照国家标准出品的藏成药说明书，就会发现在藏医实际的诊疗中，这3类药材并不常见。事实上，贝母类（如川贝、炉贝等）、虫草（如冬虫夏草、蝉花等）和雪莲花（如水母雪兔子、苞叶雪莲等）在藏医实际应用中属于不常用、需求少、用量低的"冷背药材"（彭华胜等，2015）。以"虫草、贝母、雪莲花"为特色的"藏药"其实是药材商家为了推动贵细药材[①]的经销而给消费者营造的刻板印象之一，也给藏药打上了"质贵价高"的标签。消费者的另外一个刻板印象则是"藏药材"等于"高原药材"，这主要是由信息不通畅所致。由于藏药材主要为青藏高原各族群众所用，容易让不了解藏医药的人误以为藏药材都产于青藏高原。事实上，藏药材不是仅仅局限于青藏高原地区的高原产物，产自喜马拉雅山南麓的热带植物药材、我国内地的中药材、南亚阿育吠陀药材、西亚和欧洲的穆斯林草药，以及西方草药都为藏医所用，单用或组方治疗各种疾病（国家中医药管理局，2002）。许多非高原产药材成为藏医的常用药材，尤其是产自南亚、东南亚和喜马拉雅山南麓广大热带区域的植物药材，如诃子、毛诃子、余甘子、豆蔻、丁香等，为藏药方剂中必不可少的关键组分（钟国跃等，2012）。

　　总体上看，在藏药材中，产自热带、亚热带区域的植物药材不仅种类繁多，而且

---

① 贵细药材，即"珍贵精巧的药材"，贵细药材具有知名度高、价格昂贵、资源稀缺、相对用量少的特点，如藏红花、燕窝、鹿茸、冬虫夏草、沉香等。贵细药材附加值高、利润空间大，为药材市场的"宠儿"。

使用历史悠久、经方和验方丰富，在藏药材中占有重要地位。从药材基原植物种类来看，热带、亚热带植物占有相当比例。我们对部分重要藏医本草和辞典记载的药材种类进行统计发现，《中华本草·藏药卷》记载的348种药用植物中，热带、亚热带植物有123种（占比35.3%）；《中国藏药材大全》记载的534味植物药中，有143味的基原植物包含热带、亚热带植物（占比26.8%）；《藏汉对照藏医药学名词》收录的370味植物药材中，有125味的基原植物包含热带、亚热带植物（占比33.8%），其中全部的"树木类"和"精华类（不含动物和矿物源）①"为热带、亚热带植物。左振常和罗达尚（1986）从植物区系地理的角度出发，对藏药材基原植物进行了分析，发现在属一级水平，热带及亚热带分布成分占到了30.7%。总之，在常用植物源藏药材种类中，有大约1/3是热带、亚热带植物。从常用藏药经方和验方组分频率来看，几乎所有的最常用藏药材均源自热带、亚热带植物。青海民族大学热增才旦教授团队对卫生部（现国家卫生健康委员会）颁布的藏药标准中记载的184个方剂组分进行了统计分析，发现除船形乌头和铁棒锤产自高寒山区、麝香为动物源药材外，使用频率排名前20的药材均源自热带、亚热带植物，其中排名前10的植物药材为诃子、红花、木香、天竺黄、余甘子、豆蔻、丁香、毛诃子、肉豆蔻、荜茇（文成当智等，2021）。除木香在青藏高原东部横断山区有人工栽培外，其余均不产自青藏高原，而诃子、毛诃子、丁香和荜茇为产自南亚和东南亚热带地区的进口药材，我国不产或产量极小，不能满足需求。同时，该团队又应用"组方药物相对用量"指数对184个方剂的组方进行了评估，发现诃子、红花、荜茇、余甘子、石榴籽、毛诃子、豆蔻等热带、亚热带药材相对用量名列前茅，其中诃子更是达到1524.7g，约为排名第二的红花（900g）的1.7倍。江西中医药大学钟国跃教授团队对藏医文献记载和实地调研各地藏医院提供的1150个方剂进行了统计，从统计结果来看，使用频次超过200次方剂的植物药材全部来源于热带和亚热带植物（钟国跃等，2012）。

2. 藏医应用热带、亚热带植物药材的缘由

如前所述，热带、亚热带植物药材在藏医诊疗中不仅最常用，而且经方验方丰富，应用知识体系完备。那么，热带、亚热带植物药材为什么在藏医诊疗中会有如此重要的地位？高原地带的藏医为什么会有如此丰富和系统的运用热带、亚热带植物治疗疾病的知识和经验呢？这个问题需要从藏医药的起源和发展历史上来回答。

从藏医药的起源来看，藏医药是藏族人民在数千年的生产生活中，从同疾病作斗争的经验中总结出来的。藏族人民不仅生活在青藏高原的高海拔地区，在青藏高原边缘的中低海拔山区、河谷等地带也有藏族世居（杨圣敏，2004）。在云南德钦县澜沧江河谷的古人石棺墓葬研究中发现，该遗迹属于藏文化圈，说明早在新石器时代，澜沧江低海拔河谷地带就有藏族先民居住（柏秀英和姚晓武，2013）。青藏高原东部和南部的

---

① 藏医将药材分为十类：珍宝类、土类、石类、精华类、树木类、湿生草类、旱生草类、盐碱类、动物类和作物类，其中树木类、湿生草类、旱生草类和作物类为植物药材，精华类和土类包含部分植物药材。

中低海拔地区具有大面积的热带、亚热带气候区域，生活在这些区域的藏族人民拥有非常丰富的民族民间利用药用植物的知识，这些地方性知识和相应的药用植物产品随着物资和信息交流传播到高原地带，被历代医家记录和总结下来，融入藏医中，成为藏医药体系的一部分。

从藏医的发展历史来看，几千年来，藏医一直在不断吸收外来医学知识，为其所用。早在古象雄时代，青藏高原先民就与古印度先民有医药文化交流，引入了部分阿育吠陀药材。《象雄大藏经》中记载了"阿如热"（诃子）、"塔芝"（盐肤木果）和"勒哲"（宽筋藤）等热带植物药材（杨崇仁和张颖君，2021）。松赞干布执政时期，吐蕃医学流行"三大医科"，即上部藏地医学、南方天竺医学、东方汉地医学。传说松赞干布还邀请天竺医师般若达则、汉地医师韩文海，以及大食医师卡列诺3人合著医书。在这个过程中，产自汉地、天竺，乃至西域各国的药材及其用法随之传入吐蕃。文成公主入藏，又带来了我国汉地的各种药材和医书。赤德祖赞执政时，迎娶金城公主，随金城公主入藏的汉族医师和吐蕃医师共同编译医书，并撰写了现存最早的藏医著作《月王药诊》。《月王药诊》吸收了佛教医学和汉地医学的精华，是早期藏医学的集大成者（强巴赤烈，1996）。《月王药诊》开篇就写道，在南方拜达地方降生的龙树论师，他精通五明学说，为了有益于众生，编撰了医药书籍。圣者文殊菩萨的化身，为了解救众生，在圣地五台山……讲授了《医学论典》《月王药诊》。这就表明了《月王药诊》所阐述的医学理论是融合多种医学体系而来的。龙树论师是佛教"中观学派"的创始人，他的中观论思想传入我国后，为我国哲学体系画上了浓墨重彩的一笔；龙树论师也是一位高僧医家，著有《寿世经颂》《草药龙须根炮制法》《珍宝药物次第》《水银冶炼法·宝鬘论》《疗毒四瘟疗法》等医学著作，这些著作传入西藏地区后，对藏医产生了深刻影响（马世林和毛继祖，2012）。自吐蕃时代起，佛教医学在青藏高原广为流传，以《金光明最胜王经》部分章节为代表的一大批佛教医学著作被转写成藏文并翻译成藏语。与此同时，吐蕃时代青藏高原同各地贸易往来和文化交流频繁，来自我国汉地、于阗、回鹘，以及国外波斯、大食等地的医学著作也纷纷传入。此时诞生了以宇妥·元丹贡布（也名宇妥·元丹衮波）为代表的一大批藏医大师，他们学贯古今，博采众长，总结、编撰了《医学四续》《度母本草》《宇妥本草》《妙音本草》等藏医根本之作。后世藏医学在与我国汉族中医、蒙医、维医等传统医学体系的不断交流和互相影响中，不断丰富完备诊疗理论的同时，藏医所用药材种类也大幅度增加（张云，2016；强巴赤烈，1996）。

正是因为藏医学在不断发展过程中，主动吸收融合外来医学知识，对外来药材，尤其是产自热带和亚热带区域的药材性质进行了探索和创新性应用，许多热带、亚热带药用植物在高原涉藏地区物尽其用。自唐代《度母本草》等"三大本草"起，到明清时期划时代的《晶珠本草》，再到新近问世的《藏药晶镜本草》《甘露本草明镜》《中华本草·藏药卷》《中国藏药植物资源考订》等现代藏医本草，藏医本草记述的草药品种从《度母本草》记载的237种唐代吐蕃本草药材增加到新近出版的《中国藏药植物资源考订》记载的3100余种现代本草药材，增长了12倍。在增加的药材品种中，有相当一部分是产自热带、亚热带区域的植物药材（杨竞生，2016；希瓦措，2016）。

3. 进口热带、亚热带藏药材

青藏高原位于亚洲大陆腹地，南邻南亚次大陆，北连我国西北大漠和绿洲，西边深入中亚高地，东接我国内地。青藏高原自古就是连接我国和南亚、中亚、西亚的大通道。近年来考古工作者发现，早在西汉文帝时期，就已开凿从长安至喀什米尔、横跨青藏高原的丝绸之路高原分支（Lu et al.，2016）。在喜马拉雅山—喀喇昆仑山一线有众多的山口，其中许多山口是青藏高原通往南亚和中亚的交通要道。亚东、吉隆、樟木、普兰、红其拉甫等边贸口岸拥有上千年的历史，是我国千年来对外贸易和物资交换史的见证。产自南亚次大陆和西南亚、东南亚，乃至非洲和地中海一带的热带、亚热带药材随着贸易从这些口岸和通道进入我国西藏和青海等地，被藏医和其他民族民间医生使用，其原产地的药用知识也被藏医和其他民族医吸收融合，成为藏药和其他民族药的一部分。在第二次青藏高原综合科学考察研究项目实施中，我们通过实地调研走访亚东仁青岗、定结陈塘、吉隆镇、普兰尼泊尔市场、喀什中西亚大巴扎、和田欣明南国城、大理三营镇、德钦阿墩子等药材边贸市场或地方集市，发现这些药材多从喜马拉雅山各个口岸和通道进入我国西藏和青海地区，或者从巴基斯坦经红其拉甫等喀喇昆仑山口岸和通道进入我国喀什、和田等药材集散地，再通过叶城—日土—噶尔线路进入西藏地区。也有部分药材先通过缅甸进口至我国云南，再通过滇藏线运输至西藏地区。另外，由于海运成本较陆运成本低，加之近年来我国公路和铁路等交通条件提升，也有相当一部分进口药材通过海运先进口到沿海地区，再通过陆路集散至昆明、成都、西宁、乌鲁木齐等地，再转运至西藏地区。

在进口热带、亚热带藏药材中，最多的为产自印度、尼泊尔和巴基斯坦等南亚国家，原为传统阿育吠陀、尤那尼或波斯医学运用的药材。这些药材通过物资交换和文化交流进入我国西藏地区，被藏医吸收运用后，成为常用的重要藏药材，如藏药之王阿如热（a-ru-ra）[1]，就是阿育吠陀"药王"诃黎勒（Hariitaki）[2]被藏医吸收应用的结果（杨崇仁和张颖君，2021；关陟昊等，2021）。

大三果"哲布松"（vbras-bu-khsum）是藏药的"根本方"，绝大多数的藏医经方和验方都是在"哲布松"的基础上加减化裁而来的。"哲布松"由诃子（a-ru-ra）、毛诃子（ba-ru-ra）和余甘子（skyu-ru-ra）这 3 味以果实入药的药材组成。"哲布松"出自《医学四续》，原为阿育吠陀药"三勒"，梵语名 Triphalla，基原为使君子科植物诃子（*Terminalia chebula*）、毛诃子（*Terminalia bellirica*）和叶下珠科植物余甘子（*Phyllanthus emblica*）的果实，主产印度、尼泊尔和巴基斯坦干热地区（张宇等，2019）。早在唐代，波斯人就把"三勒浆"的制作工艺传入我国。当时的首都长安盛行佛教，提倡戒

---

[1] "a-ru-ra"为藏文 ཨ་རུ་ར 之拉丁转写，汉字音译"阿如热"，为便于排版和读者阅读，本书涉及藏文名词，除各论中药材品名外，依据教育部语言文字信息管理司 2015 年组编的《藏文拉丁字母转写方案（草案）》进行拉丁转写，药材名汉字音译参考《中华本草·藏药卷》《藏药志》和《中华藏本草》等。
[2] 梵语 Hariitaki，汉语音译"诃黎勒"，基原为使君子科植物诃子（*Terminalia chebula*）的果实。

酒，城中流行饮用"三勒浆"以替代酒精饮料。诃子被誉为"藏药之王"，几乎所有的藏药经方都有运用。佛教寺院中的"药师琉璃光佛像"就是右手持诃子树枝条、左手持琉璃药罐的形象（宇妥·元丹衮波，2012）。"哲布松"组方药材中，除余甘子在我国西南、华南热带区域有分布外，其余两种均为进口药材（罗达尚，1997a）。诃子在广东广州和云南西双版纳有引种，但资源量不大。近年来在云南西南部临沧市发现野生微毛诃子（*Terminalia chebula* var. *tomentella*），其为诃子的变种，可作为诃子的国产替代资源（唐荣平，2020）。

"三豆蔻"包括小豆蔻"甲噶素门"（rkhya-khar-sukh-smel）、白豆蔻"甲纳素门"（rkhya-nakh-sukh-smel）和西藏豆蔻"珞隅素门"（lho-yul-sukh-smel）。豆蔻藏语称"素门"（sukh-smel），为梵语"苏泣迷罗"（sukimila）之藏文转写的缩略词（陈明，2018）。小豆蔻即"印度豆蔻"，为姜科植物小豆蔻（*Elettaria cardamomum*）的果实，主产印度和巴基斯坦。白豆蔻为姜科植物白豆蔻（*Amomum kravanh*）的果实，主产东南亚柬埔寨、泰国、马来西亚和印度尼西亚等国。"甲纳素门"的意思是"汉地豆蔻"，然而我国不产白豆蔻，"汉地豆蔻"可能是因古代白豆蔻先自东南亚进口到我国内地，再运输到青藏高原而得名。西藏豆蔻为姜科植物西藏豆蔻（*Amomum tibeticum*）的果实，是我国西藏南部地区产的本土药材（国家中医药管理局，2002）。豆蔻为藏医经方和验方中最常用的组方和药引之一，用于治疗和改善消化系统问题、促进药物吸收和转运至靶向脏器。藏医认为消化系统疾病为所有疾病的根源，因此藏医诊疗方案往往从改善消化系统功能入手（强巴赤烈，1996；谷雨龙，2015；文成当智等，2021）。

肉豆蔻"扎得"（tsav-ti）为肉豆蔻科植物肉豆蔻（*Myristica fragrans*）的种子。肉豆蔻原产东南亚，为传统阿育吠陀药和尤那尼药。"扎得"为梵语"Jate"的转写（裴盛基和张宇，2020）。肉豆蔻是"二十味肉豆蔻丸"等藏药经方的主成分（谷雨龙，2015），也是青藏高原民族民间特色香料，是"藏式咖喱"不可缺少的调料之一。我国不产肉豆蔻，藏医和涉藏地区群众日常所用肉豆蔻经亚东、吉隆、普兰等口岸自印度和尼泊尔进口。

红白菩提，为藏红花"喀吉苦空"（ga-che-khur-khum）和羯布罗香"噶布尔"（kha-bur）。藏医把红白菩提列为"精华类"药物。藏红花为鸢尾科植物番红花（*Crocus sativus*）的干燥柱头，是印度和巴基斯坦进口藏药材，藏医所用番红花主产克什米尔。"喀吉苦空"意为"克什米尔产的红花"。藏药"苦空"为菊科植物红花（*Carthamus tinctorius*）的干燥舌状花。传统上藏医认为番红花是"上品的红花"（国家中医药管理局，2002）。番红花亦称"喀吉夏岗玛"，意为"克什米尔夏岗山的花朵"，该名称源于传说中最早的番红花是从克什米尔一座名为"夏岗"的神山处得到，古代先贤从夏岗山采集番红花的种子并尝试引种到西藏（帝玛尔·丹增彭措，2012）。羯布罗香为印度和东南亚热带雨林产龙脑香科植物羯布罗香（*Dipterocarpus turbinatus*）的树脂蒸馏后的结晶，中医称为"梅花冰片"。"噶布尔"一词即为梵语"羯布罗"（karpura）的转写，藏医本草记载羯布罗香产自喜马拉雅山南部的热带森林，旃檀、奇楠、紫檀等上品药物也产自那里（宇妥·元丹衮波，2012）。羯布罗香的主要成分为龙脑（2- 茨醇），我国本土植物樟（*Cinnamomum camphora*）的品种"龙脑樟"所产的樟脑含龙脑，为羯布罗香的国产代用品（吴茂隆等，2011）。

"三上品木"包括奇楠"阿卡如"（a-kha-ru）、旃檀"赞丹噶布"（tsan-than-thkar-po）、紫檀"赞丹玛保"（tsan-than-thmar-po）。奇楠为瑞香科植物马来沉香（*Aquilaria malaccensis*）的带树脂木材，旃檀为檀香科植物檀香（*Santalum album*）的木材，紫檀为豆科植物檀香紫檀（*Pterocarpus santalinus*）的木材（国家中医药管理局，2002）。"三上品木"为制作"甘露丸"的原料，也是重要的文化礼仪植物和制作藏香的香料。此3 种树木皆主产于热带亚洲的印度和东南亚国家。目前此 3 种树木已被列为珍稀濒危植物。我国产的海南沉香为瑞香科植物白木香（*Aquilaria sinensis*）的带树脂木材，为奇楠的国产资源，又名莞香、土沉香等，目前在海南、广西、广东等省区已实现规模化种植。

"三热药"之荜茇"毕毕林"（pi-pi-ling）：荜茇为胡椒科植物荜茇（*Piper longum*）的干燥果穗，是藏医常用药材，也是藏餐烹饪香料，用作"藏式辣椒"和"藏式咖喱"的香辛料。荜茇主产印度、尼泊尔等南亚国家。本研究实地调查发现，普兰口岸的尼泊尔商人大量出售荜茇。藏语"毕毕林"转写自梵语"荜茇梨"（Pipali）。目前我国中医和各民族医药所用荜茇药材大部分依赖进口。本研究在西藏东南部墨脱县雅鲁藏布大峡谷发现荜茇近缘种具柄胡椒（*Piper petiolatum*），有药商将其作为"毕毕林"在当地收购。《晶珠本草》等藏医本草的确记载西藏东南部的工布（今林芝市巴宜区、米林市、工布江达县一带）和珞隅（墨脱县和隆子县东南部一带）有"毕毕林"的本土代用品出产，但不知是否为具柄胡椒之类，需要进一步考证（帝玛尔·丹增彭措，2012）。

丁香"里协"（li-shi）：丁香为桃金娘科植物丁子香（*Syzygium aromaticum*）的干燥花蕾，又名公丁香。丁香在青藏高原各地群众的日常生活中必不可少，既是制作食物的香料（藏式辣椒和藏式咖喱），又是解腻去毒的药材，还是藏香的主要成分之一。丁香为热带植物，产热带非洲和热带亚洲。我国不产丁香。我国中医和各个民族医药所用的丁香药材均为进口药材。

黑白"斯惹"（zi-ra）（有些藏医研究著作音译为"司拉"）：黑白"斯惹"即黑种草"斯惹纳布"（zi-ra-nakh-po）和孜然"斯惹噶布"（zi-ra-thkar-po），分别为毛茛科植物黑种草（*Nigella damascena*）和伞形科植物孜然芹（*Cuminum cyminum*）的果实（国家中医药管理局，2002）。黑白"斯惹"原为南亚和中亚的阿育吠陀和尤那尼医学传统药物。这两种药材主产于中亚和西南亚至地中海一带的亚热带地区，印度和巴基斯坦也产。黑白"斯惹"主要通过我国对印度和巴基斯坦的陆路口岸进入西藏地区（裴盛基与张宇，2020）。

印度獐牙菜"甲蒂"（rkhya-tikh）：甲蒂为"蒂达"（tikh-ta）类药材之首，为龙胆科植物印度獐牙菜（*Swertia chirayita*）的全草。"蒂达"一词为梵语 Tikta 的转写，意思是"苦甘露滴"（Puri，2003）。印度獐牙菜分布于喜马拉雅山南坡热带、亚热带中高海拔山区，多分布于印度和尼泊尔一侧。目前藏医所用甲蒂药材几乎全部为印度和尼泊尔进口药材。2020 年，在第二次青藏高原综合科学考察研究项目的开展过程中，中国科学院昆明植物研究所的科考人员在西藏自治区定结县陈塘镇附近我国境内的森林中发现了印度獐牙菜的分布，后又在亚东、吉隆等县发现。

木苹果"彼哇"（pil-ba）：木苹果是芸香科植物木橘（*Aegle marmelos*）的果实，主产于南亚次大陆。木苹果原为阿育吠陀传统药材，藏医引进后用于治疗细菌性痢疾，"彼哇"即为梵语 Belva 的藏语转写。木苹果还是藏传佛教中的文化礼仪植物，据说寺院壁画中菩提树神供奉给佛陀的礼物就是"彼哇"。藏医所用的木苹果主要由尼泊尔和印度进口，另有少部分产自东南亚的泰国和缅甸，先进口至我国云南，再运输至西藏地区。同科植物大木苹果（*Feronia clophantum*）在东南亚作为代用品，进口藏药木苹果中常混入少量该种（裴盛基与张宇，2020）。

儿茶"堆甲"（stoth-ja）：儿茶为豆科植物儿茶（*Acacia catechu*）树枝、叶煎煮而得的浸膏，藏语称为"堆甲"，意思是"精制的茶"。儿茶在藏药中用作杀菌剂和收敛剂，外用收敛黄水疮和治疗皮肤感染等。儿茶主产南亚次大陆和东南亚干热地带，传入我国的历史可追溯至唐代（裴盛基与张宇，2020）。儿茶是藏药"三种桑当"（sang-thang）之白桑当"桑当噶布"（sang-thang-thkar-po）。本研究实地调查发现，阿里地区普兰县藏医所用之堆甲药材是尼泊尔进口；云南德钦县藏医所用之"桑当噶布"来自云南瑞丽口岸，是缅甸进口药材。

鸭嘴花"哇夏嘎"（ba-sha-ka）：鸭嘴花为爵床科植物鸭嘴花（*Justicia adhatoda*）的全株。鸭嘴花原为传统阿育吠陀药，通过喜马拉雅山的口岸和通道进入我国西藏地区。"哇夏嘎"是梵语 vassaka 的藏语转写（廖育群，2002；Puri，2003）。鸭嘴花是重要的常用藏药材，在多个经方中使用，但由于其是进口药材，资源不易获得，藏医转而从青藏高原本地植物中寻找大量的代用品，但无论是传统藏医还是现代植物化学和药理学研究都一致认为代用品不能替代鸭嘴花。目前藏医所用鸭嘴花药材全部依赖进口。我国热带、亚热带地区曾少量引种作为观赏植物。近年来相关民族药调查发现，鸭嘴花就是中医南药药材"大驳骨"、广西苗药药材"野靛叶"和云南傣药药材"摆莫哈蒿"之基原植物（中国科学院植物研究所，1972；马小军等，2018；贾敏如和张艺，2016），在广东、广西和云南西双版纳多有栽培，可作为国产"哇夏嘎"药材的潜在资源。在承担第二次青藏高原综合科学考察研究任务的过程中，本研究组在雅鲁藏布大峡谷热带森林的门巴族村落的庭院中发现少量栽培的鸭嘴花，当地门巴族民间药用于治疗跌打损伤。

4. 国产热带、亚热带藏药材

过去由于交通不便和信息交流不畅，绝大部分产自热带、亚热带区域的藏药材依赖于进口。但其中部分药材的基原植物实际上是产自我国南方热带、亚热带区域的本土植物，这类药材当中大部分也是我国中医和原产地民族民间医的常用药材。

茶叶"加兴"（ja-shing）是最具代表性的我国内地产藏药材。"加"（ja）一词即为"茶"字中古读音"jha"的藏文记音。茶叶传入西藏的历史可以追溯到西汉时期，阿里故如甲木寺汉墓出土的文物中就有产自四川的茶叶。明代史书《汉藏史集》记载唐代吐蕃赞普都松莽布支（杜松芒波杰）身患重病，用小鸟衔来的枝条煮水饮用后得以治疗，遂命人寻找这种枝条，最后在汉地的森林中找到茶树（达仓宗巴·班觉桑布，2017）。茶叶不仅是重要的藏药材，也是青藏高原各族群众日常生活中必不可少的饮品。藏医所用的茶叶药材与日常饮用的茶叶一致，均为产自四川、云南、陕西、湖南等地区的砖茶。目前茶叶已经在西藏林芝引种成功，其中林芝易贡茶场是我国最靠西的大型茶树种植场，也是目前世界上海拔最高的规模化茶田（彭城权，2018；凌彩金等，2013）。

藏药"四肖夏"（zho-sha-vzhi）包括广酸枣"宁肖夏"（snying-zho-sha）、眼镜豆"庆巴肖夏"（mchin-pa-zho-sha）、刀豆"卡玛肖夏"（mkhal-ma-zho-sha）和油麻藤子"拉果肖夏"（khla-khor-zho-sha）（罗达尚，1997b）。"四肖夏"的基原植物都为我国南方本土植物。广酸枣为漆树科植物南酸枣（*Choerospondias axillaris*）的果实，南酸枣为我国南方常见野生水果；眼镜豆为豆科植物眼镜豆（*Entada rheedii*）的种子，眼镜豆常见分布于云南、广西和广东等省区的热带、亚热带森林；刀豆"卡玛肖夏"为豆科植物刀豆（*Canavalia gladiata*）的种子，该基原植物为普遍栽培的蔬菜；油麻藤子为豆科植物常春油麻藤（*Mucuna sempervirens*）的种子，常春油麻藤为我国南方常见植物。

小三果包括芒果核"阿哲"（a-vbras）、大托叶云实"甲木哲"（vjam-vbras）和海南蒲桃"萨哲"（sa-vbras）（罗达尚，1997b）。小三果原为进口藏药材，但其基原植物在我国南方也有分布。芒果（*Mangifera indica*）为常见的栽培热带水果，大托叶云实（*Biancaea decapetala*）和海南蒲桃（*Syzygium hainanense*）为云南、海南、广东、广西等省区的热带森林物种。

宽筋藤"勒哲"（sle-kres）原为尼泊尔和印度进口藏药材，其基原为防己科植物中华青牛胆（*Tinospora sinensis*）或心叶宽筋藤（*Tinospora cordifolia*）的藤茎。"勒哲"最早由《象雄大藏经》所记载，是最古老的藏药材之一。"勒哲"基原植物之一的中华青牛胆分布于我国西南和华南地区的热带区域，其也是中药"宽筋藤"的基原植物，广东、广西、云南等省区有栽培，"勒哲"也是当地的民族民间药。

腊肠果"东卡"（thong-kha）为豆科植物腊肠树（*Cassia fistula*）的果实，因形似树枝上垂吊的腊肠而得名。藏医所用腊肠果原为印度和尼泊尔进口药材，主要分布于南亚和东南亚。我国云南南部和西南部的普洱、西双版纳、耿马、双江、德宏等地有分布，生于海拔480~1600m路旁及疏林中。我国广东、海南、台湾有栽培。腊肠果也是传统中药，主治便秘。因腊肠果种子形似黄豆，且含有神经兴奋类成分，云南南部的民间医生用来治疗体虚，将其称为"神黄豆"。

安息香"咕咕噜"（khu-khul）为安息香科植物印度安息香（*Styrax benzoin*）或越南安息香（*Styrax tonkinensis*）的树脂。印度安息香所产安息香为进口药材；越南安息香所产安息香为国产药材。安息香为藏医香药疗法的重要药材，也是制作藏香的配方之一。越南安息香产自我国华南和西南。南药"白花油"就是越南安息香的种子油。

紫草茸"甲结"（rkhya-skyekhs），即紫胶，为豆科植物紫矿（*Butea monosperma*）

枝干寄生的紫胶虫分泌的虫蜡。紫草茸是藏医外科常用药，用于治疗黄水疮及皮肤感染、溃烂等。紫草茸原为进口藏药，产于热带喜马拉雅山至南亚次大陆。事实上，紫矿为我国华南和西南热带区域的本土植物，产于云南西双版纳、临沧、德宏，以及广西崇左等地。云南出产的紫草茸目前在国内外市场上占有相当大的份额（陈智勇，2014）。

马钱子"敦木达合"（lthum-stakh）为马钱科植物马钱子（*Strychnos nux-vomica*）的种子，即著名的"番木鳖"。马钱子为藏医常用毒性药材，经过炮制加工后用于治疗血龙上亢、胃肠绞痛、中毒症。马钱子原为印度进口藏药材，20 世纪 70 年代，中国科学院的研究人员通过民族植物学调查法在云南民族民间药中找到了马钱子的国产资源，同时马钱子也在我国华南和西南热带区域引种成功。目前国内中医所用马钱子药材多为国产（阎兰和马骧，2011）。

木棉花"那噶格萨"（nha-kha-khe-sar）为锦葵科植物木棉（*Bombax ceiba*）的花，木棉广泛分布于世界热带区域。藏医以木棉花入药，并把木棉花的不同部位作为不同药材入药。过去交通不便时，藏医从邻近的印度和尼泊尔进口木棉花药材。目前除偏僻的阿里地区外，藏医所用木棉花药材多来自华南一带，经成都荷花池等大型中药材集散地进入西藏地区。

5. 青藏高原本土热带、亚热带藏药材

青藏高原东南部和喜马拉雅山的低海拔区域拥有大面积的热带、亚热带区域，这些区域也是重要的藏药材产地。历代藏医大师和藏医本草，以及现代藏药著作都特别推崇该区域，认为该区域是重要的道地藏药材产区。唐代早期的"三大本草"[《度母本草》（skhrol-ma-sngo-vbum）、《妙音本草》（vjam-thbyangs-sngo-vbum）、《宇妥本草》（khyu-dokh-sngo-vbum）]中就大量记载了产自"珞绒"、"门珞"、"珞隅"、"南方炎热地"、"工域温暖河川"和"察瓦绒（康区热带河谷）"等地（位于青藏高原东南部和喜马拉雅山地区）的药材。清代藏医大师帝玛尔·丹增彭措出生在青藏高原东南部金沙江畔的昌都贡觉县，少时便熟识家乡河谷草木，后又游历青海东部、四川西部、云南西北部、西藏东南部等地 20 余年，又在昌都巴隆宗（今云南省维西傈僳族自治县）长期定居，写下了旷世巨著《晶珠本草》（shel-khong-shel-phreng）。《晶珠本草》中记载了许多产自青藏高原东南部的热带、亚热带药材，还记载了打箭炉（今四川省康定市城区一带）等地的商人交易的产自四川、云南等地的热带、亚热带藏药材，以及工布（今林芝市大部）和雅砻（今山南市）的门巴族和珞巴族民间药材等。位于云南迪庆和西藏昌都之间的怒山因盛产各种藏药材而得名"梅里雪山"，梅里（sman-ri）一词意为"药山"。生药学家杨竞生教授曾游历云南香格里拉山川湖泊，访问藏医，收集藏药材植物，编撰了《迪庆藏药》一书，最后长眠于香格里拉大雪山。《迪庆藏药》是杨竞生教授一生心血凝聚的杰作，是对青藏高原东南部横断山区一带的藏药材和民族民间药材的系统调查、梳理和考证，是研究该区域药用植物多样性和植物区系的重要参考资料。

从目前对青藏高原东南部和喜马拉雅山的低海拔区域现代藏药资源的调查研究结果来看，该区域具有丰富的藏药材资源。在野生资源方面，该区域的金沙江、澜沧江、怒江、雅砻江、大渡河等河谷地带拥有大面积的干暖型亚热带气候，生长着小角柱花（shing-skyu-ru-ma）、香薷（byi-rukh-smukh-po）、川滇蔷薇（se-rkho）、喜马拉雅紫茉莉（ba-spru）等，该区域南部的河谷地带为南亚热带干旱和半干旱气候，分布着木棉花（na-kha-khe-sar）、石莲子（vsam-vbras）等。在雅鲁藏布江、帕隆藏布江、仰桑河、独龙江、察隅河、西巴霞曲等江河下游低海拔山谷地带，由于降雨充沛，分布着大面积的原始热带常绿阔叶林，桄榔（smakh）、龙脑香（kha-bur）、止泻木（thukh-mo-nyung）、马钱子（lthum-stakh），以及"四肖夏""三豆蔻""三上品木"等就生长在这里。在栽培资源方面，该区域出产众多道地藏药材。青藏高原东南部横断山区出产的菊科植物云木香（*Aucklandia lappa*），是藏药"如达"（ru-rtha）的正品基原，此外，该地区还出产秦艽（kyi-lje）、羽叶三七（thkhyu-dub）、当归（thang-keng）、云连（nyang-rtsi-spras）、大黄（ljum-rtsa）、鸡蛋参等道地药材。低海拔温暖河谷区域则广泛种植着芒果、草果、干姜、辣椒、芭蕉（jang-shing）等热带药材。

据记载，喜马拉雅山南麓藏南地区的珞隅、门隅等地，出产以该地区命名的多种道地藏药材，如珞隅豆蔻（西藏大豆蔻）、门隅香附子（香附）、珞隅荜茇、门隅豆蔻（香豆蔻）、珞隅桂皮（大叶桂）、门隅青冈脂等（Wu et al.，2013；吴征镒，1983；孙航和周浙昆，1997；杨宁，2015；卢杰等，2011）。然而，由于该区域长期为喜马拉雅山所阻隔，交通极其不便，对该区域的药用植物多样性相当不清楚，因此本研究的重要目的之一就是深入该区域进行实地调研，对药用植物，尤其是产自低热河谷的热带、亚热带藏药材植物的多样性及民族民间利用相关知识进行系统的本底调查。

二、进口藏药材的现状和风险

1. 进口藏药材的品质和问题

据 2019 年的药材品种相关统计，我国常用大宗中药材和民族药材约有 600 种，其中有约 1/10 依赖进口（曾燕等，2019）。单就藏药材而言，这一比例会更高。进口药材大多源于热带、亚热带植物，其中又以产自热带亚洲的植物为主。这些药材的产地大多在我国以南，因此和产于我国南方热带、亚热带区域的药材一起被称作"南药"（王宏和陈建南，2009）。进口南药是我国传统医学治病救人、配方抓药不可缺少的部分（贾敏如等，2019）。

对于进口药材的品质控制，国家已经出台了一系列相应的法律法规和标准规范。1960 年卫生部（现国家卫生健康委员会）签署印发了《进口药材标准规格资料》，这是我国第一部关于进口药材品质管控的部级规范条例。1977 年卫生部又颁布了《进口药材质量暂行标准》，1988 年针对进口红参专门制定了《进口朝鲜红参暂行质量标准》[（88）卫药字第 27 号]，2004 年和 2005 年国家食品药品监督管理局（现国家市场监督管理总局）分别制定公布了《儿茶等 43 种进口药材质量标准》和《进口药材管理办法（试行）》。2011 年国家食品药品监督管理局将决明子等 10 个品种列入非首次进口药材品种目录（国食药监注函〔2011〕106 号）。2019 年国家市场监督管理总局出台了《进口药材管理办法》。另外，卫生部出台的《中华人民共和国卫生部药品标准·藏药分册》中也专门制定了茜草、印度獐牙菜、紫草茸、心叶青牛胆、大托叶云实等依赖进口的藏药材的标准。这些条例和规范成为对进口药材进行品质管控的重要法规依据，在一定程度上有力地保障了进口药材的质量（朱建光等，2018；刘丽娜等，2019）。

尽管国家已经制定了相关的法规标准用于管控进口药材质量，但现实中进口药材来源复杂、品种繁多，这些法律法规很难覆盖到所有进口药材品种及质量管控的方方面面。另外，我国幅员辽阔、边境线长、贸易口岸众多，相当比例的进口药材不是通过大宗贸易渠道而来，而是通过边境小额贸易、边民互市、经济和科研合作，甚至非法走私等方式进入的，对通过这些渠道进入的药材缺乏有效的管制，药材品质不能保证（韦广辉，2014；于志斌等，2022）。这就造成了进口药材存在基原混乱、代用品甚至混伪品泛滥、有效成分不达标、有毒有害成分或农残重金属超标、掺入杂物增重等品质风险。

目前，进口的藏药材品质主要存在以下两个问题。

第一，进口药材，尤其是藏药材基原混乱情况严重，代用品、混伪品泛滥。例如，中药和民族药材阿魏为伞形科阿魏属（*Ferula*）多种植物的树脂，分为国产阿魏和进口阿魏两类，自古以来，阿魏的基原就相当混乱，因此有"黄芩无假，阿魏无真"之说。《中华人民共和国药典》（以下简称《中国药典》）（2020 年版）规定国产阿魏为新疆阿魏（*Ferula sinkiangensis*）或阜康阿魏（*Ferula fukanensis*）的树脂（国家药典委员会，2020）。进口阿魏常常基原混乱且掺假严重（杨林等，1989）。我们赴国外实地调研中发现，进口阿魏（多来自印度）掺杂造假现象非常严重，阿魏的常见掺杂造假方式有在真阿魏中掺入大量面粉增重，或用面粉混合洋葱汁和油脂制造假阿魏等。进口的乳香、没药、安息香等中藏药材也常常出现混伪品，如以各种树脂调入香精香料炮制的假货。藏红花正品为鸢尾科植物番红花（*Crocus sativus*）的干燥柱头（国家药典委员会，2020），主要进口自伊朗、土耳其等国。我们实地调研发现，目前市场上充斥着各式各样的假货，如以菊科植物红花（*Carthamus tinctorius*）的舌状花及各种红色花瓣干燥切丝充当藏红花，更有甚者，用红纸切成藏红花的形状假冒藏红花。这些假货多以掺杂勾兑的方式混入正品当中鱼目混珠，令消费者防不胜防。

第二，进口药材的道地性、有效成分、加工炮制等关键指标不能保证。药材的道地性是指在长期实践中公认的优质药材，具有较好的药用价值和经济价值（黄璐琦等，2004）。首先，自然环境和生态地理是道地药材的重要因素，因此道地药材的重要考察指标之一就是道地产地。通过大宗贸易渠道进入的药材能够提供原产地证明和海关检验检疫文书等，道地性可以保证，但这部分药材实际只占进口药材的少部分，而且以高价值加工成品为主，如品牌燕窝、红参等中药材。大部分通过民间小额贸易、边民互市等进入的药材，其原产地往往难以追溯，而且其有效成分常常未经检验，加工炮制是否符合技术要求也未可知（曾燕等，2019）。以"藏药之王"诃子为例，我们在东南亚某国某大型药材集散市场实地调研发现，该市场出口至我国的诃子品质很不稳定，最主要的问题就是当地药材商收购的诃子的采收和加工方式五花八门，不仅各种成熟度的果实混杂，而且干燥方式不一致，晒干、炭火烤干、烤箱烘干等都有，干燥程度也不一致，有的果实因烘烤过度而焦糊，有的因干燥不足而发生霉变。这样的药材如果拿来入药，其结果可想而知。

总之，由于进口药材难以监管，其原产地、基原、有效成分、加工炮制等关键性质量指标存在一定风险，影响用药安全。

2. 进口藏药材供应的稳定性和风险

经济全球化为药材进口带来了极大的便利，促进了相关医疗和制药产业的发展。目前，我国藏医所用的进口藏药材（以"南药"为主）主要由3个渠道进入涉藏地区：一是通过我国大型远洋贸易，从各个港口大批量进入，再集散至成都、西宁、昆明等地的药材市场，转场分销至涉藏地区，这是进口藏药材的主要供应渠道；二是通过喜马拉雅山—喀喇昆仑山的各个山口通道，以国际贸易、边民互市及民间小额贸易的方式进入，产自印度北部各邦、尼泊尔、不丹等南亚国家和地区的药材多以此方式进入；三是通过以红其拉甫为主的新疆维吾尔自治区各口岸进入喀什、和田等地，再通过叶城—噶尔路线进入涉藏地区，产自中西亚、欧洲等地的药材多从此进入，或者通过瑞丽、猴桥、孟定等口岸自缅甸进入我国云南，再通过滇藏线进入涉藏地区（裴盛基和张宇，2020）。

以上3个渠道以第一个最为稳定，后两个受气候、交通，以及沿线国家地缘政治、战争和社会局势等影响很大。2015年，尼泊尔博克拉市发生8.1级大地震，受其波及，我国樟木、陈塘、普兰等口岸一度关闭，其中樟木口岸受损最为严重，至今尚未完全恢复。自2020年初起，受新冠疫情影响，我国陆续关闭西藏自治区喜马拉雅山沿线各山口口岸，云南瑞丽、新疆红其拉甫、新疆霍尔果斯等口岸也受到严重影响，贸易时断时续。与此同时，由于货物存在传播新型冠状病毒的可能性，远洋贸易也不时受到影响。这些不稳定因素使得进口药材供应受到严重影响，一些常用进口药材紧缺断货，价格飙升。2021年5月，我们在西藏亚东县调研时发现，受疫情影响，亚东口岸已经关闭一年多，仁青岗边贸市场等地十分冷清，许多专营进口商品的商店已经长久未进货，部分进口商品断货很久。另外，部分南药原产国政治局势紧张、社会不安定、大小规模地区和族群冲突频繁，也对进口药材的供应造成了严重影响。例如，2021年初，缅甸发生军事政变，受政变引起的游行示威、社会动乱等影响，缅中贸易一度中断。缅甸是重要的南药产地和集散地，受政变叠加新冠疫情的影响，面向缅甸的我国瑞丽、猴桥、孟定等口岸目前已处于长期停摆状态。因此，进口药材运输成本高昂，且容易受各种因素影响，制约着需要用到进口药材的医疗和制药行业发展。

20世纪六七十年代，由于西方国家不断实施对我国经济上的封锁、禁运，包括药材在内的许多关乎国计民生的重要物资被禁止或限制进入我国。中国科学院昆明植物研究所和西双版纳热带植物园的老一辈科学家展开了"进口南药国产资源代用品"调研工作，先后在云南、广西、广东、福建和西藏等省区南部的热带、亚热带区域找到了国产血竭、砂仁、千年健、马钱子、诃子、荜茇、胡黄连、木香等原进口药材的国产资源，在一定程度上突破了我国在进口药材资源上受到的封锁，支持了新中国中医药和民族医药事业的发展（裴盛基和张宇，2020）。

3. 青藏高原本土替代进口藏药材的可能性

如前所述，长久以来，藏药材中大量的热带、亚热带产药材依赖于进口，其主要的来源地是南亚、中亚和东南亚地区。尽管我国西藏在地理上毗邻南亚和中亚，但由于有喜马拉雅山和喀喇昆仑山的阻隔，交通条件极差，加上地缘政治等原因，从南亚直接进口药材困难重重，部分进口药材往往先进口到内地，再辗转至西藏和青海等省区，无形之中又大大增加了用药成本。以阿如热为例，其基原植物诃子主产南亚的印度、尼泊尔等国，我国几乎不产，仅在广州和西双版纳等南方热带区域有少量引种，产量很小，因此阿如热作为最常用且用量最大的藏药材，全部依赖进口，在进口的过程中，产生了高昂的运输费用。作者实地调查发现，缅甸产诃子药材在曼德勒原产地的批发价仅为一千克几元人民币，进口至我国后，在昆明和成都的集散地涨至一千克几十元，最终辗转至西藏阿里地区的藏医手上，价格高达一克几元，从原产地到使用地，价格涨了 1000 倍。其中绝大部分的涨价是远途运输中产生的燃油费、过路费、货车保养费、维修费、税费，以及人工费等，这些成本远远超出了药材本身的价值。而且，进口药材的产地和种植环节等难以追溯，药材质量及稳定性难以保障。因此，从青藏高原或邻近地区的热带、亚热带区域寻找资源或适宜栽培区就显得十分迫切。在这方面，目前在邻近的云南和四川已经开展了不少工作（马建忠和庄会富，2010；罗小文等，2012；李玉娟等，2008），但对西藏的热带、亚热带区域，如林芝南部的低海拔区域，研究仍然很有限（卢杰等，2011）。

珞隅地区位于青藏高原东南部，是整个青藏高原地区水热条件最好的片区，也是整个区域唯一具有大面积连片热带、亚热带气候的区域。珞隅地区涵盖了西藏自治区林芝市墨脱县全境，察隅县米什米山区西部河谷地带，以及山南市隆子县东南部西巴霞曲下游，囊括了雅鲁藏布江口以北至大拐弯地区之间及雅鲁藏布江各个支流的河谷地带，气候温暖湿润，具有明显的热带、亚热带特征，因此具有发展包括药用植物在内的热带、亚热带经济植物种植业的巨大潜力（黄家雄等，2017）。从众多藏医古籍的记载来看，珞隅地区是许多热带、亚热带藏药材的产地，如宁肖夏（广酸枣）、嘎高拉（香豆蔻）、永哇（姜黄）、毕毕林（荜茇）等。另外，藏药材中的"树木类"药和植物源"精华类"药的基原植物大多分布于喜马拉雅山南麓的热带雨林中，珞隅地区的热带森林和南亚的热带雨林在地理上相连，拥有众多相同的物种（孙航和周浙昆，1996）。发展地方特色中草药产业有利于地方致富。扎墨、派墨和察墨公路的开通和建设，以及通往斗玉、玉麦、上察隅、背崩等偏远乡镇的道路条件的显著改善，必然带动包括药材种植、采集、加工在内的农业产业的加速发展。这就要求首先搞清楚珞隅地区产藏药植物的种类、利用和资源状况等"家底"。尽管已经有不少对珞隅地区热带、亚热带区域植物资源和区系的研究，但对于药用植物，尤其是重要的藏药材和民族药材植物的研究往往只是一笔带过。因此，需要对珞隅地区产热带、亚热带藏药和民族药材植物进行专门的摸底调查。

三、珞隅地区的自然和人文概况

1. 珞隅地区的地理区域与人文历史

"珞隅"一词为藏语"lho-yul"的音译，字面意思是"南部区域"。早在唐代初期，西藏吐蕃地方政权就对珞隅地区进行了有效的管辖（根敦琼培，2017）。历史上，"珞（lho）"多数情况下是一个文化地理概念，而不是自然地理概念。在有关青藏高原的历史文献中，有许多关于"珞"地方的记载，而这些地方实际上并不都指同一区域。譬如，"珞窝（lho-bo）"即今天的珞隅地区；"珞卡（lho-ga）"特指今山南市乃东区一带；"珞蒙（lho-mon）"主要包括今天的不丹、我国日喀则市亚东县南部，以及印度锡金邦部分区域；"珞绒（lho-rong）"则泛指以雅鲁藏布江及其支流河谷为代表的"藏南河谷"等地区（汉藏对照词典协作编撰组，2002）。

本研究涉及对历代藏药本草记载的珞隅产热带、亚热带藏药材和民族药材进行本草考证，因此十分有必要对本研究所指的"珞隅地区"在历史文献和历代藏药本草中的记载进行明确和考证。

据元代史书《红史》（theb-der-thmar-po）和明代史书《贤者喜宴·吐蕃史》（mgas-pavi-thkhav-ston）记载，唐代吐蕃政权极盛时期势力范围曾经达到东方之康木雅（rtswa-mi-shing-mi）[①]、南方之珞（klo）与门（mon）、西方之象雄（zhang-zhung）与突厥（gru-gu）、北方之霍尔（hor）与回鹘（yu-gur）[②]。这里的"klo"指珞隅地区，藏史家周润年先生考证认为其是"lho"的异写（巴卧·祖拉陈瓦，2017）。根据藏学家根敦群培先生在《白史》（theb-der-thkar-po）中的考证，早在唐高宗时代（公元652年），吐蕃大论禄东赞（blon-chen-mkhar-stong-btsan）就奉赞普芒松芒赞（mang-song-mang-btsan）之命，收服了"珞窝（khlo-bo）"[③]（根敦琼培，2017）。从中国历史地图中的唐代地图来看，

---

① 此处出自《贤者喜宴·吐蕃史》（青海人民出版社2017版）第三章第三节"三法及吐蕃疆界"，原文此处为"rtswa-mi-shing-mi"，多数译本直接音译为"咱米兴米"。该词出自《红史》，指唐代吐蕃东部边境（即"康地"，"康"一词意为"边地"）羌人居住地，亦称"咱米兴米九眼羌女之地"。"咱米"为木雅人之别称。因此本书此处引证为"康木雅"。

② 吐蕃政权极盛时期，其势力范围一度延伸，北至天山以南，东至川西高原和青海、甘肃、河西走廊一带，西和南跨过兴都库什—喜马拉雅山，达到喜马拉雅山南麓、克什米尔、帕米尔高原和伊朗高原东部一带。

③ 此处出自《白史》，原文为"（sangs-rkhya-rjes-kyi 1196 chu-bo）byi-bvi-lo-la-bbas-te. Nyen-kar-na-bzhukhs-shing. Blon-chen（mkhar）ston-btsan-khyis. Khlo-bo-thang-rtsang-rkhyav（vbangs-su）bkukh-par-lo-khtsikh."此记载为根敦群培先生搜集海量历史文献和实地调研考证而得。《白史》研究专家蒲文成先生认为此处的"珞窝"似指珞巴族先民，按此，珞巴地区已于唐高宗时期（吐蕃芒松芒赞赞普在位时期）宾服于我国西藏吐蕃政权。

当时"珞窝"的位置就是珞隅地区[①]（谭其骧，1991）。

今天的珞隅地区，大致和历史文献所指的"珞窝"和"珞地（隅）"一致。从地图上看，珞隅地区包括了今林芝市墨脱县全境、山南市隆子县东南部西巴霞曲以东的山区河谷地带，以及林芝市察隅县西南角和墨脱县交界的米什米山区，珞隅地区和山南市错那市勒布沟、达旺、德让宗、桑朗等地区组成的门隅地区共同组成了我国的藏南地区。因此，本研究的研究区域"珞隅"即我国藏南珞隅地区，大致包括了墨脱县的大部分区域、隆子县东南角，以及察隅县西部与墨脱县交界山区。

珞隅地区的主要居民为藏族、门巴族和珞巴族等少数民族（陈立明，2009；2011）。藏族主要分为工布藏族、卫藏藏族和康巴藏族等支系，藏族村落散落在珞隅地区各地。门巴族仓洛人（支系）居住在墨脱县雅鲁藏布大峡谷的背崩乡等乡镇，门巴族门巴人（支系）主要居住在墨脱县德兴乡和隆子县西南部与错那市交界区域。珞隅地区的珞巴族主要有阿迪、尼西、义都三大支系，其中阿迪人的米古、米辛、塔金等部族主要居住在墨脱县的达木珞巴民族乡、加热萨乡等乡镇，博嘎尔部族主要居住在墨脱县马尼岗和相邻的米林市南伊沟；尼西人的崩尼、苏龙、米里等部族主要居住在隆子县斗玉珞巴民族乡的西巴霞曲流域；珞巴族义都支系为我国人口极少的族群，居住在珞隅东部米什米山区和相邻的察隅县南部（李金轲等，2013；马得汶等，2014；孙宏开，1983）。

需要注意的是，在青藏高原西南部，还有另一个地区也被称为"珞"，即尼泊尔木斯塘地区的首府"珞城"，其居民（主要为尼泊尔藏系民族）也被称为"珞巴"，木斯塘地区历史上是一个以珞城为首都的独立王国，曾臣服于我国古代吐蕃和阿里地方政权，藏语文献中称为"阿里珞沃地"（mngav-ris-khlo-bovi-ljong），国外文献中称为"珞王国"（Kingdom of Lo），且"珞沃"在藏语中和"珞窝"是同一个词。"珞王国"的历史可追溯至 12 世纪（叶拉太，2019）。尽管"阿里之珞沃"与"珞隅之珞窝"在文献考证时容易混淆，但从实际情况来看，木斯塘一带为海拔超过 2500m 的高原地带，不可能出产热带、亚热带药材，而且木斯塘地区不是我国领土。因此在做历代本草考证时，可通过这一点明确分辨。

2. 珞隅地区的热带、亚热带气候水文特点

珞隅地区主体隶属于墨脱县，位于青藏高原东南角，喜马拉雅山和横断山交界之处。雅鲁藏布江深刻下切形成世界最深大峡谷，成为印度洋暖湿气流深入高原内部的主要通道。雅鲁藏布大峡谷内异常温暖湿润，具有明显的热带、亚热带湿润气候特征。同时，雅鲁藏布大峡谷作为青藏高原上最重要的水汽通道，对高原雨季的起始和降水水平起决定性作用。雅鲁藏布大峡谷连接南亚热带雨林地带和青藏高原高寒冰原地带，是沟通喜马拉雅山南北生物交流的重要走廊，是青藏高原乃至整个亚洲生物多样性最

[①] 见《简明中国历史地图集》（谭其骧主编，中国地图出版社 1991 年版）第 39~44 页，唐时期全图（一至三），"珞窝"所标区域位于雅鲁藏布江下游，今墨脱县一带。

丰富的地区和遗传分化中心之一。

　　青藏高原特殊的地形地貌及南亚季风和北半球高空西风带的周期性变化是形成本区特殊气候环境的主要原因。青藏高原隆起迫使高空西风带气流分为南北两支从高原两侧绕流。冬季，西风带南移，当南支西风气流增强时，将南亚次大陆干暖的热带气团牵引至青藏高原东南部和云贵高原一带，加之高大的高原山体阻挡了北方冷空气的南下，冬季南支西风带弯曲形成的南支槽将印度洋暖湿气团引入高原南侧，沿着雅鲁藏布大峡谷深入，由此而使墨脱县的冬季异常温暖湿润，干燥期极短。夏季，强烈的海陆异质性形成强盛的西南季风。一方面，携带大量水汽的西南季风被喜马拉雅山阻挡提升，在喜马拉雅山南坡成云致雨形成巨量降水；另一方面，西南季风能沿着雅鲁藏布大峡谷深入峡谷内部；另外，西南季风的活跃季节恰好为孟加拉湾风暴活动高峰期，孟加拉湾风暴在印度北部和孟加拉国沿岸登陆后常转为西南路径，其边缘或残留云系给青藏高原东南部县市等地带来暴雨；三者叠加形成该地区降水异常丰沛的雨季，使得墨脱县成为亚洲降水中心之一（图 1-1）（林振耀和吴祥定，1985；刘晓东，1999；索朗卓嘎，2021）。

图 1-1　墨脱县背崩乡格林村一带（许海昆摄）
丰沛的水汽形成雅鲁藏布大峡谷云海

　　从珞隅地区南端的雅鲁藏布江河口处海拔 155m 的巴昔卡镇到海拔 7782m 的南迦巴瓦峰，海拔落差达 7500m 以上，在这水平距离仅 40km 左右的范围内，形成如此巨大的落差，造成气候垂直分布带极为明显，从雅鲁藏布大峡谷谷底到南迦巴瓦峰顶峰，分布着 7 个气候带。海拔 1600m 以下为低山热带北缘湿润气候带，代表区域为雅鲁藏布江河谷及其支流谷地带的西让、更仁、江新、背崩等村落。海拔 1600~2400m 为山地亚热带半湿润气候带，位于珞隅地区雅鲁藏布江河谷及其支流谷地和山地中部，大部分村庄和墨脱县城驻地位于本气候带，本气候带分布着大面积的常绿阔叶林和不丹松林，本气候带也是本区域内植物多样性最高的地段。海拔 2400~3200m 为亚高山温带半湿润气候带，分布着针阔叶混交林。海拔 3200~4000m 为亚高山寒温带，主要为暗针叶林。海拔超过 4000m 的高山地带，森林已经不能发育，主要为高山灌丛和草甸。海拔 4800m 以上为南迦巴瓦峰冰川发育带（林振耀和吴祥定，1985；Li et al.，2022）。背崩乡西让村以南海拔 500m 以下的雅鲁藏布江山谷地区具有冬季少雨多雾、夏季高温多雨的气候特点，年平均气温在 18℃ 以上，日平均气温 ≥ 10℃ 的积温为 7500℃，最热月 7 月平均气温 28℃，最冷月 1 月平均气温在 6℃ 以上，是青藏高原最温暖的地区。年降水量在 3000mm 以上。冬季虽雨少，但常有浓雾和露水，因而干旱期不明显，年平均相对湿度大于 80%，属于低山热带北缘湿润气候带。

本研究关注的热带、亚热带区域主要包括墨脱县和察隅县西部边缘地带海拔 2400m 以下的我方实控区。

珞隅地区少部分位于隆子县境内，主要为隆子县东南部的西巴霞曲及其支流河谷。西巴霞曲为雅鲁藏布江支流，流出国境后在印度阿萨姆邦汇入布拉马普特拉河。隆子县境内西巴霞曲河谷最低海拔为 2200m。自海拔 3000m 左右的斗玉村至 2200m 左右的米里地区，自上而下分布着沙棘灌丛、不丹松林和常绿阔叶林等。

3. 珞隅地区的生物多样性调查与研究现状

1974~1993 年，郎楷永、武素功、倪志诚、李渤生、程树志、陈伟烈、孙航等在珞隅地区墨脱县进行了多次植物考察，采集了大量的标本（孙航和周浙昆，1996）。孙航和周浙昆（1996）调查发现，墨脱县拥有种子植物 1700 多种，分属于 128 科 512 属，墨脱县可能是西藏地区植物类群较为富集的地区之一。在科水平上，墨脱县的种子植物区系表现出明显的热带区系性质；但在属水平上，热带区系成分和温带区系成分所占比重相对更为接近，表现出区系过渡性。侯方和王亮（2009）根据实地考察和文献资料相结合的方法，试图调查和统计墨脱县的野生兰科植物种类，记录到墨脱县野生兰科植物 54 属 148 种 3 变种。张书东（2012）报道了采自墨脱县的悬钩子属绢毛亚组 2 个中国新记录种，即酒红悬钩子（*Rubus calophyllus*）和炫丽悬钩子（*Rubus splendidissimus*）。在此基础上，熊先华等（2018）对西藏墨脱县产的蔷薇科悬钩子属植物进行了系统整理，结果表明，目前发现该区共有悬钩子属植物 28 种 4 变种，其中近光叶绢毛悬钩子（*Rubus lineatus* var. *glabrior*）为中国新记录种，小柱悬钩子（*Rubus columellaris*）、红毛悬钩子（*Rubus wallichianus*）、独龙悬钩子（*Rubus taronensis*）和疏松悬钩子（*Rubus laxus*）为西藏新记录种。韦宏金等（2018）记录了墨脱县蕨类植物约 220 种，其中 2 个西藏新记录属，即粉叶蕨属（*Pityrogramme*）和肋毛蕨属（*Ctenitis*），以及西藏新记录种 15 种 1 变种。墨脱县有兰科植物 35 属 165 种，分别占西藏兰科植物总属数、总种数的 73.5% 和 60%，其中附生兰 8 属 93 种、地生兰 25 属 70 种、腐生兰 2 属 2 种。结果表明，墨脱县不仅是西藏全区兰科植物属、种分布最集中、数量最丰富的地区，也是中国迄今所知兰科植物保存最完好的地区，堪称"兰花宝库"。

墨脱县拥有丰富的野生大型真菌资源。1982~1983 年，卯晓岚曾两次对南迦巴瓦峰地区的大型真菌进行考察，采集真菌标本 1628 号，初步鉴定出 270 种，隶属于 40 科 115 属，其中担子菌 225 种、子囊菌 14 种、可食用菌 164 种、药用菌 105 种、毒蕈 50 种、菌根菌 60 种、木腐菌 41 种（卯晓岚，1984）。

西藏墨脱县的鸟兽种类丰富，目前已记录有哺乳动物 70 种、鸟类 385 种（郑作新等，1983；冯祚建等，1986；郭光普，2004；温立嘉等，2014）。由于交通等条件的限制，以往对墨脱县的鸟兽研究较少。随着 2014 年通往墨脱县的公路开通，温立嘉等（2014）、廖锐等（2015）相继报道了墨脱县鸟兽相关的研究成果。赵超等（2015）、梁丹等（2014）报道了分布于墨脱县的鸟类新记录种，如黑胸楔嘴鹩鹛、猛隼、白胸翡翠。Li 等（2015）更是在墨脱县发现了猕猴属（*Macaca*）新种白颊猕猴（*M. leucogenys*）。

温立嘉等（2014）在墨脱县雅鲁藏布江海拔 1200m 附近架设 12 台红外相机，记录到鸟兽 22 科 54 种，包括白颊猕猴、戴帽叶猴、林麝、不丹羚牛、小熊猫、豺、鹰雕等，证实了墨脱县拥有丰富的生物多样性，且白颊猕猴和林麝的拍摄频次和物种丰富度很高。拍摄到的白颊猕猴分布区在该物种新种描述的分布区内。戴帽叶猴分布于云南西北部和西藏东南部（盛和林，2005），但在西藏东南部的分布以前少有研究证明，本次在墨脱县德阳沟拍摄到，不仅表明墨脱县是该物种重要的分布区，同时证实了其在西藏东南部的分布。墨脱县虽有林麝和赤麝分布，但林麝（16.30%）的物种丰富度明显高于赤麝（2.44%）。另外，喜马拉雅鬣羚、黑鹇、金猫、豹猫、黄喉貂、紫啸鸫等在墨脱县也被记录到（温立嘉等，2014），说明这些物种在墨脱县分布较广。

在生物多样性利用方面，2012 年中国科学院昆明植物研究所付瑶等在墨脱县的背崩乡（门巴族）和达木珞巴民族乡（珞巴族）开展了民族植物学调查，记录了当地特色传统植物资源 30 种，包括墨脱花椒（*Zanthoxylum motuoense*）、穆子（*Eleusine coracana*）、鱼尾葵（*Caryota maxima*）、繁穗苋（*Amaranthus paniculatus*）、小花桄榔（*Arenga micrantha*）、西藏山小橘（*Glycosmis xizangensis*）、梵茜草（*Rubia manjith*）等特色食用、调料、油料和染料等植物资源。2013 年中国科学院昆明植物研究所陈家辉等分两组进入墨脱县开展植物资源考察，共采集植物标本 900 多号，调查、记录和采集藏东南米林市、墨脱县和波密县当地传统利用植物 39 种。本次调查发现墨脱县民族民间利用植物资源具有独特的地方特色：首先，当地所利用的植物多为青藏高原和喜马拉雅山东部地区的特有植物种类，如藏咖啡（*Nostolachma jenkinsii*）、不丹松（*Pinus bhutanica*）等；其次，部分植物具有深厚的文化底蕴和传统利用的历史，如藏香柏（*Juniperus* spp.）、香橼（*Citrus medica*）、穆子（*Eleusine coracana*）等；再次，除了重楼等少数药用植物和兰花，绝大多数的植物资源没有进行过商业性采集，保护良好。2016 年 11 月中国科学院昆明植物研究所研究人员在墨脱县的背崩村、布裙湖、仁青崩、达木村、格当村、80K 等地共收集种质资源 300 份、DNA 材料 600 余份、凭证标本 1100 多份，隶属于 77 科 170 属 239 种，其中包括保护植物喜马拉雅红豆杉（*Taxus wallichiana*）、云南黄杞（*Engelhardia spicata*）、贡山九子母（*Dobinea vulgaris*）

和小果紫薇（*Lagerstroemia minuticarpa*），特色植物西藏蒲桃（*Syzygium xizangense*）、千果榄仁（*Terminalia myriocarpa*）、墨脱花椒、马蛋果（*Gynocardia odorata*）和大百合（*Cardiocrinum giganteum*）等。

墨脱花椒是门巴族和珞巴族非常重要的调料，传统上主要利用野生的墨脱花椒资源。研究人员对墨脱花椒与普通花椒的主要挥发性化学成分进行了分析，结果表明：墨脱花椒的主要挥发性成分是香茅醛（58.11%）、β- 水芹烯（25.06%）、月桂烯（7.83%）、乙酸香茅酯（2.28%）；普通花椒的主要挥发性成分是β- 水芹烯（55.20%）、月桂烯（15.99%）、胡椒酮（13.51%）、异松油烯（3.90%）。与普通花椒相比，墨脱花椒少了麻辣味，具有浓厚的香茅草香味，有巨大的开发潜力。

4. 珞隅地区的植物多样性

珞隅地区是 3 个全球生物多样性热点地区的交汇处，即印缅地区、喜马拉雅山地区和中国西南山地（Myers et al.，2000）。珞隅地区地形崎岖，海拔高差巨大，具有从高山极地到热带峡谷的丰富多样的生境类型。因此生物多样性非常丰富，有热带湿润雨林、热带季雨林、热带山地雨林、热带山地常绿阔叶林、亚热带湿润常绿阔叶林、温带落叶阔叶林、针叶林（松林、铁杉林、云杉林、冷杉林）、高山杜鹃灌丛和高山草甸等极其多样的植被类型。珞隅地区具有北半球最完整的山地垂直自然带谱，从低海拔到高海拔，依次为热带湿润雨林和季雨林带、热带山地雨林带、热带山地常绿阔叶林带、亚热带常绿阔叶林带、温带针阔叶混交林带、亚高山针叶林带、高山灌丛草甸带和高山冰缘植被带。珞隅地区墨脱县境内的雅鲁藏布大峡谷还分布有北半球最靠北的热带沟谷雨林（图 1-2）和季雨林，其乔木上层几乎全由旱季或旱季末期换叶的高大乔木组成，乔木下层则以常绿乔木为主。群落季相有变化，终年绿色（李渤生，1984）。

珞隅地区尤其以雅鲁藏布大峡谷的生物多样性最为丰富，据前期研究的不完全统计，位于雅鲁藏布大峡谷核心区的墨脱县有高等植物 3700 余种，其中种子植物 1700多种（孙航和周浙昆，2002）、苔藓植物 500 多种，大型真菌 680 多种，哺乳类 63 种，鸟类 232 种，爬行动物 25 种，两栖动物 19 种，昆虫 2000 余种；有国家Ⅰ级重点保护野生植物 3 种，国家Ⅱ级重点保护野生植物 10 种，国家Ⅰ级重点保护野生动物 18 种，国家Ⅱ级重点保护野生动物 29 种，被誉为西藏的"天然动植物博物馆"；有兰科植物350 多种，被誉为"兰科植物大花园"。

除分布于南部边缘和雅鲁藏布大峡谷低海拔狭窄区域的热带雨林和山地雨林外，亚热带森林（亚热带山地常绿阔叶林，亚热带常绿阔叶林和热带、亚热带区域的针叶林及亚高山针叶林）也是珞隅地区的主要森林类型。

以雅鲁藏布大峡谷核心区的墨脱县为例，其亚热带森林主要由樟科（Lauraceae）、壳斗科（Fagaceae）、木兰科（Magnoliaceae）、山茶科（Theaceae）、桦木科（Betulaceae）、杜鹃花科（Ericaceae）、兰科（Orchidaceae）、天南星科（Araceae）和松科（Pinaceae）等

图 1-2　雅鲁藏布大峡谷马尼翁一带的热带沟谷雨林

物种构成。樟科在墨脱县有 10 属约 70 种，其中润楠属（*Machilus*）、樟属（*Cinnamomum*）为亚热带常绿阔叶林和热带山地雨林的主要树种，木姜子属（*Litsea*）等属的树种常为伴生种。壳斗科是亚热带常绿阔叶林的优势种和伴生种。壳斗科的青冈属、柯属和栎属等许多种类与山茶科、木兰科、樟科等亚热带典型代表科的一些属种构成了墨脱县热带山地常绿阔叶林和亚热带常绿阔叶林。栎属的高山栎组在海拔较高或较干燥的河谷地带构成常绿硬叶林。木兰科在墨脱县有木兰属（*Magnolia*）、含笑属（*Michelia*）等 5 属，约 9 种植物，其中南亚含笑（*Michelia doltsopa*）等为本地热带山地常绿阔叶林的重要组成树种。山茶科的木荷属（*Schima*）、柃木属（*Eurya*）常为墨脱县常绿阔叶林中的优势种或伴生种。桦木科的尼泊尔桤木（*Alnus nepalensis*）在墨脱县分布广泛，以其为优势种的群落从雅鲁藏布江边到海拔 2500m 的地带均有分布，纵跨珞隅地区热带和亚热带区域。杜鹃花科的杜鹃属（*Rhododendron*）为山顶矮林的优势种或建群种，也常成为常绿阔叶林中的重要伴生种。兰科是墨脱县物种数最多的一个科。天南星科的天南星属（*Arisaema*）、崖角藤属（*Rhaphidophora*）等是墨脱县热带、亚热带森林草本和附生攀缘植物的重要组成部分。松科（Pinaceae）则是组成墨脱县针叶林的重要科，冷杉属（*Abies*）、松属（*Pinus*）、铁杉属（*Tsuga*）是组成垂直带上不同针叶林或针阔叶混交林的主要成分，在墨脱县植物区系的组成中，或是在当地植物群落的构建中，均起着至关重要的作用，如不丹松（*Pinus bhutanica*）在海拔2000m左右是针阔叶混交林的建群种，云南铁杉（*Tsuga dumosa*）在海拔2600~3100m的很多地带与壳斗科、槭树科（*Aceraceae*）、桦木科等的种类共同形成针阔叶混交林带。苍山冷杉（*Abies delavayi*）在多雄拉山、嘎隆拉山等海拔3000m以上地带成为亚高山针叶林的单优建群种。

四、珞隅藏药与民族药用植物调查方法

1. 考察地点

本研究的目标对象是热带、亚热带藏药和民族药用植物，因此研究地点的选择就集中于珞隅地区我方实控区内的热带、亚热带区域（孙航和周浙昆，1997）。根据现有研究，珞隅地区热带区域为海拔1600m以下的河谷地带，亚热带区域为海拔2400m以下的山地森林地带。因此本研究优先选择海拔1600m以下的雅鲁藏布江干流及白马西热河、嘎隆曲、仰桑河等支流河谷地带，以及海拔2400m以下的山地森林地带作为野外调查地带。在田野调查方面，本研究选择低海拔乡镇的下辖村落庭院、农地及附近林地作为调查地点。调查乡镇涉及珞隅核心区域墨脱县背崩乡，兼顾德兴乡、达木珞巴民族乡及加热萨乡等其余乡镇的低海拔河谷区域，以及珞隅边缘区域察隅县的上察隅镇和下察隅镇（表1-1）。

表1-1　调查地点

县市区名	地点名	气候及植被特点	主要民族及其支系
林芝市墨脱县	背崩乡背崩村、江新村、格林村、德尔贡村、巴登村、波东村、地东村、西让村，达木珞巴民族乡达木村、卡布村，德兴乡文朗村，加热萨乡加热萨村	热带北缘至南亚热带湿润气候。主要植被为热带季节雨林、热带山地雨林、季风常绿阔叶林、不丹松林等	门巴族仓洛人、门巴族门巴人、珞巴族阿迪人（达木、博嘎尔）、工布藏族
林芝市察隅县	上察隅镇西巴村、下察隅镇沙琼村	南亚热带至中亚热带湿润气候。主要植被为季风常绿阔叶林等	珞巴族义都人、僜人、康巴藏族
山南市隆子县	斗玉珞巴民族乡斗玉村、三安曲林乡其美岗、准巴乡准巴村	高原气候。主要植被为沙棘林、亚高山针叶林、高山草甸等	珞巴族尼西人（崩尼、苏龙、达尼）、卫藏藏族

背崩乡属墨脱县辖乡，辖9个行政村，位于雅鲁藏布江东岸的有背崩村、江新村、格林村、德尔贡村，位于雅鲁藏布江西岸的有阿苍村、波东村、巴登村、地东村、西让村。村落大多沿雅鲁藏布江分布在山腰上，且分布较为分散，西让村距乡政府所在地22.43km。乡政府驻地在背崩村，背崩村位于县城南部28km处雅鲁藏布江两岸。背崩乡东北部与墨脱镇相连，西北部与德兴乡相连，南至更巴拉山口与雅鲁藏布江口的巴昔卡镇相望，东为米什米山区，与察隅县相连，西与米林市毗邻。全乡最高海拔3260m，最低海拔400m。乡政府驻地背崩村年平均气温16℃，全年无霜，年降水量2500~3900mm，处于雅鲁藏布大峡谷的印度洋水汽大通道，属南亚热带气候，低海拔

沟谷局部分布有热带雨林。2016年12月，全乡人口490户2371人，主要为门巴族仓洛人，其占全乡总人口的99.2%。德尔贡村位于山间宽谷盆地，地势平坦，土壤肥沃，所拥有的耕地占墨脱县耕地的1/5。背崩乡自然资源丰富，有国家重点保护的金丝楠、百日青等名贵树种；有多种自治区级、国家级、国际级［《濒危野生动植物种国际贸易公约》（the Convention on International Trade in Endangered Species of Wild Fauna and Flora, CITES）］重点保护动物，如孟加拉虎、黑熊、野牛、蟒蛇、脆蛇等；有布裙湖风景保护区、德阳沟羚羊保护区、汗密瀑布等风景名胜（白玛朗杰，2018）。历史上背崩乡到米林市派镇因多雄拉山口大雪封山9个月而长期交通不便，2013年扎墨公路通车，2017年底墨脱县城到背崩乡公路通车，2018年除巴登村因地质灾害风险不易修公路之外，包括最偏远的西让村和德尔贡村实现"村村通"，2021年派墨公路多雄拉隧道打通，背崩乡开始了新的交通时代。

下察隅镇位于西藏的东南角，处于察隅县的南部，是察隅县的边境镇之一。东与竹瓦根镇相邻，西北与上察隅镇相连，东南与缅甸葡萄县以开加博峰（东南亚第一高峰）为界，西南与印度阿萨姆邦接壤。全镇总面积1215.07km²，镇政府所在地距察隅县城61km，距上察隅镇50km。下察隅镇全镇人口居住在海拔1400~1600m的山区，整个镇区森林覆盖率达65%以上，镇政府所在地海拔为1548m。下察隅镇位于喜马拉雅山东南麓，常年受印度洋暖湿气流影响，气候温和，阳光充沛，雨量充足，四季不明显，年平均气温12~14℃，年平均降水量720.3~987.2mm，无霜期长达330天左右。积温高，可大面积种植水稻，被誉为青藏高原的"鱼米之乡"。下察隅镇森林覆盖率高，保护区和非保护区的动植物种类和林下资源丰富。下察隅镇林区盛产野生菌和药材等非木材林产品，虫草、天麻、贝母、三七、黄连、七叶一枝花等为当地特色野生资源。下察隅镇林区还有众多国家重点保护野生动物和"三有"动物，如山鸡、麝、熊、虎、野山羊、野牛、鹦鹉、豹等（白玛朗杰，2018）。

上察隅镇隶属于西藏自治区林芝市察隅县，地处西藏的东南角，察隅县的西南部，是察隅县的边境镇之一，东南与下察隅镇相邻，西与墨脱县相邻，北与昌都市八宿县然乌镇、林芝市波密县接壤，东北与古玉乡毗邻。辖区总面积12 521.48km²。截至2019年末，上察隅镇户籍人口3427人。上察隅镇为南亚季风型气候，全年气候温和，雨量充足，四季不明显。年平均气温8~10℃，年平均降雨量227.6~488.7mm，无霜期长达240天左右。上察隅镇森林覆盖率高，分布有不丹松、云南松、高山松、云杉、红豆杉等珍贵树木。林区盛产松茸、虫草、黄连、天麻、三七、贝母、木耳和蕨菜等非木材林产品。林区有虎、豹、熊、鹿、鹦鹉等各类国家保护动物（白玛朗杰，2018）。

山南市隆子县我方实控区海拔均在2800m以上，已经不具备热带、亚热带气候条件，其中斗玉珞巴民族乡所在地平均海拔在3000m以上，已经属于高原气候区。但由于斗玉珞巴民族乡的珞巴族尼西人由西巴霞曲（雅鲁藏布江支流）下游搬迁而来，尚掌握一些热带、亚热带药用植物的地方性知识，因此斗玉珞巴民族乡作为补充田野调查点，调查方法以访谈为主。

2. 文献研究与基原考证

文献研究主要有两方面。一是基于已有的对珞隅地区及其周边地区的植物多样性研究资料，查找产自热带、亚热带区域的藏药植物，这部分工作的目的是补充野外调查中未能调查到的药用植物种类；二是藏药本草考证研究，通过参照经典和现代藏药本草著作（表1-2），对收集到的植物资源进行考证和筛选。

表 1-2　本研究参考的藏药本草著作

本草著作名	作者	成书年代
《度母本草》	希瓦措	公元 8 世纪（唐代）
《妙音本草》	白若杂纳	公元 8 世纪（唐代）
《宇妥本草》	前宇妥·元丹贡布	公元 8 世纪（唐代）
《药名之海》	噶玛·让穷多吉	公元 13 世纪（元代）
《晶珠本草》	帝玛尔·丹增彭措	公元 18 世纪（清代）
《藏药晶镜本草》	嘎务	当代
《中华本草·藏药卷》	国家中医药管理局《中华本草》编委会	当代
《中华藏本草》	罗达尚	当代
《藏药本草·甘露精要》	加央尼玛	当代
《甘露本草明镜》	嘎玛曲培	当代

基原考证以本草考证为基础，结合调研医生实际诊疗中应用的药材实物，对药材的基原植物、药用部位和采收加工等关键技术环节进行考证和确认，这是药用植物资源评价工作中最基础的部分，也是最开端的部分。基原考证工作可从根本上杜绝药材混伪品和掺杂掺假问题，为后续药材质量评价提供最基本的保证。

基原考证的核心就是要确保实际使用的药材和药材标准记载的药材一致，即：来源植物一致，使用部位一致，性状和成熟度一致，加工炮制一致。以"藏药之王"阿如热为例，阿如热的基原为使君子科植物诃子（*Terminalia chebula*）的干燥成熟果实。实际调研中发现，在市场上流行的诃子药材中，不仅有诃子，还有其变种微毛诃子（*Terminalia chebula* var. *tomentella*），以及杜英科植物滇藏杜英（*Elaeocarpus braceanus*）、滇北杜英（*Elaeocarpus borealiyunnanensis*）等的果实。除了诃子外，其他的都只能算是代用品或混伪品。诃子的幼果也入药，中医称为"藏青果"，为中药青果，是橄榄科植物橄榄（*Canarium album*）果实的地方代用品。由于成熟度不符合标准，"藏青果"不能作为藏药阿如热使用。

藏医对药物的分类有一个独特之处，就是将同一味药物分为上品、中品和下品，分别对应不同的药材和基原，在应用中按实际情况甄别使用。这种方式表面上看类似于中药的"多基原"，即一种正品和多种代用品共同使用，但在实际研究中发现，这种用药特色和中医中药的"多基原"完全不同。中医中药的"多基原"是迫于历史上受制于可用资源限制不得已而使用代用品，代用品和正品在功效上是等价的，只在用量和品质上有差异。藏药材的不同品级之间没有优劣之分，而是根据实际病症甄别辨证使用相应品级的药材，不同品级的药材有不同的性效化味和功效，这是藏医对药材的一种认识和分类方式。例如，"苦空"就分为上品"喀吉苦空"和下品"苦空"，分别为藏红花和草红花（菊科植物红花 *Carthamus tinctorius* 的舌状花），二者只有性效化味之分而没有高低优劣之分，从而作为不同药材使用。藏医有时也会根据产地、形态等，将不同药材作为同一药物的不同品，如"三豆蔻""四肖夏"等，不同品的药材各有专长和不足，彼此不分高低优劣，在实际组方中甄别使用。因此，在对藏药材进行基原考证的过程中，就不能简单地把这种现象等同于中药的"多基原"，而应作为不同药材处理。

3. 民族植物学田野调查

田野调查（field study）是民族植物学研究中常用的实地调研技术体系，是从人类学和民族学中借鉴引入的研究方法，是指研究者到达并深入目标调研社区，通过直接观察、参与观察、访谈等手段，对研究社区的社会结构、思想观念、生活生产方式等进行观察和记录的一种研究方法体系，是人类学和民族学研究的核心方法论，是人类学和民族学最具特色的研究方法。人类学田野调查的基本方法始于美国的摩尔根，成形于英国人类学家马林诺夫斯基，马林诺夫斯基的调查方法成为西方人类学田野调查范式。这种方法要求研究者长期居住在被调查民族的一个小社区中，通过"参与观察"和"深度访谈"这两种方法了解当地居民的生活和行为方式，熟悉当地居民的伦理、道德、价值观念及心理特征等，研究其文化全貌。田野调查运用到民族植物学中，就是通过访谈、观察等方法，记录和掌握民族民间利用植物的地方性知识。

在本研究的田野调查中，通过走访研究区域内的传统医药专家来获得药用植物资源在当地的分布、采集和利用状况。这些"专家"包括了医疗卫生机构的藏医师、民间草药医生和采挖药材者。田野调查还包括集市调查，通过选择该地传统集市，运用传统集市调查法，摸清当地经济植物多样性和利用现状，获取当地民族民间利用植物的地方性知识。本研究中所有的田野调查工作均遵循"知情同意"原则，并通过"第二次青藏高原综合科学考察"办公室协调申请当地各级政府部门许可文件和介绍信，在社区基层部门允准和相关工作人员监督下开展。所有收集到的地方性知识、植物材料、标本、图片等均向信息报告人取得了同意。

地方性知识（local knowledge）是一个引自哲学的概念，指的是特定地点特定环境和特定族群对世界的认知体系（盛晓明，2000）。在本研究中，地方性知识是指墨脱本地群众对本地产藏药和民族药用植物的识别、命名、采集、利用等知识。地方性知识的调查通常采用访谈法，通过对当地的卫生所医生、藏医、草医、猎人、农户、采药人进行访问，获取当地藏药和民族药的应用信息。

在访谈中，主要采取了"半结构式"访谈法，围绕着以下几个问题展开。

（1）你们这里有没有野生或者是种植的药材？

（2）你们平时用不用来治病？用的是果子还是树叶、树皮或者根？怎么用的？

（3）平时会不会有收药材的人来收？你们会不会去采来卖？

（4）除了做药材，这些花草树木还有什么别的用处？

4. 资源植物多样性调查

凭证标本（voucher specimen）和凭证材料是民族植物学田野调查的必需材料和重要实物证据。在田野调查中，结合资源植物多样性调查方法，以植物分类学原理为理论依据，采集植物凭证标本、收集药材植物实物并鉴定，同时作为凭证证据保存。在野外调查中，在当地向导的带领下，实地调研药材产地，采集凭证标本。通过"走剖面"的方式，沿雅鲁藏布大峡谷及其支流沟谷，并适当深入两侧山林，调查、采集、记录沿途遇到的药用植物。对于十分常见的栽培植物，除特殊地方品种外，其余的只做记录和拍照作为凭证。

采集到的凭证标本经过处理后保存在中国科学院昆明植物研究所资源植物与生物技术重点实验室并完成鉴定。植物种类的鉴定和分类依据 *Flora of China* 和《西藏植物志》（Wu et al.，2013；吴征镒，1983），同时参考《雅鲁藏布江大峡弯河谷地区种子植物》和《墨脱植物》等植物多样性调查一手资料（孙航和周浙昆，2002；杨宁，2015）。

5. 进口藏药材国产替代资源的品种整理和调查

在本阶段工作中，首先参考国家进口中药材品种目录和罗达尚教授整理的原进口藏药材名录（罗达尚，1997b），对照珞隅地区现有的研究植物区系的资料，初步整理出可能的珞隅地区产进口藏药材替代资源名单。然后通过实地调研拉萨、林芝、波密等地的藏药材商店，以及普兰、吉隆、亚东等口岸的边民贸易市场和商店，收集、鉴定和明确目前市场上常用的、在售的进口藏药材品种及其基原。

本阶段选取珞隅地区雅鲁藏布大峡谷核心区作为重点调查区域，重点关注海拔1600m 以下的热带沟谷雨林和村落庭院。主要调查地点为墨脱县背崩乡的背崩村、江新村、德尔贡村、格林村、阿苍村、波东村、巴登村、西让村、地东村等村落的庭院、农田及农林系统，雅鲁藏布大峡谷和白马西热河谷的沟谷雨林，以及格林达巴、德尔贡多吉顶等自然森林。

在调查中，在当地向导的带领下，实地调研药材产地，采集凭证标本。通过"走剖面"的方式，沿雅鲁藏布大峡谷及其支流沟谷，并适当深入两侧山林，调查、采集、记录沿途遇到的药用植物。采集到的植物样品除留作标本和研究样本的部分外，其余作为实物，寻访当地民间专家，访谈和记录其民族民间药用知识。这里的"民间专家"指的是当地的藏医和民间医生、掌握丰富知识的长者、管理庭院和主持家务的妇女、采集和种植草药的农户等，这些"民间专家"在长期的生产生活和与疾病作斗争的过程中掌握了丰富的本地植物地方性知识和利用经验。

所采集的药用植物对照第一阶段整理的进口藏药品种资料进行品种考证和编目。

五、珞隅地区的药用植物资源

1. 珞隅地区民族民间药用植物多样性

珞隅地区是藏族、门巴族、珞巴族等少数民族世居地，这些民族利用植物资源的历史悠久、经验丰富。该地区各民族丰富的农业生物多样性、传统技术和传统文化相关地方性知识为该地区生物多样性的开发利用提供了原型知识，为新材料、新资源和新用途的发现提供了便捷的途径，也是发展新型现代农业的"基因库"和"种质资源库"（丰明等，2022）。珞隅地区各族群众在长期认识和利用当地植物的过程中，掌握和积累了丰富的具有区域特色和民族特色的植物资源地方性知识。

珞隅地区是许多重要藏药材的产地，从藏药本草资料和目前已有的研究来看，珞隅地区有许多以"珞隅"命名的藏药材，如珞隅豆蔻、珞隅荜芳等；《晶珠本草》等藏药本草典籍记载了众多产自珞隅地区的藏药材，如南酸枣、香附子、藏菖蒲、粗榧、香豆蔻、核桃等（帝玛尔·丹增彭措，2012）。珞隅地区当地的门巴族、珞巴族等少数民族群众也有许多特色的民族民间药用植物，如香橼、飞龙掌血、白结香等。

在进行第二次青藏高原综合科学考察时，我们调查发现珞隅地区所产的藏药材和民族药材及其地方性知识要比文献记载丰富得多。例如，藏药"四肖夏"（油麻藤子、眼镜豆、刀豆和广酸枣）的基原植物在珞隅地区都有野生或栽培，且都是资源量丰富的本土植物。其中广酸枣还是墨脱县的特色野生水果和旅游纪念产品之一。墨脱县的民间藏药中，把广酸枣作为毛诃子的代用品使用。藏药"庆巴肖夏"，即木肝子，又名"眼镜豆"，为豆科植物眼镜豆（*Entada rheedii*）的种子，墨脱县达木珞巴民族乡的珞巴族将其种仁取出，通过火烧和反复水浸减毒之后，用于治疗寄生虫病。过去墨脱县门巴族猎人将眼镜豆子仁捣碎，配入乌头类块根一起捣烂后制成箭毒，据说羚牛一类的大型猎物中箭后在很短的时间内就会倒毙。藏药"如热格夏"（ruth-ra-ksha）来源于杜英科杜英属（*Elaeocarpus*）植物的果实，是珞隅地区亚热带森林常见植物，杜英果实的内果皮质地坚硬并有美丽的沟纹，被用于制作佛珠，因此也被称为"普德哲吾"（bo-thevi-vbras-bu），意为"佛珠"，墨脱县门巴族和珞巴族将其称为"阿柔拉"（a-rog-la），当地民间用作藏药"阿如热"（诃子）的代用品。藏药"巴"（spa）出自《藏药晶镜本草》，为棕榈科省藤类植物的果实，用于治疗中毒（嘎务，1995），墨脱县的民间藏药用作"居如热"（余甘子）的代用品。棕榈科省藤类植物在青藏高原传统文化中具有重要的地位。在喜马拉雅山地区的民间传说中，省藤能长到天界，人可以攀附省藤到天上。古代的修行者常常持省藤制作的藤杖云游四方，久而久之，藤杖成为古代高僧大德的标志。北宋时期，游历于喜马拉雅山的佛教噶举派大师米拉日巴曾作《藤杖之歌》以歌颂修行者（乳毕坚瑾，2004）。省藤制品在藏南的门隅和珞隅地区是重要的非木材林产品，门隅和珞隅地区的门巴族、珞巴族和藏族用省藤建造房屋、编制生活器具，甚至建造桥梁溜索。著名的"墨脱藤桥"就是用省藤建造的。墨脱县的巴登村因种植、加工和出产省藤制品而闻名，"巴登"（spa-steng）的意思是"藤竹长高"；如今，"巴登竹藤编"已成为墨脱县特色文化产品和巴登村重点产业。墨脱县出产的辣椒为门巴族群众长期选育的优质地方品种，辛辣十足，辣椒碱含量高，是藏药"孜扎嘎"（rtsi-kra-ka）的优质药材来源，"门巴辣椒"也是墨脱县重点推广的特色农产品之一。除了辣椒之外，珞隅地区种植的花椒味麻，为藏药"叶玛"（ye-mar）的优质来源。珞隅地区还有一种本土特有的墨脱花椒（*Zanthoxylum motuoense*），其没有普通花椒的麻味，却有独特的柠檬香气，为墨脱县门巴族和珞巴族民族民间特色食用香料，墨脱县达木珞巴民族乡的珞巴族民间药用于治疗轻症野生菌中毒，也用于兽药治疗猪和牛的寄生虫病。用于治疗虚劳和腹泻的藏药"玛奈珠木"（smakh-nas-vbrum），就是珞隅地区热带山地雨林出产的小花桄榔（*Arenga micrantha*）树干髓心所制作的"桄榔粉"。珞巴族尼西人称其为"达谢"（hta-hsie），常见于尼西人聚居的西巴霞曲下游和雅鲁藏布大峡谷的米里、梅楚卡、巴昔卡等地的低海拔森林中，是尼西人最重要的传统野生食用淀粉植物。藏族称小花桄榔为"玛奈兴"，意思是"涩味糌粑树"。生活在珞隅地区低海拔区域的工布藏族和康巴藏族用桄榔粉作为糌粑的传统代用品，因其含有大量多酚类物质，暴露在空气中易氧化呈现暗红色且有涩味，所以称为"涩味糌粑"。小花桄榔也是雅鲁藏布大峡谷最重要的文化景观植物之一，藏族传说中珞隅一带的地形如金刚亥母仰卧之姿，墨脱为女神之怀抱，是"遍布糌粑树和牛奶河"的"秘境天堂"（陈立明，2006）。兰科植物石斛（*Dendrobium nobile*）的茎为藏药"布协孜"（金钗石斛）的正品基原，常见于珞隅地区的热带雨林中。当地的门巴族和珞巴族民间药用于治疗皮肤烧烫伤。金钗石斛是附加值较大的非木材林产品，墨脱县雅鲁藏布大峡谷中的各乡镇群众将其引种栽培于庭院中，优质石斛的栽培为当地庭院经济的重要发展项目之一。"嘎"（skha）类药材为姜科植物的根茎，在珞隅地区有丰富的资源，也是当地民族民间药材，如"嘎加"（干姜）、"嘎斯尔"（姜黄）、"曼嘎母"（山奈或凹唇姜）等，当地有着丰富的民族民间药用地方性知识。据藏药本草记载，珞隅地区产的姜黄是藏药"永哇"（yung-ba）的道地药材来源之一。此外，墨脱县门巴族民间还把姜黄作为黄色染料。《晶珠本草》中记载藏药"毕毕林"有3种，其中一种称为"珞隅毕毕林"，产自珞隅地区的热带山谷。本调查研究发现，墨脱县雅鲁藏布大峡谷沟谷雨林分布的具柄胡椒（*Piper petiolatum*），其性状和《晶珠本草》中记载的"珞隅毕毕林"接近，而且当地群众确实把具柄胡椒称为"毕毕林"，并且时常有药材商前来收购。为了方便采集和增加收入，当地群众将具柄胡椒引种栽培于庭院。龙胆科獐牙菜属植物显脉獐牙菜（*Swertia nervosa*）和川西獐牙菜（*Swertia mussotii*）是藏东南地区常见的野生植物，在珞隅地区主要分布于草坡和常绿阔叶林带的采伐迹地，门巴族和珞巴族民间药用于治疗感冒、头痛和中毒症，康巴藏族民间药用于治疗肝炎和黄疸。獐牙菜属多种植物是藏药"桑蒂"（zang-tikh）的基原，是"蒂达"（苦甘露）类藏药材之一，味苦性凉，用于治疗肝炎。由于"桑蒂"和中药茵陈蒿有类似的功效，因此也被中医称为"藏茵陈"。藏药"巴勒嘎"

（ba-le-ka）的中药名为藏木通，为马兜铃科植物西藏关木通（*Isotrema griffithii*）的藤茎，西藏关木通是喜马拉雅山地区亚热带森林的常见植物，墨脱县的珞巴族用于治疗疟疾。藏药"乃玛夏尔玛"（nath-ma-vbrar-ma）出自《度母本草》，在藏医中有上千年的应用历史，为紫草科琉璃草属（*Cynoglossum*）植物的全草，用于治疗外伤感染，墨脱县达木珞巴族民间药用于清热解毒。藏药"齐当噶"（bya-thang-ka）"为紫金牛科植物多花酸藤子（*Embelia floribunda*）的干燥果实，"齐当噶"是大宗进口藏药材，在本研究中发现多花酸藤子为珞隅地区热带森林的常见植物，门巴族和珞巴族采集其果实作为野生水果食用。喜马拉雅山地区亚热带针叶林的建群种不丹松（*Pinus bhutanica*），其松脂为藏药"仲兴"（krong-shing）的正品基原之一，墨脱门巴族将松脂涂于伤口之上，可以止血和促进伤口愈合。

除藏药外，珞隅地区还拥有丰富的民族民间药用植物及其地方性知识。墨脱门巴族和珞巴族民间药用墨脱当地产的蓖麻（*Ricinus communis*）叶治疗跌打损伤，其治疗的过程具有独特的地方特色，即先把新鲜的蓖麻叶在火上烤热，然后抹上陈年猪油，像膏药一样贴敷在患处，疼痛就会减轻。香豆蔻（*Amomum subulatum*）是珞隅地区特产民族药，墨脱门巴族用香豆蔻的新鲜果实治疗消化不良和解除食用不新鲜的肉类导致的食物中毒。广布于世界热带、亚热带区域的茄科药用植物曼陀罗（*Datura stramonium*），是珞巴族和门巴族民间医生用于缓解牙痛的好药。我国西南地区是柑橘类水果的起源地，其中香橼可能起源于喜马拉雅山地区（Wu et al.，2018）。珞隅地区有丰富的香橼（*Citrus medica*）种质资源，当地群众引种栽培香橼的历史非常悠久，并培育出了本地特色传统品种"墨脱大柠檬"，此为墨脱县特产农产品之一，墨脱县的门巴族和珞巴族群众称之为"snying-pa"，将其泡水代茶用来治疗感冒。生活在雅鲁藏布大峡谷的门巴族和珞巴族群众喜欢佩戴薏苡（*Coix lacryma-jobi*）种子做成的珠串项链，在实地调查访谈中发现，他们喜欢佩戴薏苡饰品的原因除了美观之外，还源于当地民间医学认为佩戴薏苡种子可以预防和控制高血压。榕属植物是雅鲁藏布大峡谷沟谷雨林的建群种之一，珞巴族民间医生发现大果榕（*Ficus auriculata*）的乳汁可以用来治疗寄生虫病。

本研究还首次调查记录了我国人口极少的族群义都珞巴族民族民间利用药用植物。义都珞巴族是我国珞巴族的一个支系，主要生活在珞隅地区东部边缘的墨脱县和察隅县交界的米什米山区，目前仅有一个自然村，30户人家。义都珞巴族拥有丰富的药用植物地方性知识，对其生活社区周边森林的药用植物具有独特的认识。义都珞巴族群众对药用植物有很强的资源保护意识，积累了丰富的珍稀药用植物引种栽培和保育的地方性知识。本研究发现义都珞巴族群众在庭院和村寨周边土地栽培、管理和保育了不少珍稀药用植物，如云南黄连、铁皮石斛、七叶一枝花、金线莲等，形成了民族民间就地保护种质资源圃。

这些药用植物资源及其地方性知识为寻找热带、亚热带产藏药材资源的国产来源和代用品提供了重要的资料来源，也为开发民族药产品和发现制药工程新药提供了灵感和思路。

2. 珞隅地区热带、亚热带藏药材的多样性

本研究共收集珞隅地区热带、亚热带产藏药材 91 种（附录 I），分属于 58 科 89 属。其中，蔷薇科（6 种）、豆科（6 种）最多，其次为姜科（5 种）、禾本科（4 种）。葱属（*Allium*）和北五味子属（*Schisandra*）各含 2 种，其余属皆只含 1 种。在药用部位方面，果实最多，为 26 种，其次为种子（13 种）和根（11 种）。在藏医本草记载方面，出自《晶珠本草》的最多，为 68 种，其次为《度母本草》（20 种），现当代本草著作均全部收录以上药材。

3. 珞隅地区产藏药材的地方代用品和混伪品

在药物应用实践中，因为各种原因，实际使用的药材不能完全保证与药材标准记载一致，或多或少存在差异，因此产生了正品、代用品和混伪品之分。正品药材就是和本草记载完全一致，或经过长期实践被绝大多数医生认可，或列入国家标准或行业标准的药材。代用品就是经过长期实践，被公认或列入国家标准或行业标准的具有和正品药材同样功效的药材。混伪品就是以次充好、以假乱真的假冒伪劣药材。混伪品药材质量不能保证，没有疗效或疗效不确切，抑或有强烈副作用或毒性，一旦混入市场将会造成严重的用药安全隐患。

本研究发现，在珞隅地区产藏药材中，有一部分实际的基原植物和本草记载有差异，可能存在代用品或混伪品的采集和使用（表 1-3）。例如，被称为"藏药之王"的阿如热，历代藏医使用及本草记载的均为使君子科植物诃子（*Terminalia chebula*）的果实，而我们实际在珞隅地区通过访谈采集到的阿如热却来自于杜英科植物滇北杜英（*Elaeocarpus borealiyunnanensis*）。实际上，杜英属植物的种子也是重要的藏药材，为藏药"如热格夏"的基原。有趣的是，实地调查发现墨脱县门巴族民间药对杜英属植物种子的称呼和应用与"如热格夏"一致，但前来墨脱县收购藏药材的收购商却把杜英属植物的种子当作阿如热的代用品收购。药用植物地方性知识的习得、传播和演变，也是一个有趣的议题。

除阿如热外，重要藏药大三果的另外两味药材巴如热和居如热，在珞隅地区也有相应的代用品。对照藏药本草记载，这些植物的形态特征和本草描述似乎颇为相符，如墨脱县当地产棕榈科植物刺苞省藤（*Calamus acanthospathus*）在当地作为正品基原余甘子的本土代用品。从形态特征和生境上来看，刺苞省藤产自雅鲁藏布大峡谷沟谷雨林，为大型藤本，攀缘茎可长达 30m，质地柔软，大型羽状复叶，肉穗花序，佛焰苞黄色，果实覆盖鳞片，与《晶珠本草》中记载的"居如热生于热带山谷，干长柔软，叶如猪鬃疏松，花淡黄色，具有光泽不鲜的果实"，以及《度母本草》中记载的居如热"生于热带，干长柔软，叶大，花淡黄色，光泽不鲜"等识别特征相似程度非常高，尤其是刺苞省藤的茎和叶轴等处覆盖褐色至黑色、长而硬的刚毛，看上去颇似猪鬃。

表 1-3　珞隅地区产重要藏药材代用品和混伪品

药材	正品基原	代用品或混伪品	考证依据
藏药大三果	阿如热（使君子科植物诃子 *Terminalia chebula*）、巴如热（毛诃子 *Terminalia billirica*）、居如热（叶下珠科植物余甘子 *Phyllanthus emblica*）	本土代用品：阿如热（杜英科植物杜英 *Elaeocarpus* spp.）、巴如热（漆树科植物南酸枣 *Choerospondias axillaris* 或柿树科植物毛果柿 *Diospyros variegata*）、居如热（棕榈科植物刺苞省藤 *Calamus acanthospathus*）	民间长期使用，被认为与正品有相同功效；主要功效成分相同
大叶仙茅	仙茅科植物大叶仙茅（*Molineria capitulata*）的根	石蒜类药材的代用品	《晶珠本草》记载
荜茇	胡椒科植物荜茇（*Piper longum*）的干燥果穗	本土代用品：珞隅荜茇，为具柄胡椒（*Piper petiolatum*）	《晶珠本草》记载
巴豆	大戟科植物巴豆（*Croton tiglium*）的种子	代用品：大戟科植物蓖麻（*Ricinus communis*）	《藏药晶镜本草》记载蓖麻为巴豆的代用品
肉桂	樟科植物肉桂（*Cinnamomum cassia*）的树皮	本土代用品：大叶桂（*Cinnamomum iners*）	
藏茵陈（桑蒂）	龙胆科植物川西獐牙菜（*Swertia mussotii*）	本土代用品：龙胆科植物显脉獐牙菜（*Swertia nervosa*）	民间长期使用；藏药材经销商当作桑蒂药材收购；形态描述符合本草记载
盐肤木果	漆树科植物盐肤木（*Rhus chinensis*）的果实	易混品：五味子科植物五味子（*Schisandra* spp.）	本草描述盐肤木果在实际使用时常混有五味子果实
葡萄	葡萄科植物葡萄（*Vitis vinifera*）	易混品：五味子科植物五味子	异物同名
莲花（冈拉）	莲科植物莲（*Nelumbo nucifera*）的花丝，墨脱县有栽培	伪品：菊科风毛菊属（*Saussurea*）植物，即所谓的"西藏雪莲花"	《晶珠本草》记载莲花为"冈拉梅朵"基原植物。伪品来源于庸俗小说编造
油松脂（仲兴）	松科植物不丹松（*Pinus bhutanica*）	易混品：同属植物华山松（*Pinus armandii*）和高山松（*Pinus densata*），藏语称为"唐兴"	历代本草记载
儿茶	豆科植物儿茶（*Acacia catechu*）枝叶煎煮成的浸膏	易混品：茶叶煎煮成的茶膏	异物同名
枸杞	茄科植物枸杞（*Lycium chinense*）的果实	地方代用品：小檗属植物的果实	长期使用并被本草收录

此外，从藏药本草著作的记载来看，居如热药材的基原较为混乱，各地都有替代资源，如青海和四川的甘孜、阿坝一带的民间藏药就用蔷薇科山楂属植物的果实作为代用品。相关药理学研究表明，藏药大三果具有收敛、抗氧化、抗菌、抗肿瘤等活性。植物化学研究表明，这些活性源于鞣质类成分，主要是没食子酸、鞣花酸、诃黎勒酸、诃子酸等，这些活性成分构成了藏药大三果清除血热、化解坏血、治疗瘟疫、消除疲劳等功效的物质基础。从植物化学成分和药理学研究结果来看，无论是正品还是代用品，主要成分都颇为相似，都以没食子酸为突出的鞣质，另外相同的成分还有鞣花酸、槲皮素等。从目前关于藏药大三果的研究来看，没食子酸是藏药大三果诸多功效的重要标志性成分之一。从物质基础角度来看，无论是正品还是代用品，它们都含有没食子酸这一重要的活性成分，若仅从这一点来看，代用品的运用具有一定的合理性。

在本研究中还发现了一种情况，即藏药古本草记载和民间应用一致，但是现代本草和药材标准却认定为另一种或另一类植物。最典型的是"塔芝"这一药材。"塔芝"出自《晶珠本草》，《晶珠本草》记载"塔芝生长在南方热带林中。树干高大，花很小，成串。果实状如羊虱子，稍扁红色，粉质油润，味酸"。从描述上看，藏医所用"塔芝"接近漆树科植物盐肤木的果实。本研究实地调查发现，盐肤木在珞隅地区是常见野生植物，当地群众采集其果实作为野果食用，因其带有天然的酸咸味，也作为调味品，在过去食盐短缺的情况下替代食盐使用。当地无论是藏族（工布藏族、卫藏藏族、康巴藏族）、门巴族（仓洛、门巴）还是珞巴族（尼西、阿迪、义都）群众，都把盐肤木称为"塔芝""达志"或相似发音的名称。然而在做本草考证时发现，在现代本草专著记载中，无论是《甘露本草明镜》《藏药志》，还是《中华本草·藏药卷》等，都认定五味子为"塔芝"正品。从古本草记载来看，《晶珠本草》记载的"塔芝"为树木，而五味子为藤本，显然不符合记载。事实上，从现代本草《中华本草·藏药卷》和《藏药志》中的描述来看，这两部本草的作者已经发现将"塔芝"认定为五味子似有不妥，并提出了质疑，可惜未做进一步考证。另外，在实地调研中还发现，喜马拉雅山地区产的五味子被当地群众称为"滚珠木"，而"滚珠木"在本草中指的是葡萄，拉萨和日喀则的藏语方言也将葡萄称为"滚珠木"。对照《晶珠本草》记载的一种"叶小而圆，花红色"的"滚珠木"，其似乎接近于五味子属植物红花五味子和滇藏五味子（这两种五味子在喜马拉雅山东部地区均有分布）。由此看来，目前藏药材的基原考证和鉴定工作尚存在很大疏漏，可能还存在许多没有被梳理清楚的代用品和混伪品，后续需要加大这一方面的调研工作。

另外，本调查还发现了一些目前实际应用和藏医本草记载不一致的药材，如"藏木瓜"。《度母本草》记载藏木瓜出自珞隅炎热地带，树高大，叶大，花白色，果实大，肉厚，种子状如麻茹孜（紫铆籽）。从描述上看，珞隅热带区域的墨脱县门巴族群众种植的番木瓜（*Carica papaya*）与《度母本草》中记载的"藏木瓜"形态颇为相似，但古今藏医文献又没有以番木瓜入药的记载。目前各地藏医均以蔷薇科木瓜属植物的果实为"藏木瓜"药材基原，藏药名"赛亚"，而且"赛亚"药材基原之一的西藏木瓜（*Chaenomeles speciosa*）在珞隅地区有野生或栽培。然而"赛亚"在《度母本草》中另有记载，其基原就是木瓜属植物。所以《度母本草》中记载的"木瓜"和"藏木瓜"应是不同药材。《度母本草》中记载的"藏木瓜"究竟为何物尚不可知，需要做深入调研和考证。

除此之外，一些坊间传说和庸俗小说等胡编乱造了"雪域神药"，并将其附会到藏医药知识当中，这些错误信息传播到当地之后，对民族民间药用植物知识产生了负面干扰，有些错误知识甚至在一定程度上"覆盖"了原有的传统知识和地方性知识。这些错误的知识不仅平添了用药混乱，还造成了外溢影响，引起了相关植物资源过度采集和生态破坏等连锁反应。例如，某些庸俗武侠小说"发明创造"出所谓的"西藏雪莲花"，并被流行文化和商业宣传不负责任地生拉硬扯到藏药"冈拉梅朵"上。事实上，《晶珠本草》明确记载，"冈拉梅朵"为红色莲花。"冈拉"（gang-la）一词为梵语"kamal"

的藏语音译，意为"红莲花"。墨脱县古称"珞隅白玛岗"，在当地民族民间传说中，"珞隅白玛岗"的中心为一朵盛开的冈拉梅朵，即为"墨脱县"一名的来源（"墨脱"和"梅朵"均为藏语 me-tokh 的音译），而且当地门巴族有大量以冈拉梅朵为主题的民歌。"冈拉梅朵"和所谓的"西藏雪莲花"无论是在藏医传统医药知识还是民间文化中，都没有任何关系。因此，市面上流传的所谓"西藏雪莲花"均为"冈拉梅朵"的伪品。与此同时，生长在青藏高原上的一些菊科风毛菊属（*Saussurea*）植物，因为有个叫"雪莲花"的中文别名而遭了殃，在被强行附会上各种莫须有的"神奇功效"与夸张宣传后，惨遭灭绝性采集，从常见野花野草变成了国家立法保护的濒危植物。当然，藏药中确有以风毛菊属雪兔子类植物为基原的药材，藏语名"恰果苏巴"，意思是"秃鹫的腿"（因其形态状如秃鹫毛茸茸的腿部而得名）（帝玛尔·丹增彭措，2012）。"恰果苏巴"在藏医中是一种用于治疗妇女病的冷背药材，无论是传统的经方验方，还是现代藏成药，都少见应用。

　　多基原和代用品是我国传统医药中普遍存在的现象，尤其是全国各地普遍存在地方性代用品，如各种"土人参""土大黄""土肉桂""土沉香"等"土药材"。"多基原""多物同用"是中国传统医药中非常常见的现象。基于"多基原""多物同用""异物同名"的现象，针对常用大宗藏药材已经有了一些研究，主要集中在品种整理、基原鉴定和源流考证 3 个方面。Zhao 等（2010）对藏药"吉解"的 10 个基原植物进行了鉴定，发现它们都为龙胆科龙胆属植物。钟国跃等（2009）、付林等（2018）、旦增曲培等（2019a）、马晓辉等（2018）及张怡等（2018）对藏药"蒂达""榜间""哇夏嘎""桑当"等的源流、品种和名称等进行了考证和梳理，发现藏药传统理论对药材品种有独特的认识和分类体系。多基原可以扩大药用植物的来源，在一定程度上弥补了稀缺药用植物资源的不足，也可以为现代制药工业和药物发现提供新线索和新资源，但同时也有不利的一面，如导致大量代用品其至伪品的出现，这不仅会扰乱药材市场和用药规范，也不利于现代传统医药的标准化管理。最大的问题是，代用品甚至伪品充斥市场可能存在严重的用药安全隐患，如著名的"龙胆泻肝丸"事件就是木通药材的代用品关木通含有毒性成分马兜铃酸导致患者中毒。目前关木通已被《中国药典》删除并禁用。

六、珞隅地区进口藏药材国产替代资源

1. 寻找国产进口藏药材新资源的可行性

　　药用植物的知识和文化发源于其原产地，外来药用植物在传播到我国的同时，其相应的文化和药用知识也被引进了，并在长期应用的过程中逐渐融入我国传统和民间医药体系，有些药用植物甚至成为常用药材和重要药材，如藏药中的大小三果、六良药，中药中的麒麟竭、胖大海、藤黄，维药中的肉豆蔻、黑种草子、铁力木花、檀香等。正如前文所述，进口药材往往运输成本高昂，运输途中容易产生变质、混伪品掺

入等质量问题，严重制约着需要用到进口药材的优良经方和验方的运用及现代化发展。因此需要从本土资源中寻找可利用的替代资源，或者适宜的引种栽培区域。

在中医药发展过程中，进口中药材国产新资源植物的发现，为替代进口药材寻找国产植物原料提供了一个优秀示范（裴盛基和张宇，2020）。进口中药材国产新资源的研究工作起始于20世纪70年代初期，其目的是为进口中药材寻找国产新资源，从而代替或部分代替进口中药材，一方面解决当时新中国受到贸易封锁导致进口药材缺货的问题，另一方面为国家节省大量进口药材所需的外汇支出。开展进口中药材国产新资源研究以我国南部热带、亚热带植物区系研究的成果为科学依据，以依据第一次全国中药资源普查结果所编纂的大量地方性药用植物志书和中草药手册等为医药研究的实证。例如，国产龙血竭就是来源于云南产的柬埔寨龙血树（*Dracaena cambodiana*），柬埔寨龙血树与龙血竭的基原植物龙血树（*Dracaena draco*）为同科同属植物，含有相似的药用化学物质和相同的功效成分，并在云南民族民间长期使用，用来治疗类似的疾病。其他类似的进口中药材国产替代资源植物还有云南西双版纳产的马钱子，云南德宏产的荜茇，西藏普兰、札达产的印度胡黄连，西藏日喀则南部喜马拉雅山地区产的洪连，云南西北部种植的云木香，云南南部和广西南部产的越南安息香、云南萝芙木，云南临沧产的绒毛诃子，云南文山产的千年健等。这些进口中药材国产新资源在我国产区民族民间都有悠久的药用历史和不同民族间传统医药知识的交流与传播，是进口中药材国产新资源科学研究工作的重要发现。

本研究的目的是采用植物资源调查方法，结合民族植物学实地调研，在珞隅地区雅鲁藏布大峡谷核心区域开展进口藏药本土资源和品种的调查与考证。

2. 珞隅地区产进口藏药材的替代资源

珞隅地区自古就是藏药材的道地产地之一，这在藏医本草著作中多有记述。道地药材是指在中国传统医药长期实践中公认的优质药材，具有较高的药用价值和经济价值。自然环境和生态地理是道地药材的重要因素，因此道地药材的重要考察指标之一就是道地产地，而确认道地产地的重要依据就是历代本草记载（黄璐琦等，2004）。本研究发现藏医本草中记载的珞隅地区传统特产的优质野生及栽培藏药材植物具有发展成道地药材的潜力。在藏医本草著作中，明确记载了这些植物生于"南方门与珞""珞隅""珞地""珞窝""南方河谷""南方炎热地或温暖地""南部热带河谷"等，或是专门提出生于珞隅的藏药材品质最佳等。由于对珞隅地区的研究较为缺乏，以及交通不便等，这些道地药材没有被充分挖掘利用。藏医目前所用的这些药材依赖于进口。因此，在对这些传统特色优质药材的品质、栽培要点、加工工艺等进行深入探索后，可推进其标准化种植和加工及市场开拓，从而发展成地方特色产业。

在本研究中，通过民族植物学方法，在珞隅地区进行实地调研，初步列出12种可作为进口藏药材国产替代来源的药用植物（附录Ⅱ）。这些植物有的本身就是藏药本草记载的珞隅道地药材，如核桃、珞隅香附子、南酸枣等。有的虽为进口藏药材但本研究发现珞隅地区有野生分布或栽培，或者我国华南、西南热带区域虽有分布或引种，但受限于运输成本或产量太小不能满足需求，如木棉花、葡萄籽、鸭嘴花等。有的是同科同属，被当地民间藏药长期作为代用品使用，同时依据吴征镒先生提出的理论"植物体内有用化学物质的形成积累与系统发育具有相关性"，即植物体内药用化学活性物质的形成积累与植物分类系统中的亲缘关系密切相关这一判断而列入。吴征镒先生的这一判断已在国产进口中药材替代资源的寻找工作中被证明是有效的。这类药材有珞巴肉桂、珞隅荜茇等。

除此之外，有一些药用植物被当地民间藏医作为代用品使用，但既不见文献记载，也非正品基原的近缘种。例如，前文提到的墨脱门巴族民间藏医以杜英科杜英属植物的果实、漆树科植物南酸枣的果实、柿树科植物毛果柿的果实，以及棕榈科植物刺苞省藤的果实作为藏药大三果之诃子、毛诃子和余甘子的地方代用品入药。这些地方和民间代用品需要进一步考证或做植物化学和药理学方面的验证，因此没有列入。

在已有的珞隅地区（以墨脱县为主）区系资料中，有一部分重要的藏药材，如噶布尔（羯布罗香）、堆甲（儿茶）、甲木哲（大托叶云实）、土膜钮（止泻木子）、敦木达合（马钱子）等，其基原植物分布于雅鲁藏布大峡谷西让村以下的热带沟谷雨林和季雨林。在本研究中，以照片识别、名称指认和信息描述识别的方式对西让村的村民进行了访谈。西让村的村民曾在雅鲁藏布江的江边森林中见过止泻木和儿茶，其他药材他们表示听说过其名称并认为下游森林中应该会有。但由于这些地点均位于西让村以下的更仁村至巴昔卡镇一带，该区域尚为印度非法占据，研究人员无法到达进行实地调研，故这部分药材也没有列入。

藏医药是我国五大传统医药体系（中医、藏医、维医、蒙医、傣医）之一，因其用药独特、疗效确切而备受关注。随着现代藏医药的发展，解决藏药材的来源问题就显得日益紧迫。目前热带、亚热带来源的藏药材严重依赖进口，其来源复杂、质量参差不齐，而且运输成本高昂，严重制约了藏医药的发展。因此，开展涉藏地区本土热带、亚热带区域产藏药材资源的品种调查、收集和栽培试验就十分重要。珞隅地区产藏药材多样性高，其中本草记载的道地药材占比大，具有很大的发展潜力，但需要进一步针对产地环境、栽培技术、有效成分含量等影响药材质量的因素进行深入研究。本研究发现，永哇（姜黄）、宁肖夏（南酸枣）、嘎高拉门巴（香豆蔻）、蒂达（獐牙菜）、仲兴（松树）等重要藏药材在珞隅地区有一定规模的野生或半野生种群分布，可以考虑在充分保护野生种群的前提下进行适当的资源开发。而当地群众也开始尝试引种或种植藏药材，有些取得了不错的效果，产生了一定的经济效益，如玛玉（糌粑树）、恰兴（茶）、布协孜（石斛）、叶玛（花椒）、色哇（玫瑰）、嘎加（干姜）、乌苏（芫荽）等。另外，一些需求量大的热带产藏药材，如草果、槟榔、砂仁、益智、南五味子等也可以尝试引种栽培。随着扎墨公路和派墨公路的贯通，以及察墨公路工程的稳步推进，珞隅地区交通条件逐步改善，这促进了珞隅地区热带、亚热带藏药植物的种植和可持续利用等特色产业发展，对带动当地经济发展起到一定作用。

第二部分　各　论

一、蕨类药用植物

1 骨碎补　ཤེ་ལྒང་རེ་རལ།（培江热惹）

别　　名　gyal-po-chu-chue（尼西珞巴语）、藏贯众。

本草考证　"热惹"出自《度母本草》。希瓦措在《度母本草》中依产地、品相及功效不同，将"热惹"分为 3 种，即"甲波热惹"（王热惹）、"尊姆热惹"（妃热惹）和"伦布热惹"（臣热惹），三者即为著名的藏药"三热惹"。本品为其中的"甲波热惹"，因其通常附生于培兴树（be-shing，一般为青冈或栎）上，故得名"培江热惹"。《度母本草》记载其"叶如火舌蔓延，根如玉蛇盘绕"。《蓝琉璃》记载，本品"状如石莲姜"，石莲姜即为蕨类植物崖姜（*Pseudodrynaria coronans*）。

基　　原　水龙骨科（Polypodiaceae）华槲蕨（*Drynaria sinica* Diels）的根茎（图 2-1）。

图 2-1　华槲蕨根茎（药材）（左）及植株（右）

植物性状　多年生落叶草本，根状茎横走，较粗，直径 1~2cm，密被鳞片；鳞片披针形，先端毛发状，边缘有重锯齿，棕色，以基部近盾状着生，有宿存叶柄及叶轴。叶二型，基生不育叶卵圆形至椭圆形；能育叶具叶柄，长椭圆形，干后黄绿色，纸质，裂片 15~20 对，裂片边缘有浅缺刻，叶脉明显隆起。孢子囊群在裂片中肋两侧各排成整齐的 1 行，靠近中肋，生于 2~4 条小脉交汇处。

分布与生境　产西藏东南部、云南西北部、四川西部、甘肃东南部、青海东南部和陕西南部。珞隅地区产于墨脱县。附生于湿润岩石或树干上。

功效成分　华槲蕨根茎含大量淀粉，另含柚皮苷、β- 谷固醇、豆甾醇、二氢黄酮苷等。《中国药典》规定，本品按干燥品计算，含柚皮苷（$C_{27}H_{32}O_{14}$）不得少于 0.50%。

药　　理　华槲蕨煎剂试管实验中对金黄色葡萄球菌、溶血性链球菌、白喉杆菌、痢疾杆菌、伤寒杆菌、绿脓杆菌等多种致病菌有较强的抑制作用。临床研究发现华槲蕨中的总黄酮对治疗骨质疏松有一定的意义，但需注意药物不良反应。

加工炮制　采集根茎，刮去表面毛被后干燥即得。

藏医应用　味甘、涩；消化后味甘，性凉，效糙。主治食物中毒及药物中毒。

民间医应用　康巴人民间用本品配伍其他药物泡制药酒，外用追风活络、接骨疗伤。

资源与贸易状况　华槲蕨为藏东南林区常见的附生植物，资源量大。当地一般自采自用，仅有少量出售于当地集市，未见规模化贸易。

植物文化　华槲蕨的能育叶具有羽状深裂的结构，其裂片数量15~20对，珞巴族尼西人民间文化中用来"占卜吉凶"，其方式是随机抓取叶片，对裂片进行计数，通过数字的奇偶来确定某件事的"宜忌"或"吉凶"。

二、裸子药用植物

2　**油松**　ꡏꡀ་ꡤ（仲兴）

别　　名　gyal-ga（阿迪 - 达木珞巴语）、shug-shing（仓洛门巴语）、shing-than-po（格林达巴神树名）。

本草考证　"仲兴"出自《妙音本草》。《妙音本草》记载"油松状如灵宝塔，针叶状如碧玉云，叶心状如钳子嘴，味色性温干而燥"。《度母本草》记载"油松生长在珞隅和门隅温暖之河川，形似珍宝的灵塔，叶片状如碧云堆，花朵红色似火舌"。藏医所用"仲兴"为各种松树的松脂，根据《度母本草》所记载之产地为"门隅和珞隅"，该地区主要产的松树为不丹松，应为其正品。

基　　原　松科（Pinaceae）不丹松（*Pinus bhutanica* Grierson, D. G. Long & C. N. Page）的松脂。

植物性状　大乔木，宽塔形树冠。一年生枝绿色（干后呈红褐色），无毛，有光泽，微被白粉。针叶5针一束，细柔下垂。球果圆柱形，下垂，中下部稍宽，上部微窄，两端钝，具树脂。种子褐色或黑褐色，椭圆状倒卵形，具种翅。花期4~5月，球果第二年秋季成熟（图2-2）。

分布与生境　产云南西北部至西藏南部喜马拉雅山南坡及高黎贡山西坡。珞隅地区产墨脱县、隆子县。

功效成分　松香主要成分为松香酸酐（abietic anhydride）及游离的松香酸（abietic acid），并含树脂烃、挥发油，挥发油成分主要为 α- 蒎烯（α-pinene）、β- 蒎烯及少量左旋莰烯、2- 戊烯，还含槲皮素（quercetin）、山奈酚（kaempferol）及苦味物质。

药　　理　松香酸具有抗凝血、抗菌活性，在临床上还用于治疗银屑病。包括不丹松在内的喜马拉雅山地区产多种松属植物树皮的醇水提取物具有体外抗炎、抗氧化

图 2-2　不丹松（左、中）及其生境（右）

和抗菌活性。不丹松精油具有体外抗恶性细胞增殖和清除自由基的活性。

加工炮制　收集自然流出的松脂或人工割开树皮使之分泌出松脂，干燥即得。

藏医应用　味甘，性热，效干。可祛风活络、干黄水。

民间医应用　墨脱门巴族用松脂促进外伤愈合。

资源与贸易状况　藏医应用松属多种植物的松脂入药，资源量大。各地藏医所用松脂大多为当地产，未见大规模贸易。

植物文化　不丹松林为珞隅地区特色自然和人文生态景观。不丹松林掩映之下的吊脚楼群是传统门珞村寨的标志性建筑。墨脱县背崩乡的格林达巴神山周边分布着大面积的不丹松林。格林达巴神山下一株高达 76.8m 的不丹松，被当地门巴族群众视为"神树"（shing-stan-po），曾一度为我国最高的树木。

3　杉松　ᠱᠳᠠᠺᠡᠳ（仲美兴）

别　　名　dri-thang-shing（仓洛门巴语）、srong-shing（南部卫藏方言）。

本草考证　"仲美兴"出自《晶珠本草》。《晶珠本草》记载"仲美兴状如'唐兴'树，而叶长如针，在树枝上像猪鬃排列，果实比唐兴树大而长，树干坚硬，渗出黄色树脂"。"唐兴"（dang-shing）即松树。结合《晶珠本草》中"状如唐兴"的描述，藏医所用之"唐兴"的基原植物多为喜马拉雅山地区分布的高山松（*Pinus densata*），其树形及果实下垂等特征和云杉属植物相似。珞隅地区主要为林芝云杉，墨脱县民间药用林芝云杉树脂止外伤血。

基　　原　松科（Pinaceae）林芝云杉［*Picea linzhiensis* (W. C. Cheng & L. K. Fu) Rushforth］的松脂。

植物性状　大乔木；树冠塔形。树皮深灰色或暗褐灰色，深裂成不规则的厚块片；枝条平展，一年生枝淡黄色或淡褐黄色，二三年生枝灰色或微带黄色。小枝上面之叶近直上伸展或向前伸展，小枝下面及两侧之叶向两侧弯伸，叶棱状条形或扁四棱形，直或微弯，背面无气孔线，或个别的叶有 1~2 条不完全的气孔线。球果卵状矩圆形或圆柱形，成熟前种鳞红褐色或黑紫色，熟时褐色、淡红褐色、紫褐色或黑紫色；中部种鳞斜方状卵形或菱状卵形，基部种鳞楔形。种子灰褐色，近卵圆形；种翅倒卵状椭圆形，淡褐色，有光泽，常具疏生的紫色小斑点。花期 4~5 月，球果 9~10 月成熟

（图 2-3）。

分布与生境　产西藏东南部、云南西北部。珞隅地区产墨脱县、隆子县、察隅县。生于中高海拔阴坡。

功效成分　林芝云杉的化学成分尚未见相关报道。同属植物欧洲云杉（*Picea abies*）树皮含有多种多酚类和萜类成分，如松脂醇（pinoresinol）、脱氢冷杉酸（dehydroabietic acid）、海松酸（pimaric acid）、白皮杉醇葡萄糖苷（*trans*-Astringin）、云杉苷（piceoside）等。同属植物云杉（*Picea asperata*）叶水提取物中含有苯甲酸（benzoic acid）、间羟基苯甲酸（*m*-hydroxybenzoic acid）、邻苯二酚（pyrocatechol）、角鲨烯（squalene）、桃金娘烯醇（myrtenol）。

图 2-3　林芝云杉

药　　理　同属植物欧洲云杉树皮醇水提取物甲醇部分的多酚类具有抗氧化活性。茂县云杉叶水提取物对常见的革兰氏阳性和阴性致病菌均有较强的杀灭和抑制活性。

加工炮制　收集树干上自然流出的树脂，清洗，去除树皮杂质，干燥即得，或人工割开树皮，使之流出树脂后收集。

藏医应用　味辛、苦，性凉，效糙。可消炎收敛、干黄水。用于外伤止血、治疗黄水疮等。

民间医应用　墨脱门巴族民间用树脂外伤止血。

资源与贸易状况　林芝云杉是藏东南地区暗针叶林的建群种之一，"仲美兴"主要来自自然流出的树脂，资源量大。

4 ｜ 圆柏 གུག་པ（秀巴）

别　　名　spa-ma（仓洛门巴语、工布藏语）、檀香树。

本草考证　"秀巴"出自《度母本草》。《妙音本草》记载"香柏果性温而湿，可治一切肺脏病，并且能治肝胆病，称为凉药上品药"。《度母本草》记载"圆柏果实性温润"。藏医把柏树类药材通称为"秀巴"，以树干、叶、果实等入药，其中圆柏以果实入药，汉语名"柏树子"。各地藏医所用圆柏属植物包括圆柏、垂枝香柏、高山柏、滇藏方枝柏等。

基　　原　柏科（Cupressaceae）圆柏（*Juniperus* spp.）的叶。

植物性状　圆柏属植物为常绿乔木或灌木、直立或匍匐。叶刺形或鳞形，幼树之叶均为刺形，老树之叶全为刺形或全为鳞形，或同一树兼有鳞叶及刺叶；刺叶通常三叶轮生，稀交叉对生；鳞叶交叉对生，稀三叶轮生、菱形。雌雄异株或同株，球花单生短枝顶端；雄球花卵圆形或矩圆形，黄色；雌球花具 4~8 枚交叉对生的珠鳞，或珠鳞 3 枚轮生。球果通常第二年成熟，种鳞合生，肉质，苞鳞与种鳞结合而生，仅苞鳞顶端尖头分离，熟时不开裂；无翅，常有树脂槽，有时具棱脊（图 2-4）。

图 2-4　圆柏

分布与生境　青藏高原产 8 种圆柏属植物，多分布于高海拔冷凉气候区。珞隅地区墨脱县亚热带地区引种于庭院、公园及寺庙。

功效成分　圆柏叶含挥发油，挥发油的主要组分为 α- 罗勒烯，其次为 α- 蒎烯、β- 蒎烯及月桂烯等，还含有芹菜素、sabine、β- 谷固醇、油菜甾醇、柠檬烯、柏木黄酮等。

药　　理　圆柏叶煎剂有抗菌作用。

加工炮制　采集圆柏叶，干燥即得。

藏医应用　味甘、辛，消化后味甘、性凉、效干。可解热，益肾、肝、肺。主治尿闭尿涩、关节炎、肺病等。

民间医应用　康巴人民间用柏树叶煮水洗头防治脱发。

资源与贸易状况　柏科多种植物被列入珍稀濒危植物名录加以保护。而且，青藏高原柏科植物多分布于高寒地带，这些区域生态环境脆弱，应该减少对这些地区野生植物的采集，以保护资源。

植物文化　青藏高原的柏树被誉为"神木香柏"（lha-shing-shug-pa），是青藏高原最重要的文化礼仪、文学意象和人文景观植物之一。香柏是最古老的藏香制作原料，可追溯至吐蕃松赞干布时期。神木香柏包含了多种柏科植物的木材、枝叶等，主要产自藏东南的林芝市。

| 5 | 藏杉 | རྒྱ་བོ་གསོལ་མེང་ཞིང་། （觉吾松森等） |

别　　名　bras-shing（仓洛门巴语）。

本草考证　"觉吾松森等"出自《晶珠本草》。《晶珠本草》把本品作为 3 种"森等"中的中品，即"松白森等"。

基　原　三尖杉科（Cephalotaxaceae）海南粗榧（*Cephalotaxus mannii* J. D. Hooker）的叶。

植物性状　小乔木。叶排成2列，披针状条形，通常直伸，稀微弯，下部稍宽，上部渐窄，先端渐尖，基部近圆形，上面深绿色，中脉隆起，下面中脉微明显，两侧淡绿色，新鲜时微具白粉，干后易脱落。雄球花6~8聚生成头状，径约6mm，总梗细，长约5mm，基部及总梗上有10多枚苞片，每一雄球花基部有1枚三角状卵形的苞片；雄蕊7~13枚，各有3~4个花药，花丝短。种子倒卵圆形，长约3cm。花期2~3月，种子8~10月成熟（图2-5）。

分布与生境　产云南南部（西双版纳）、西藏东南部（墨脱县）、海南岛。珞隅地区墨脱县等地引种于庭院。生于热带山地雨林中。

图 2-5　海南粗榧

功效成分　海南粗榧含生物碱类，如三尖杉碱（cephalotaxine）、异三尖杉酮碱（isocephalotaxinone）、三尖杉酮碱（cephalotaxinone）、乙酰三尖杉碱（acetylcephalotaxine）、脱氧三尖杉酯碱（deoxyharringtonine）、(*R*)- 丽江三尖杉碱［(*R*)-fortuneine］、(*S*)- 丽江三尖杉碱［(*S*)-fortuneine］等。另含 (2- 乙基)- 苯甲酸正己酯（2-ethyl-*n*-hexyl benzoate）和 β- 谷固醇（β-sitosterol）。

药　理　临床研究表明，三尖杉酯碱和高三尖杉酯碱对急性粒细胞白血病有明显疗效，完全缓解率达27%。临床应用三尖杉酯碱治疗各种白血病107例，其中急性粒细胞白血病58例，总缓解率86.2%，对红白血病、急性单核细胞白血病也有一定疗效。细胞实验发现，三尖杉碱通过激活线粒体依赖通路和削弱自噬流，从而抑制白血病细胞存活。

加工炮制　采集成熟叶，干燥即得。

藏医应用　味苦，性凉。主治黄水病、麻风病。

资源与贸易状况　海南粗榧在雅鲁藏布大峡谷热带森林中有分布，由于生长缓慢、成材期长，海南粗榧是一种珍稀资源。墨脱地区群众传统上采伐其木材用于建筑，为保障建材需求，当地群众常采集其幼苗种植于庭院以促进其资源可持续利用。

三、被子药用植物

6　藏五味子　ད྄ཤི༌（塔芝）

别　名　khum-drum（卫藏南部）。

本草考证 "塔芝"出自当代藏药本草《甘露本草明镜》。《甘露本草明镜》记载"塔芝"为五味子科植物五味子或漆树科植物盐肤木（*Rhus chinensis*）的果实。现代汉语版藏药本草《藏药志》《中华本草·藏药卷》《中华藏本草》等记载的"塔芝"为五味子，但藏药古本草《度母本草》《晶珠本草》，以及《医学四续》等医书中记载的"塔芝"为漆树科植物漆树或盐肤木的果实，当代藏本草《藏药晶镜本草》记载"塔芝"药材正品为盐肤木果，五味子为其代用品。实地调查喜马拉雅山地区有五味子属植物分布的地区民间药发现，民间藏医把五味子称为"滚珠木"（和葡萄同名），且民间藏药中被称为"塔芝"的药材也为盐肤木果。"塔芝"药材在古今本草记载和民间应用中不一致，需要进一步深入考证，本书暂以《中华本草·藏药卷》记载和实地调研结果为参考，同时收录两种"塔芝"。

基　　原 五味子科（Schisandraceae）大花五味子 [*Schisandra grandiflora* (Wallich) J. D. Hooker & Thomson in J. D. Hooker]、滇藏五味子（*Schisandra neglecta* A. C. Smith）或红花五味子（*Schisandra rubriflora* Rehder & E. H. Wilson）的藤茎、果实。

植物性状

大花五味子

落叶木质藤本，全株无毛；小枝紫色或紫褐色，老枝常灰色。叶纸质，狭椭圆形、椭圆形、狭倒卵状椭圆形、卵形，先端渐尖或尾状渐尖，基部楔形，具稀疏腺质小齿或近全缘，上面深绿色，下面稍苍白色。雄花花梗渐向顶端膨大增粗；花被片白色，7~10 片，3 轮，近相似，宽椭圆形或倒卵形，具明显的腺点，内轮的较狭小；雄蕊群卵圆形。雌花花被片与雄花相似，雌蕊群卵圆形、长圆状椭圆形；心皮倒卵形，具外弯、柱头面鸡冠状。聚合果柄长 2.5~8cm，花托在果时粗壮，直径 5~6mm，长 12~21cm；成熟小浆果倒卵状椭圆形，长 7~9mm。种子宽肾形，长 3.8~4.2mm；种皮光滑；种脐"V"形，稍凹入。花期 4~6 月，果期 8~9 月。

滇藏五味子

落叶木质藤本，全株无毛，当年生枝紫红色。叶纸质，狭椭圆形至卵状椭圆形，先端渐尖，基部阔楔形，下延至叶柄成极狭的膜翅，边缘具胼胝质齿尖的浅齿，或近全缘，上面干时榄褐色，有凸起的树脂点，下面灰绿色或带苍白色。花黄色，生于新枝叶腋或苞片腋。雄花花被片 6~8，大小近相似，宽椭圆形、倒卵形或近圆形，外面的近纸质，最内面的近肉质，较小；雄蕊群倒卵圆形或近球形。雌花花被片与雄花相似；雌蕊群近球形。小浆果红色，长圆状椭圆形，长 5~8mm，具短梗。聚合果托长 6.5~11.5cm，宽 2~3mm。种子椭圆状肾形，长 3.5~4.5mm；种皮褐色，具明显的皱纹；种脐凹入，长约为种子的 1/2。花期 5~6 月，果期 9~10 月。

红花五味子

落叶木质藤本，全株无毛。小枝紫褐色，后变黑，具节间密的距状短枝。叶纸质，倒卵形、椭圆状倒卵形或倒披针形，很少为椭圆形或卵形，先端渐尖，基部渐狭楔形，边缘具胼胝质齿尖的锯齿，中脉及侧脉在叶下面带淡红色。花红色，雄花外花被片有缘毛，大小近相似，椭圆形或倒卵形；雄蕊群椭圆状倒卵圆形或近球形。雌花花梗及花被片与雄花相似，雌蕊群长圆状椭圆形，心皮 60~100 枚，倒卵圆形，具明显鸡冠状凸起。聚合果轴粗壮；小浆果红色，椭圆形或近球形，直径 8~11mm，有短柄。种子淡褐色，肾形，长 3~4.5mm，宽 2.5~3mm，厚约 2mm；种皮暗褐色，平滑，微波状，不起皱；种脐尖长，斜"V"形，深达 1/3。花期 5~6 月，果期 7~10 月（图 2-6）。

图 2-6 红花五味子及药材

分布与生境

大花五味子：产西藏南部、云南西南部。尼泊尔、不丹、印度（锡金、北部）、缅甸、泰国也有分布。珞隅地区产墨脱县。常见于常绿阔叶林林下。

滇藏五味子：产四川南部、云南西部和西北部、西藏南部。印度（东北部、锡金）、不丹、尼泊尔也有分布。珞隅地区产墨脱县。常见于常绿阔叶林林下。

红花五味子：产甘肃南部、湖北、四川、云南西部及西南部、西藏东南部。珞隅地区产墨脱县、察隅县。常见于亚高山针叶林或落叶阔叶林林下。

功效成分　红花五味子藤茎含多种木脂素类，如五味子丙素（wuweizisu C）、红花五味子酯（rubschisantherin）、五味子甲素（deoxyschisandrin）、红花五味子素（rubschisandrin）、五味子酚酯（schisantherol acetate）、五味子酚乙（schisanhenol B）、五味子酚（schisanhenol）、戈米辛 O（gomisin O）等，另含多种三萜类成分。大花五味子根茎含多种三萜类成分，如大花五味子内酯类（schigrandilactones）。滇藏五味子藤茎含多种木脂素类，如乙酰戈米辛 R、五味子酚乙、戈米辛 R、南五味子素、南五味子酸、表戈米辛 O、戈米辛 O 等。

药　　理　五味子所含的木脂素类具有降血清谷丙转氨酶活性、拮抗活性氧自由基损伤、抑制中枢神经、抗炎、抗胃溃疡、辅助癌症治疗及抗人类免疫缺陷病毒（HIV）活性。

加工炮制　采集成熟果实，干燥即得。

藏医应用　味甘、酸、辛，性凉、平，效糙。可改善血液循环、止泻、助消化。主治寒热泄泻、呕吐、四肢无力、呼吸困难、高血压等症。

民间医应用　康巴人民间药用于泡制五味子保健酒、腌制五味子糖浆，以缓解疲劳、治疗失眠等。

资源与贸易状况　西藏地区有五味子属植物约 6 种，主要分布于林芝市、山南市和昌都市南部峡谷湿润林区，日喀则市南部喜马拉雅山湿润沟谷也有零星分布。藏东南地区五味子资源虽然丰富，但分布零散，资源量不大，应当在加强资源保护和管理的前提下进行适量采集，同时应积极探索人工规模化种植。实地调查发现，除果实外，藏医还以五味子的藤茎入药。

7　鱼腥草　ཉི་ཏེག་འེན（尼牙折绰威莪）

别　　名　mon-pu-bin（仓洛门巴语）、a-mo-li（义都珞巴语）、gong-geh（阿迪 - 达木珞巴语）、折耳根。

本草考证　"尼牙折绰威莪"为民间用药，《中华藏本草》有收录。"尼牙折绰威莪"意为"发出鱼腥味的草芽"。

基　　原　三白草科（Saururaceae）蕺菜（*Houttuynia cordata* Thunberg）的根茎。

图 2-7　蕺菜

植物性状　多年生腥臭草本，高 30~60cm；茎下部伏地，节上轮生小根，上部直立，无毛或节上被毛，有时带紫红色。叶薄纸质，有腺点，背面尤甚，卵形或阔卵形，顶端短渐尖，基部心形，两面有时除叶脉被毛外余均无毛，背面常呈紫红色；叶脉 5~7 条，全部基出或最内 1 对离基约 5mm 从中脉发出，如为 7 脉时，则最外 1 对很纤细或不明显。花序长约 2cm；总花梗无毛；总苞片长圆形或倒卵形，顶端钝圆。蒴果长 2~3mm，顶端有宿存的花柱。花期 4~7 月（图 2-7）。

分布与生境　产我国中部、东南部至西南部各省区，东起台湾，西南至云南、西藏，北达陕西、甘肃。广布于珞隅地区中低海拔地区。生于沟边、溪边或林下湿地上。

功效成分　全草含挥发油 0.049‰，挥发油中含抗菌成分鱼腥草素、甲基正壬基酮、月桂烯、月桂醛、癸醛、癸酸、氯化钾、硫酸钾、蕺菜碱。花穗、果穗含异槲皮苷，叶含槲皮苷。也有报道花、叶、果中的黄酮类相同，皆含槲皮素、槲皮苷、异槲皮苷、瑞诺苷、金丝桃苷。

药　　理　鱼腥草素在体外试验中对奈瑟卡他球菌、流感杆菌、肺炎链球菌、金黄色葡萄球菌有明显的抑制作用。金丝桃苷通过抑制细胞内活性氧的产生和炎症细胞因子（IL-6 和 IL-8）的分泌，同时促进 I 型胶原的合成，并下调 *MMP-1* 基因和蛋白的表达来实现对紫外线 B 照射下人体皮肤老化和皮肤损伤炎症的抑制作用，人体真皮成纤维细胞实验表明其机制为抑制JNK（c-Jun N-terminal kinase，c-Jun氨基端激酶）、ERK（extracellular signal-regulated kinase，细胞外信号调节激酶）的激活，以及原癌基因*C-jun*的表达，调节MAPK信号通路。

加工炮制 采集全草，干燥即得。

藏医应用 味酸、甘、辛，性凉。可清热解毒、利尿消肿。主治肺炎、咳嗽、皮肤黏膜感染、湿疹、烧烫伤、晒伤等。

民间医应用 民间用鱼腥草煮水，有清热解毒之效。

资源与贸易状况 蕺菜为亚热带地区广布常见植物，常作为野生或栽培蔬菜，资源量大。

8 珞隅荜茇 པི་པི་ལིང་།（毕毕林）

别 名 pi-pi-ling（仓洛门巴语）。

本草考证 “毕毕林”为藏医常用药。《晶珠本草》记载“毕毕林”产于珞隅、门隅地区的，色褐，颗粒紧密，味不很辣，果茎长约四指；产自工布等西藏地区河谷者，色红，颗粒清晰，味不很辣，细而短。其形态特征与墨脱产具柄胡椒相似，当地种植并作为“毕毕林”药材收购。

基 原 胡椒科（Piperaceae）具柄胡椒（*Piper petiolatum* Hook. f.）的果穗。

植物性状 藤本，茎木质，光滑无毛，具稍膨大的关节。叶具有明显的叶柄，圆卵形，长7~11cm，宽3~6cm，先端短渐尖，基部楔形，脉5~7条，弧形。雄花序长4cm，雄花苞片圆盾形，雄蕊2~4枚，由花序轴基部到顶端逐渐开放。雌花未见。果序长6~9cm，果序梗长1.2cm，果稀疏，间有多数不育。果实圆球形，基部平截与果序轴贴生，表面具微小的凸起，淡绿色，成熟时为黄色（图2-8）。

图2-8 具柄胡椒

分布与生境 分布于西藏东南部、南部热带峡谷区域。产珞隅地区墨脱县、察隅县，门隅地区错那市等南部。常见于热带山地雨林、次生林、野芭蕉林林下。

功效成分　具柄胡椒化学成分未见相关报道。同属植物荜茇（*Piper longum*）果实含胡椒碱（piperine）、芝麻素（sesamin）、荜茇明宁碱（piperlonguminine）、胡椒酰胺（pipercide）、几内亚胡椒酰胺（guineensine）等。《中国药典》收录荜茇药材，规定按干燥品计算，含胡椒碱（$C_{17}H_{19}NO_3$）不得少于 2.5%。

药　　理　荜茇（*Piper longum*）挥发油对金黄色葡萄球菌、枯草芽孢杆菌、蜡样芽孢杆菌、结核分枝杆菌、痢疾杆菌、伤寒沙门氏菌、卵黄色八叠球菌等和流感病毒均有抑制作用。

加工炮制　采集成熟果穗，干燥即得。

藏医应用　味辛，消化后味苦，性温，效糙、尖。可温中散寒、消食下气。主治胃寒、消化不良及寒性龙病。

资源与贸易状况　具柄胡椒的果穗在墨脱县被作为毕毕林药材收购，当地群众引种栽培于庭院。

9 天南星 ༄༺ （踏哇）

别　　名　thwo（康巴藏语）、two-ya（尼西珞巴语）、lho-ya（义都珞巴语）、tha-bho（《度母本草》）、thwo-wa（日喀则藏语）、蛇包谷、母猪半夏。

本草考证　"踏哇"出自《度母本草》，《度母本草》记载"踏哇叶片油润而厚，花朵黄白色，果实堆砌如珊瑚堆，按照生长地方分为两种，生于山里的为'踏贵（thar-khoth）'，生于田里的为'踏永（tha-yung）'"。《甘露本草明镜》记载"踏哇"花朵如"大象鼻子"，果实如"红珊瑚串"。《中华本草·藏药卷》以天南星科植物黄苞南星（*Arisaema flavum*）为"踏哇"正品。实地调研发现各地实际应用天南星属多种植物为"踏哇"入药，珞隅地区多为黄苞南星和一把伞南星。

基　　原　天南星科（Araceae）黄苞南星 ［*Arisaema flavum* (Forsk.) Schott］和一把伞南星 ［*Arisaema erubescens* (Wall.) Schott］的干燥块根。

植物性状

黄苞南星

多年生宿根草本，块茎近球形。鳞叶 3~5，锐尖。叶 1~2 枚，叶片鸟足状分裂，裂片 5~11（~15），芽时中裂片向上，余向下，长圆披针形或倒卵状长圆形，先端渐尖，基部楔形，亮绿色。花序柄常先叶出现，长于叶柄，绿色。佛焰苞小，管部卵圆形或球形，黄绿色，喉部略缢缩，上部通常深紫色，具纵条纹；檐部长圆状卵形，先端渐狭至锐尖，黄色或绿色，内面至少在下部为暗紫色，略下弯。肉穗花序两性。果序圆球形，直径 1.7cm，具宿存的附属器；浆果干时黄绿色，倒卵圆形。种子 3，卵形或倒卵形，浅黄色。花期 5~6 月，果期 7~10 月（图 2-9）。

一把伞南星

多年生宿根草本，块茎扁球形，直径可达 6cm，表皮黄色，有时淡红紫色。鳞叶绿白色、粉红色，有紫褐色斑纹。叶通常 1 枚，极稀 2 枚，叶柄中部以下具鞘，鞘部粉绿色，上部绿色，有时具褐色斑块；叶片放射状分裂，裂片无定数，常 1 枚上举，余放射状平展，披针形、长圆形至椭圆形，无柄，长渐尖，具线形长尾（长可达 7cm）或否。花序柄比叶柄短，直立，果时下弯或否。佛焰苞绿色，背面有清晰的白色条纹，或淡紫色至深紫色而无条纹，管部圆筒形，喉部边缘截形或稍外卷；檐部通常颜色较深，三角状卵形至长圆状卵形，有时为倒卵形，先端渐狭，略下弯，有长 5~15cm 的线形尾尖或否。肉穗花序单性。雄花具短柄，淡

图 2-9 黄苞南星（左）和一把伞南星（右）

绿色、紫色至暗褐色。雌花子房卵圆形，柱头无柄。果序柄下弯或直立，浆果红色。种子 1~2，球形，淡褐色。花期 5~7 月，果实 9 月成熟（图 2-9）。

分布与生境

黄苞南星：产西藏南部至东南部、四川西部、云南西北部。生于海拔 2200~4400m 的碎石坡或灌丛中，为西藏地区常见的杂草，荒地、田边、路旁及庭院中也可见到。

一把伞南星：我国各省区都有分布。广布于珞隅地区。海拔 3200m 以下的林下、灌丛、草坡、荒地均有生长。

功效成分 天南星属植物的块根富含淀粉、黏液质、草酸等，还含有植物凝集素、β- 谷固醇、胡萝卜苷（daucosterol）、脑苷脂类（cerebrosides）等。

药 理 天南星属植物含针状草酸钙结晶，为其刺激性（"麻舌"）来源。一把伞南星块根所含植物凝集素具有促炎作用。动物实验发现，一把伞南星所含的植物凝集素可显著提高大鼠腹膜液中的炎症因子，如一氧化氮（NO）、前列腺素 E2（PGE2）和肿瘤坏死因子 -α（TNF-α）水平，炎症因子可促进细胞凋亡，发挥抗肿瘤活性，这可能是天南星块根"消肿散结"的物质基础，但尚须进一步研究确认。

加工炮制 秋冬季节倒苗后采挖块根，贮藏鲜用或切片晒干。

藏医应用 味辛，消化后味苦；性温；效轻、糙、锐。可消肿散结、去腐生肌。主治骨质增生、骨瘤、外伤感染、痈疮肿毒等。

民间医应用 珞巴族尼西人民间外用治疗虫咬伤、关节骨痛。康巴人民间用于泡制复方药酒，从而外用缓解风湿痛。

资源与贸易状况 天南星为喜马拉雅山地区极常见野生植物，资源量大，一般民间自采自销。

10 藏木通 བ་ལེ་ཀ（巴勒嘎）

别　　名　ni-tshi-gyu-gus（阿迪-达木珞巴语）。

本草考证　"巴勒嘎"出自《度母本草》。《度母本草》记载"巴勒嘎攀缘大树生长，状似爬藤无花果"。《晶珠本草》记载"巴勒嘎皮厚，黑色，状似木藤蓼"。《甘露本草明镜》记载"巴勒嘎内部状如宽筋藤"。实地调查发现，藏医所用"巴勒嘎"包含了本品和同属植物宝兴关木通（*Isotrema moupinense*）的藤茎，本草书籍上常记载为"穆坪马兜铃"。宝兴关木通在四川甘孜地区也作为藏木通使用。

基　　原　马兜铃科（Aristolochiaceae）西藏关木通 [*Isotrema griffithii* (Hook. f. & Thomson ex Duch.) C. E. C. Fisch.] 的藤茎。

植物性状　木质大藤本；嫩枝圆柱形，密被红棕色长柔毛，老枝无毛，干后具不规则纵裂纹。叶全缘，卵状心形或心形，顶端短尖或短渐尖，基部深心形，基部两侧裂片圆耳形，下垂或内弯。花单生于叶腋；花梗常向下弯垂，密被红棕色长绒毛，花被管中部急剧弯曲，下部囊状，倒卵形，弯曲处至檐部渐狭成管状，外面密被红棕色长柔毛，具纵脉；檐部盘状，近圆形，内面暗紫色而有黄白色斑纹和明显的网脉，近平滑，边缘浅3裂；裂片平展，阔三角形，近等大；喉部半圆形。蒴果长圆柱形，6棱，成熟时自顶端向下6瓣开裂。花期3~5月，果期8~10月（图2-10）。

分布与生境　产西藏喜马拉雅山南麓及低海拔沟谷（墨脱、错那、定结、亚东、聂拉木、吉隆）。生于热带山地雨林林下。

功效成分　尚未见西藏关木通化学成分相关报道，但马兜铃科植物含有马兜铃酸，这是一类肾毒性成分，需慎用。

药　　理　马兜铃酸导致肾小管-间质病变，进而导致马兜铃酸肾病。西藏关木通提取物具有体外抗疟原虫活性。

加工炮制　采集木质化藤茎，干燥即得。

藏医应用　味苦，性凉，效糙、轻。有微毒。主治赤巴病、肝热病、肺热病及瘟疫等。

民间医应用　达木珞巴族民间药用于止咳。

资源与贸易状况　藏木通资源量丰富，但为少用冷背药材。随着马兜铃类药材用药安全问题的日益突出，该类药材的使用受到禁限。

图2-10　西藏关木通

11　珞隅肉桂　ཤིང་ཚ།（新擦）

别　　名　lho-pa-sangs-shing（仓洛门巴语）、shing-tsha-shing（阿迪 - 达木珞巴语）、lho-shing（《晶珠本草》）、甘草树（墨脱）、墨脱桂皮。

本草考证　"新擦"出自《度母本草》。《度母本草》记载"所说桂皮为热药，炎热河川密林生，树干坚硬叶片小。以皮厚薄分两种，薄皮热大厚皮平，其味辛甘如同姜"。藏医所用"新擦"正品为樟科植物肉桂，本种为墨脱地区的地方代用品。

基　　原　樟科（Lauraceae）大叶桂（*Cinnamomum iners* Reinwardt ex Blume）的树皮。

植物性状　乔木，高达 20m。小枝圆柱形或钝四棱形，初密被微柔毛，后渐变无毛。叶大，近对生，卵圆形或椭圆形，先端钝或微凹，基部宽楔形至近圆形，硬革质，上面光亮，无毛，下面初密被短柔毛，后毛被渐脱落至老时仍不完全脱落，3 出脉或离基 3 出脉，基生侧脉自叶基 0~10mm 处生出，于中脉两面凸起，小脉两面稍明显。圆锥花序腋生或近顶生。花淡绿色。果实卵球形，先端具小突尖；果托倒圆锥形，顶端有宿存花被片（图 2-11）。

图 2-11　大叶桂及药材

分布与生境　产云南南部、广西西南部（崇左）及西藏东南部（林芝）。珞隅地区产墨脱县。生于热带山地雨林中。

功效成分　大叶桂树皮含有大量多酚类。初步分析大叶桂叶氯仿提取物中含有酸类、胺类、酰胺类、醛类、醇类、酯类、苯类衍生物、双环化合物、萜烯类、碳氢化合物、萘类衍生物、呋喃类衍生物、苷菊环烃类等。

药　　理　大叶桂中的总酚具有抗氧化活性和抗真菌活性。在抗真菌活性方面，醇提取物活性最强。大叶桂叶氯仿提取物具有抗肿瘤活性，乙醇提取物具有抗细菌活性。大叶桂作为肉桂的地方代用品，其是否具有和肉桂一致或相当的功效尚需进一步研究。

加工炮制　剥取新鲜树皮，阴凉通风处晾干即得。

藏医应用　味甘、辛，性温，效轻而糙、润、动。可助火祛风、散寒止痛。主治胃寒、消化不良、腹泻、肝病、寒性龙病。

民间医应用　墨脱门巴族用于治疗寒性感冒。

资源与贸易状况　大叶桂是南亚、东南亚热带森林中的常见树种，沿雅鲁藏布江两岸一直分布至墨脱县，是当地常用的香料和药用植物。大叶桂在墨脱县常被引种于寺院和庭院，有一定的资源量，但由于其药用部位为树皮，需要加强合理利用，防止过度剥皮导致植株大量死亡。

植物文化　大叶桂在珞隅地区被用作藏香的原材料，珞巴族阿迪人用大叶桂的枝叶制作供佛熏香。因此大叶桂也被称为"珞巴桑薪"，意思是"珞巴的熏香树"。

12　藏菖蒲　ཤུ་དག་དཀར་པོ།（许达噶布）

别　　名　sham-tshao（仓洛门巴语）。

本草考证　"许达噶布"出自《晶珠本草》。"许达"指菖蒲类药材，分为"许达纳布"（黑菖蒲）和"许达噶布"（白菖蒲）。《晶珠本草》记载"许达纳布"为水生植物，因此该品可能为水菖蒲。墨脱产的菖蒲种植于庭院中，经鉴定为石菖蒲，其形态符合《晶珠本草》记载的"许达噶布"，西藏地区及其邻近地区的汉族中医把菖蒲称为"水菖蒲"，本品称为"藏菖蒲"。

基　　原　菖蒲科（Acoraceae）金钱蒲（*Acorus gramineus* Solander ex Aiton）的根茎。

植物性状　多年生草本。根茎较短，横走或斜伸，芳香，外皮淡黄色，根肉质，多数，须根密集。根茎上部多分枝，呈丛生状。叶基对折，两侧膜质叶鞘棕色。叶片质地较厚，线形，绿色。叶状佛焰苞短。肉穗花序黄绿色，圆柱形，果黄绿色。花期5~6月，果实7~8月成熟（图2-12）。

图2-12　金钱蒲（左）及药材（右）

分布与生境　产浙江、江西、湖北、湖南、广东、广西、陕西、甘肃、四川、贵州、云南、西藏。墨脱县庭院有栽培。生于海拔 1800m 以下的水旁湿地或石上。

功效成分　本品含挥发油。挥发油主要功效成分有细辛脑类、细辛醚类、丁香烯等。《中国药典》规定，本品含挥发油不得少于 1.0%。

药　　理　本品内服能促进消化液的分泌、抑制胃肠异常发酵，并有弛缓肠管平滑肌痉挛的作用。小鼠迷宫实验发现，本品水煎剂能促进正常小鼠的学习和记忆获得，并能改善东莨菪碱所致小鼠获得性记忆障碍，对亚硝酸钠所致小鼠记忆巩固不良具有改善作用，对乙醇引起的记忆再现缺失有改善作用。另外，藏菖蒲提取物还有抗炎、抗氧化、抗凋亡、抑制神经毒性、调节突触可塑性、保护脑血管、刺激胆碱能系统、抑制星形胶质细胞活化等活性。细辛醚对脑缺血再灌注大鼠模型具有神经保护作用，表现为减小梗死体积、降低卒中后癫痫发生率及改善神经功能，其机制可能是改善神经胶质激活及自噬。

加工炮制　采集种植 5 年以上的根茎，洗净泥沙，干燥即得。

藏医应用　味甘、苦，消化后味甘，性凉。主治消化不良、小儿智力发育不全。

民间医应用　墨脱门巴族民间用于治疗消化不良。

资源与贸易状况　金钱蒲为常见栽培植物，资源量充足。《晶珠本草》记载，藏菖蒲上品产于西藏上部地区。需要进一步明确这里的"上品"药材的品种及产地。在墨脱县，金钱蒲常零星种植于农户庭院，用作治疗消化不良的民间药。实地调研得知，德尔贡村等地农户种植的金钱蒲引种自四川和湖南。

13　西藏鸡血藤（藏金刚藤）　ཇེ་ལེག（哲略）

本草考证　"哲略"为民间用药，收录于《中华藏本草》。

基　　原　菝葜科（Smilacaceae）肖菝葜（*Heterosmilax japonica* Kunth）的根茎。

植物性状　攀缘灌木，具粗短的根状茎。茎长 2~5m，无刺。叶纸质或薄革质，矩圆状披针形、条状披针形至狭卵状披针形，先端长渐尖，基部浅心形至宽楔形，中脉区在上面多少凹陷，主脉 5~7 条，最外侧的几与叶缘结合，有卷须。伞形花序生于叶腋或苞片腋部，具几朵至 10 余朵花；花紫红色或绿黄色。浆果直径 8~10mm，熟时蓝黑色。花期 5~7 月，果期 10~11 月（图 2-13）。

分布与生境　产我国西南部山区，西藏南部、东南部喜马拉雅山地区中低海拔河谷有分布。珞隅地区产墨脱县、隆子县。常生于沟谷林下阴湿地带。

功效成分　肖菝葜根茎含有薯蓣皂苷元（diosgenin）、香菜内酯（coriander lactone）、山柰酚（kaempferol）、双氢山柰酚（dihydro kaempferol）、槲皮素（quercetin）、双氢槲皮素（dihydro quercetin）、大豆脑苷Ⅱ（soya cerebroside Ⅱ）、芝麻脑苷（sesame cerebroside）、异黄杞苷（isoengelitin）等。

药　　理　临床上薯蓣皂苷元用于高脂血症的治疗，其机制包括抑制肠道脂质吸收、调节胆固醇转运、促进胆固醇向胆汁酸转化和排泄、抑制内源性脂质生物合成、

图 2-13　肖菝葜（左）及工艺制品西藏鸡血藤手镯（右）

抗氧化、调节脂蛋白脂肪酶活性，以及调节脂质代谢相关的转录因子等。薯蓣皂苷元也用于治疗各种慢性疾病，如糖尿病、癌症、心血管疾病、氧化应激和炎症等。薯蓣皂苷元还是合成多种甾体类药物的前体，具有极大的开发潜力。

加工炮制　采集木质化藤茎，干燥即得。

民间医应用　工布藏族民间医生用藤茎治疗风湿骨痛，常将其制成复方药酒，内服或外用。墨脱县的民间中医以其根茎作土茯苓代用品，泡茶饮用可除湿气。

资源与贸易状况　肖菝葜在喜马拉雅山中低海拔山区是常见的林下植物，原作民间药使用，称为藏金刚藤，较少进入市场。近年来，由于对西藏鸡血藤产品炒作的兴起，其价格走高，大量商人赴林芝、山南等地大肆挖掘收购。尽管肖菝葜为常见植物，但由于制作工艺品所需材料为藤茎基部，需要将植株挖出，可能对肖菝葜的资源造成一定威胁，但目前缺乏相关评估。

植物文化　关于西藏鸡血藤手镯的来历，本书作者对拉萨、丽江和香格里拉的文玩经营者及爱好者进行了咨询。据说西藏鸡血藤起源于山南市隆子县，当地的寺院将植物藤茎制成手镯结缘给香客，用来"消灾辟邪"。后有传闻说佩戴西藏鸡血藤手镯可以"祛风湿"，这可能是将中药鸡血藤的药用功效附会宣传而来的。不过菝葜属植物的块根在民间药中确实用于治疗风湿骨痛、关节炎等，被《中华藏本草》等本草书籍收录。

14　金钗石斛　ཕྱི་ཤིང་ཤེ།（布协孜）

别　　名　竹节兰（墨脱）、su-lan-tshao（仓洛门巴语）。

本草考证 "布协孜"出自《医学四续》。《蓝琉璃》记载："布协孜生长在河岸，如茅草，茅草顶端为三、四、五、六许小穗，根茎有冰片气味。生长在高处的，状如嫩竹"。现今藏医多以兰科植物金钗石斛为"布协孜"入药，但其特征并不完全符合本草记载，需要进一步考证。

基 原 兰科（Orchidaceae）石斛（*Dendrobium nobile* Lindley）的肉质茎。

植物性状 茎直立，肉质状肥厚，呈稍扁的圆柱形，上部多少回折状弯曲，基部明显收狭，不分枝，具多节，节有时稍肿大；节间多少呈倒圆锥形，干后金黄色。叶革质。总状花序从具叶或落了叶的老茎中部以上部分发出。花大，白色带淡紫色先端，有时全体淡紫红色或除唇盘上具1个紫红色斑块外，其余均为白色；中萼片长圆形，先端钝，具5条脉；侧萼片相似于中萼片，先端锐尖，基部歪斜，具5条脉；萼囊圆锥形；花瓣多少斜宽卵形，先端钝，基部具短爪，全缘，具3条主脉和许多支脉；唇瓣宽卵形，先端钝，基部两侧具紫红色条纹并且收狭为短爪，中部以下两侧围抱蕊柱，边缘具短的睫毛，两面密布短绒毛，唇盘中央具1个紫红色大斑块；蕊柱绿色，基部稍扩大，具绿色的蕊柱足；药帽紫红色，圆锥形，密布细乳突，前端边缘具不整齐的尖齿。花期4~5月（图2-14）。

图 2-14 墨脱县阿苍村仿生种植的金钗石斛

分布与生境 产台湾、湖北南部、香港、海南、广西西部至东北部、四川南部、贵州西南部至北部、云南东南部至西北部、西藏东南部。珞隅地区产墨脱县，多为庭院栽培。

功效成分 石斛茎含生物碱，如石斛碱（dendrobine）、石斛酮碱（nobilonine）、6-羟基石斛碱（6-hydroxydendrobine）[又名石斛胺（dendramine）]、石斛醚碱（dendroxine）、6-羟基石斛醚碱（6-hydroxydendroxine）、4-羟基石斛醚碱（4-hydroxydendroxine）、石斛酯碱（dendrine）、3-羟基-2-氧-石斛碱（3-hydroxy-2-oxydendrobine）等。石斛含多糖类物质，如石斛多糖，此为一类甘露聚糖，还含有β-谷固醇（β-sitosterol）、胡萝

卜苷（daucosterol）等。《中国药典》规定，本品按干燥品计算，含石斛碱（$C_{16}H_{25}NO_2$）不得少于 0.40%。

药　　理　石斛碱有升高血糖、降低血压、减小心脏收缩压的作用。石斛碱有一定的止痛退热作用，与非那西汀相似而作用较弱。石斛碱有抑制呼吸的作用，大剂量可致惊厥，安密妥钠可以解毒；石斛碱可使离体豚鼠子宫收缩。模式动物实验发现，石斛多糖能通过调节胰岛 α、β 细胞分泌的激素水平来发挥降血糖作用，并具有胰内和胰外降血糖的作用机制。

加工炮制　采集二年生未开花成熟茎，干燥即得。也可按《中国药典》要求制成"枫斗"药材。

藏医应用　味甘、苦，性凉，效锐。主治培根过剩引起的热证、胃炎等。

民间医应用　康巴人民间用金钗石斛茎炖药膳鸡汤，该鸡汤具有润肺止咳和养胃的功效。墨脱门巴族用石斛黏液治疗皮肤皲裂。墨脱达木珞巴族用作保健代茶。

资源与贸易状况　石斛属植物被收录入《国家重点保护野生植物名录》，世界自然保护联盟（International Union for Conservation of Nature，IUCN）评定濒危级别为易危（vulnerable，VU）。珞隅地区产石斛多来自野外采集。近年来，墨脱县等地正在尝试人工种植，目前已经在部分低海拔乡镇形成小规模庭院种植产业。墨脱县背崩乡阿苍村等地庭院种植金钗石斛为当地发展的新农村特色产业，阿苍村种植的金钗石斛药材为墨脱县名优特产之一，这保障了当地金钗石斛资源的可持续供应。

15 | 大叶仙茅　ཅེ་ལ་གཡག（赛路古）

别　　名　tsam-la-gang（仓洛门巴语）、gyo-ol-gyal（阿迪 - 达木珞巴语）。

本草考证　"赛路古"为民族民间药材，主要作为石蒜类药材的地方代用品使用，《中华藏本草》有收录。

基　　原　仙茅科（Hypoxidaceae）大叶仙茅 [*Molineria capitulata* (Lour.) Herb.] 的根。

植物性状　粗壮草本，高达 1m 多。根状茎粗厚，块状，具细长的走茎。叶通常 4~7 枚，长圆状披针形或近长圆形，纸质，全缘，顶端长渐尖，具折扇状脉。花茎通常短于叶，总状花序强烈缩短成头状，球形或近卵形，俯垂，具多数排列密集的花，花黄色。浆果近球形，白色。种子黑色，表面具不规则的纵凸纹。花期 5~6 月，果期 8~9 月（图 2-15）。

分布与生境　产福建南部、台湾、广东、海南岛、广西、四川（峨眉山）、贵州、云南南部至西南部、西藏（墨脱、察隅）。生于湿润的常绿阔叶林林缘地带。

功效成分　大叶仙茅根茎含 2,6- 二甲氧基苯甲酸（2,6-dimethoxybenzoic acid）、3,5- 二羟基甲苯（3,5-dihydroxytoluene）、2,6- 二甲氧基吡啶（2,6-dimethoxypyridine）、对羟基苯甲酸（*p*-hydroxybenzoic acid）、没食子酸（gallic acid）、莽草酸（shikimic acid）、莽草酸甲酯（methy lshikimate）、大黄素甲醚（physcion）、邻甲基拉西奥迪普丁

图 2-15 大叶仙茅

（oxacyclododecin-1-one）、苔黑酚葡萄苷（orcinol glucoside）、仙茅苷Ⅰ（curculigoside
Ⅰ）、β- 谷甾酮（β-sitostenone）、β- 谷固醇（β-sitosterol）、胡萝卜苷（daucosterol）等。

药　理　大叶仙茅醇提取物有抗抑郁、调节免疫、抗骨质疏松、抗肿瘤、抗炎、
抗氧化及抗真菌、保护肝脏等药理作用。

加工炮制　秋季倒苗后采挖，去除叶和芦头，干燥即得。

民间医应用　康巴人民间以大叶仙茅根泡制保健酒用于补肾壮阳。

资源与贸易状况　大叶仙茅是喜马拉雅山地区低海拔热带、亚热带森林常见的林
下植物，资源量较大。

其他应用　大叶仙茅的果实可以食用，墨脱门巴族群众将其作为野果引种于庭院。

16　大葱　སྐོག་（葱）

别　名　skho-pa（仓洛门巴语）。

本草考证　"葱"出自《晶珠本草》。《晶珠本草》记载，葱种植于田园间，叶状如
果夹（大蒜）叶，中空呈筒形。

基　原　石蒜科（Amaryllidaceae）葱（*Allium fistulosum* L.）的鳞茎。

植物性状　鳞茎单生，圆柱状，稀为基部膨大的卵状圆柱形；鳞茎外皮白色，稀
淡红褐色，膜质至薄革质，不破裂。叶圆筒状，中空，向顶端渐狭，约与花葶等长。
花葶圆柱状，中空；伞形花序球状，多花，较疏散；花白色；花被片近卵形，先端渐
尖，具反折的尖头，外轮的稍短。花果期 4~7 月（图 2-16）。

分布与生境　各地广泛栽培。珞隅地区产墨脱县、察隅县等地，被种植于庭院和
菜园。

功效成分　葱鳞茎（葱白）含黏液质，为多糖类（主要为低聚果糖）和果胶混合
物。全株含刺激性挥发油，挥发油主要成分为大蒜素（allicin）和二烯丙基硫醚（allyl
sulfide）。

药　理　葱鳞茎水浸液具有抑制细菌和真菌的作用。低聚果糖为益生元物质，

图 2-16　墨脱县背崩乡巴登村庭院栽培的葱

具有改善肠道菌群生态的作用。通过 Wistar 大鼠便秘模型研究发现，低聚果糖灌胃组大鼠的采食量、饮水量、体质量增量、炭末推进率和粪便粒数这 5 项指标均显著高于模型对照组，说明低聚果糖具有较好的润肠通便功效。

加工炮制　鲜品随采随用。

藏医应用　味辛，性热。可健胃、暖胃、干黄水。主治龙与培根合并症、胃寒、消化不良等。

民间医应用　墨脱门巴族用于治疗感冒。

资源与贸易状况　葱为极常见的栽培蔬菜，一般使用鲜品，资源量大。葱白药材为药材市场的大宗货物。

17　大蒜　སྒོག་པ（果夹）

别　　名　lang（仓洛门巴语）、skho-pa（卫藏南部方言）。

本草考证　"果夹"出自《晶珠本草》。《晶珠本草》记载，果夹为田间栽培的蒜，白色个大者性缓，红色个小者性糙。最好的果夹是不分瓣的独头蒜。

基　　原　石蒜科（Amaryllidaceae）蒜（*Allium sativum* L.）的鳞茎。

植物性状　多年生宿根草本。鳞茎球状至扁球状，通常由多数肉质、瓣状的小鳞茎紧密地排列而成，外面被数层白色至带紫色的膜质鳞茎外皮。叶宽条形至条状披针形，扁平，先端长渐尖。花葶实心，圆柱状；伞形花序密具珠芽，间有数花；花常为淡红色；花被片披针形至卵状披针形，子房球状，花柱不伸出花被外。花期 7 月（图 2-17）。

分布与生境　各地广泛栽培。路隅地区各地种植于庭院。

功效成分　本品含挥发油。大蒜挥发油中含有含硫化合物，如大蒜素（allicin）。《中国药典》规定，本品按干燥品计算，含大蒜素（$C_6H_{10}S_3$）不得少于 0.15%。

药　　理　大蒜素为天然杀菌素。生大蒜水浸液对多种致病菌（包括部分耐抗生素菌株）具有较强的抑制活性。此外，大蒜提取物和分离物还有抗病毒、抗真菌、抗

图 2-17 墨脱县巴登村庭院种植的蒜（左）及大蒜标准药材（右）

原虫、抗氧化、抗炎、抗癌等多种活性。

加工炮制 采收大蒜，置于通风处保存即得。大蒜炭：大蒜干燥后，放入陶罐密封，加热至罐底发白，放冷，大蒜碳化乌黑即为大蒜炭。

藏医应用 味辛，性温，效锐、重。主治龙病、麻风病、痈疮肿毒、痔疮、感冒等。

民间医应用 墨脱门巴族用于治疗蚊虫叮咬后的感染、感冒等。

资源与贸易状况 蒜为极常见的栽培植物。

---

18 | 天门冬 ཉེ་ཤིང་།（聂兴）

别　　名 小百部（云南德钦）。

本草考证 "聂兴"出自《度母本草》。《度母本草》记载"甘露聂兴生在半阳半阴的山区，叶片像撒了铁粉，果实像铁小豆"。藏医所用聂兴药材来源于天门冬属多种植物。墨脱本土产聂兴为羊齿天门冬的块根。

基　　原 天门冬科（Asparagaceae）羊齿天门冬（*Asparagus filicinus* D. Don）的块根。

植物性状 直立草本。根成簇，从基部开始或在距基部几厘米处呈纺锤状膨大，膨大部分长短不一。茎分枝通常有棱，有时稍具软骨质齿。叶状枝每 5~8 枚成簇，扁平，镰刀状，有中脉；鳞片状叶基部无刺。浆果直径 5~6mm，有 2~3 颗种子。花期 5~7 月，果期 8~9 月（图 2-18）。

分布与生境 产山西南部、河南、陕西南部、甘肃南部、湖北、湖南、浙江、四川、贵州、云南。产珞隅地区的墨脱县、

图 2-18 羊齿天门冬

隆子县。生于林下阴湿处。

功效成分 羊齿天门冬化学成分丰富，主要有多糖类、甾体皂苷类、蜕皮甾酮类、木质素类等。

药　　理 天门冬多糖及天门冬甾体皂苷具有抗肿瘤作用。蜕皮甾酮具有促进核酸和蛋白质合成、降血糖等活性，临床上用于退行性疾病的治疗。羊齿天冬苷 B（aspafilioside B）具有抗肝癌活性，其机制是通过 ERK 和 p38 MAPK 信号通路上调 H-Ras 和 N-Ras 的表达，诱导人肝癌 HepG2 细胞 G_2/M 细胞周期阻滞和凋亡。

加工炮制 采挖块根，去除外皮和筋，加入牛奶煎煮，使牛奶吸收入块根，干燥即得。

藏医应用 味甘、苦、涩，性平。清新热和旧热，主治龙病和寒性黄水病。

"聂兴"是藏药经方"五根散"组方之一，"五根散"由黄精、天门冬、峨参、喜马拉雅紫茉莉和蒺藜 5 种根茎药材组成，为藏医经典补益方之一，和"哲布松"并列称为"三果五根"。

民间医应用 墨脱门巴族用于润肺止咳。

资源与贸易状况 羊齿天门冬为分布区内民族民间药用植物，也作为天门冬药材的民间代用品，资源量大。

---

19 黄精 ར་མཉེ།（热尼）

别　　名 ran-mu-jang（尼西珞巴语）。

本草考证 "热尼"出自《度母本草》。《妙音本草》记载"八种功效之黄精，叶片如玉藤弯曲，果实如同珊瑚心，其味苦而有点涩"。《宇妥本草》记载"黄精生在阴石崖，叶片油润颜色绿，茎干柔韧果红色，长短一肘或一箭，根茎块状如同姜"。《度母本草》记载"黄精具有八功效，僻静秀丽林间生，根子白色遍地下，叶片青色似宝剑，花朵红蓝盖叶上，果实红色很美丽，种子白硬似舍利，其味甘涩苦三味"。藏医所用热尼包含了黄精属数种植物的根茎，珞隅地区最常用或收购的种类为卷叶黄精和滇黄精。

基　　原 天门冬科（Asparagaceae）卷叶黄精 [*Polygonatum cirrhifolium* (Wallich) Royle] 或滇黄精（*Polygonatum kingianum* Coll. & Hemsl.）的根茎。

植物性状

卷叶黄精

根状茎肥厚，圆柱状或根状茎连珠状结节。茎直立。叶通常每 3~6 枚轮生，很少下部有少数散生的，细条形至条状披针形，少有矩圆状披针形，先端拳卷或弯曲成钩状，边常外卷。花序轮生，通常具 2 花，花被淡紫色，花被筒中部稍缢狭。浆果红色或紫红色，具 4~9 颗种子。花期 5~7 月，果期 9~10 月（图 2-19）。

滇黄精

根状茎近圆柱形或近连珠状，结节有时不规则菱状，肥厚，直径 1~3cm。茎高 1~3m，顶端攀缘状。叶轮生，每轮 3~10 枚，条形、条状披针形或披针形，先端拳卷。

图 2-19 卷叶黄精（左）和滇黄精（右）

花序具（1~）2~4（~6）花，总花梗下垂；花被粉红色。浆果红色，直径 1~1.5cm，具 7~12 颗种子。花期 3~5 月，果期 9~10 月。

分布与生境

卷叶黄精：产西藏东部和南部、云南西北部、四川、甘肃东南部、青海东部与南部、宁夏、陕西南部。生于林缘半阴处。

滇黄精：产云南西北部、四川西部、西藏东南部、贵州西部。越南、缅甸也有分布。生于林缘、农田边缘、采伐迹地等处。

功效成分

黄精根茎主要含黄精多糖，黄精多糖的组成单元有甘露糖、半乳糖、葡萄糖、果糖、阿拉伯糖、半乳糖醛酸、葡萄糖醛酸等；另含多种甾体皂苷类，如薯蓣皂苷元（diosgenin）和甲基原薯蓣皂苷（methylprotodioscin）。

药 理

黄精多糖具有抗氧化、抗衰老、抗疲劳、抗菌、抗过敏及增强免疫力等活性，对阿尔茨海默病、糖尿病、血脂异常、动脉粥样硬化、骨质疏松、肿瘤等疾病有一定的治疗作用。黄精醇提取物可通过激活 Nrf2-ARE 信号通路而抑制高糖诱导的肾小管上皮细胞凋亡，降低氧化应激，这提示黄精可改善糖尿病肾病，以及糖尿病并发症导致的黏膜皮肤和血管损害。MES23.5 帕金森病细胞模型实验发现，含卷叶黄精根茎的复方中药酒可能通过改善氧化应激而对过氧化氢诱导的细胞损伤显示出神经元保护活性。

加工炮制

用于热证，采集新鲜根茎洗净干燥；用于寒证，采集新鲜根茎，加水煎煮，文火收汁后干燥；精制黄精，采集新鲜根茎，加水煎煮，文火收汁后干燥，加入 4 倍量牛奶或 2 倍量羊奶，文火煎煮，使奶汁吸收入药材，干燥。

藏医应用

味甘、涩、苦，消化后味甘，性温，效轻、干。可滋补、益肾、强身、益寿、润肺。主治各种虚弱症、咳嗽、肺病等。

民间医应用

康巴人民间用黄精根茎切片晒干代茶饮或泡酒，具有多种保健价值。

资源与贸易状况

黄精药材在珞隅地区有充足的野生资源分布，实地调查发现墨脱等地有药材商大量收购。但为了资源可持续利用，建议开展人工种植。目前卷叶黄精、滇黄精等已经在云南、四川、广西等地实现规模化种植，可通过技术引进方式从这些地区引进种植技术和优质良种。

20 莎木面 ࿄ （玛）

别　　名　ta-shing（错那门巴语）、dra-shing（仓洛门巴语）、a-tri（阿迪 - 达木珞巴语）、tha-hsie（尼西珞巴语）、糌粑树（墨脱）。

本草考证　"玛"出自《晶珠本草》。本品为"玛奈珠木"的树干髓心，产自门隅和珞隅炎热地区。《晶珠本草》记载"由于树有老幼之分，本品分红白两种，白色来自幼树，状如纯净的生面粉，红色来自老树，状如蕨麻粉"，并强调"本品应归在树干类"。藏医所用之"玛"来自棕榈科桄榔属植物的树干髓心，"玛奈珠木"的意思是"涩味青稞"，珞隅当地汉语名为糌粑树。桄榔粉分红白两种，分别来自桄榔属植物桄榔和小花桄榔，二者形态相似，但前者树形较后者高大，可能使得古人误以为二者为老幼之分。部分藏药文献将本品及原产东南亚和马来群岛一带的"西谷米"混淆。西谷米为棕榈科植物西谷椰（*Metroxylon sagu*）的髓心淀粉制品。《晶珠本草》记载"玛奈珠木"产于珞隅和门隅，而西谷椰不分布于此区域。珞隅地区实地调查仅收集到小花桄榔。

基　　原　棕榈科（Arecaceae）小花桄榔（*Arenga micrantha* C. F. Wei）的髓心淀粉。

植物性状　小乔木。叶羽状全裂，长达 3m；羽片 2 裂，顶生的较大，楔形，侧生的狭长圆形，先端急尖，基部稍狭，不等侧，外侧较宽，下延成一耳垂，顶端和中部以上边缘啮蚀状，上面深绿色，背面灰色；中脉粗壮，上面微凸，背面高隆起，被褐色鳞秕，侧脉多数，纤细，两面微凸；叶轴三角形，被棕褐色鳞秕；叶柄近圆形，长约 1m。雄花序狭圆锥形，分枝多而纤细，成 2~4 列排列于花序轴上，下部的较长；花小，长圆形，花瓣黄色。花期 8 月（图 2-20）。

图 2-20　小花桄榔（左）及其生境（右）

分布与生境　产西藏墨脱县、察隅县、隆子县。生于热带山地雨林中。

功效成分　桄榔粉成分以淀粉为主。据报道，广西产桄榔粉样品含淀粉、蛋白质、脂肪和膳食纤维，含量分别为 62.32%、4.68%、0.43% 和 5.43%。未经过精制的桄榔粉含有大量鞣质。

药　　理　藏医用未经精制的桄榔粉入药，其中的鞣质可能是其止泻功能的物质基础。实验发现，喂食大鼠糖尿病模型桄榔粉可降低其血糖水平。

加工炮制　砍伐桄榔树，挖取树干髓心白色部分，切碎捣浆，过滤，取滤液沉淀、清洗数次制得淀粉，干燥保存。

藏医应用　味涩，消化后味苦；性寒。可止泻，主治寒热泄泻。

资源与贸易状况　藏医所说玛奈珠木有两种，珞隅地区两种都产，但以小花桄榔为主，资源量较大。本研究仅实地调查到小花桄榔，未调查到桄榔。可能是由于桄榔对水热条件要求更高，分布海拔更低，而本研究因不可抗力因素难以到达其分布地点。

21　省藤果　ཟི（巴）

别　　名　pas（仓洛门巴语）。

本草考证　"巴"出自《藏药晶镜本草》，为棕榈科省藤属植物的果实。实地调查发现，藏语"巴"所指的实际上是编织和营造用的"竹藤"，珞隅地区可能产 3~4 种，皆为棕榈科省藤属和钩叶藤属植物，本研究调查到一种，产墨脱县雅鲁藏布大峡谷两侧热带山地雨林。

基　　原　棕榈科（Arecaceae）刺苞省藤（*Calamus acanthospathus* Griff.）的果实。

植物性状　大型棕榈藤，茎细弱，攀缘，长达 50m。叶长 60~90cm；小叶披针状椭圆形，具 5~7 脉，两面无毛和刺，稀于背面脉上具很少的细刺，长 25~40cm，宽 5~8cm，边缘全缘或具刺；叶轴和叶柄粗壮，被糠秕，有 2~3 行很坚实的弯刺；叶鞘密生扁而长和粗而短的直刺或弯刺，具长达 3m 的纤鞭。下部的佛焰苞长 30cm，扁筒状，具一披针形的檐部，背面有锥形硬刺，上部的佛焰苞无刺，包住小穗状花序的一部分。肉穗花序长 1.2~1.8m，直立，具短的弯刺。果序的分枝很短，小穗状果序长 2.5~10cm，强烈下弯。果实倒卵形或球形，具短喙，褐色，直径约 1.5cm；果皮厚；果鳞栗褐色，发亮；果萼大，杯状，裂片很短。种子具深洼穴。果期 9 月（图 2-21）。

分布与生境　产墨脱县。印度（喀西山、锡金）、不丹、尼泊尔也有分布。生于热带山地雨林中。

功效成分　刺苞省藤果实成分研究未见报道，但同科著名水果蛇皮果含有鞣质，包括多酚类、黄酮类，主要成分是没食子酸。蛇皮果另含有单萜类、奎宁、香豆素等。可做参考。

药　　理　刺苞省藤果实药理研究未见报道，同属植物直立省藤果实的石油醚提取物在链脲霉素致糖尿病小鼠模型体内实验中有良好的抗氧化、降血糖和降血脂活性，同科著名水果蛇皮果的提取物具有体外抗氧化活性，可做参考。

图 2-21　刺苞省藤

加工炮制　采集果实，干燥即得。

藏医应用　味酸涩，性凉。主治中毒症。

民间医应用　墨脱民间藏医用作居如热（余甘子）代用品。

资源与贸易状况　刺苞省藤常见于墨脱雅鲁藏布大峡谷两侧森林，野生或栽培于庭院，资源量大。

22　珞隅豆蔻　ཤོ་སུག（珞素）

别　　名　thar-gang（仓洛门巴语）、monvi-sug、lho-yul-sug-sman（藏语别名）。

本草考证　"珞素"出自《医学四续》。"珞素"意为"珞隅产的素门"，"素门"即为豆蔻。《甘露精要八支秘诀续》记载"珞素产于珞隅，果实大而长，约为甲纳素门（汉地豆蔻）的三倍，果仁卵圆形，无挫纹，功效次于甲纳素门"。藏医所用珞隅素门即为墨脱产西藏大豆蔻的果实。豆蔻类药材"素门"在藏医中的应用历史非常悠久，可以追溯至唐代吐蕃医药文献。藏医把豆蔻按产地分为三种，分别是"甲噶素门"、"珞隅素门"和"甲纳素门"，即印度豆蔻、珞隅豆蔻和汉地豆蔻。目前藏医所用这三种豆蔻分别为姜科植物小豆蔻（*Elettaria cardamomum*）、西藏大豆蔻（*Amomum tibeticum*）和白豆蔻（*Amomum kravanh*）的果实。

基　　原　姜科（Zingiberaceae）西藏大豆蔻［*Amomum tibeticum* (T. L.Wu & S. J. Chen) X. E. Ye, L. Bai & N. H. Xia］的果实。

植物性状　多年生宿根草本。叶片披针形，顶端尾状渐尖，基部渐狭，不等侧，叶面无毛，叶背被长柔毛，边缘无毛。穗状花序卵状长圆形，苞片卵形或卵状长圆形，外密被茸毛。蒴果长圆形，长约 4cm，宽约 1.2cm，顶冠以长达 4.5cm 的宿萼。种子多数，细小，长 2.5mm，宽 1.5mm（图 2-22）。

图 2-22 西藏大豆蔻植株和生境（左）与根茎（右）

分布与生境 产西藏墨脱县，模式标本采自墨脱县背崩乡雅鲁藏布大峡谷。生于热带山地雨林下。

加工炮制 采集成熟果实，干燥即得。

藏医应用 味甘、辛，消化后味辛，性温，效润、燥而锐。主治寒性胃病、寒性肾病。

民间医应用 墨脱门巴族用于治疗胃病。

资源与贸易状况 西藏大豆蔻为西藏珞隅地区特产藏药材，主产于墨脱县和错那市南部热带雨林，资源量大。

23 姜黄 ༦ང་བ།（永哇）

别　名 dgrong（仓洛门巴语）、ga-ser（阿迪 - 达木珞巴语）。

本草考证 "永哇"出自《度母本草》，《度母本草》记载"永哇生于珞地温暖河谷，叶片状如大蒜叶，根子外皮如同姜，内瓤红黄有光泽，其味稍许有点苦"。《晶珠本草》记载"永哇与碱和石灰接触，变为血红色"。《蓝琉璃》记载"永哇"又名"噶赛尔"。通过对照藏医所用"永哇"实物和实地调研，墨脱地区所产之姜黄即为《度母本草》所记载之"永哇"，墨脱本地珞巴族群众亦把姜黄称为"噶赛尔"。

基　原 姜科（Zingiberaceae）姜黄（*Curcuma longa* L.）的根茎。

植物性状 多年生宿根草本，根茎肉质，肥大，椭圆形或长椭圆形，黄色，芳香；根端膨大成纺锤状。叶基生，叶片长圆形，顶端具细尾尖，基部渐狭，叶面无毛，叶背被短柔毛。花葶单独由根茎抽出，与叶同时发出或先叶而出，穗状花序圆柱形，有花的苞片淡绿色，上部无花的苞片较狭，长圆形，白色而染淡红，顶端常具小尖头；

65

花冠管漏斗形，白色而带粉红，侧生退化雄蕊淡黄色，倒卵状长圆形；唇瓣黄色，倒卵形。花期 4~6 月（图 2-23）。

图 2-23　姜黄（左）及药材（右）

分布与生境　产华南至西南热带、亚热带省区。珞隅地区墨脱县、隆子县有分布。生于热带山地雨林下，广泛栽培于热带亚洲区域。

功效成分　姜黄根茎含姜黄素（curcumin）约 0.3%，挥发油 1%~5%。挥发油中主要成分为姜黄酮（turmerone）及二氢姜黄酮（dihydroturmerone）（二者共占 50%）、姜烯（zingiberene，$C_{15}H_{24}$）（20%）、α- 水芹烯（1%）、桉叶油醇（1%）等。此外，尚含有淀粉（30%~40%）、少量脂肪油。

药　　理　姜黄治疗炭疽、痈疮肿毒及感染性疾病的功效可能来自于其功效成分姜黄素。姜黄素具有抗菌活性、抗氧化活性及抗炎活性等。姜黄素及挥发油部分对金黄色葡萄球菌有较好的抗菌作用。姜黄水浸剂在试管内对多种皮肤真菌有不同程度的抑制作用。姜黄素能对抗角叉菜胶引发的大鼠脚趾炎性肿胀。姜黄素钠能可逆地抑制尼古丁、乙酰胆碱、5- 羟色胺、氯化钡及组胺诱发的离体豚鼠回肠收缩，类似于非固醇类抗炎药。小鼠实验表明，姜黄素对五大脏器的脂质过氧化作用都有明显的对抗作用。体外抗氧化实验发现，姜黄素对亚油酸过氧化的抑制能力高于维生素 E。此外，姜黄素还有利胆作用、降血脂作用和抗肿瘤活性等。姜黄的功效成分姜黄素目前已被广泛用于临床治疗肝胆疾病、高脂血症等。

加工炮制　秋季倒苗后采挖根茎，干燥或切片干燥即得。

藏医应用　味辛、苦，性温，效润。主治中毒症、眼病、溃疡、炭疽、痈疽、尿黄、尿浊、膀胱热、梅毒、淋病、痔疮。

民间医应用　墨脱门巴族用姜黄根茎捣烂治疗蛇虫咬伤。

资源与贸易状况　姜黄是重要的国产大宗药材。我国华南和西南地区广泛种植，且有野生或逸生种群分布。除了国产外，亦从印度、缅甸、泰国等地进口，据报道，我国每年从印度进口约 35 万 t。藏药姜黄药材目前主要依赖于内地供应，少数经吉隆、樟木、普兰等口岸由印度和尼泊尔等国家进口。

药用历史与植物文化 姜黄在藏药中的运用可追溯至唐代吐蕃时期，出自《度母本草》。据考证，《度母本草》成书于公元 8 世纪，早于《医学四续》，是最古老的藏药本草典籍之一。《度母本草》中记载，姜黄产于吐蕃的"珞绒（lho-rong）"地带，"珞绒"一词的意思是"珞地的河谷"。唐代时，吐蕃已经把珞隅地区纳入管辖范围。《度母本草》中记载了多种产自珞隅地区热带、亚热带藏药材。姜黄除了药用，也用于染色。

其他应用 墨脱门巴族群众种植姜黄做成黄色染料，用于印染衣料、经幡、竹编工艺品等，具有独特的民族审美特色。

24 香豆蔻 གཀོལ（嘎高拉）

别 名 野草果、ga-go-la-mon-pa（藏语别名）。

本草考证 "嘎高拉"出自《晶珠本草》。"嘎高拉"一词源自梵语 Gagula，原指"印度豆蔻"。我国汉地中医本草中记载为"迦拘勒"。《晶珠本草》记载，"嘎高拉"分白、紫两种，白的大而皮厚，紫者小而皮薄。饱满且气味好的为佳品。"嘎高拉"品种颇为混乱，姜科多种植物的果实均有使用，《甘露本草明镜》和《藏药晶镜本草》等现当代藏医本草记载"嘎高拉"为豆蔻属植物草果（*Amomum tsaoko*）和香豆蔻（本品）的干燥果实。实地调查墨脱县藏医及民间医所用之"嘎高拉"为香豆蔻，而访问拉萨、日喀则、阿里等地的藏医则发现，作药用的"嘎高拉"为香豆蔻，作香料用的"嘎高拉"为草果。

基 原 姜科（Zingiberaceae）香豆蔻（*Amomum subulatum* Roxburgh）的果实。

植物性状 多年生粗壮草本。叶片长圆状披针形，顶端具长尾尖，基部圆形或楔形，两面均无毛；植株下部叶无柄或近无柄。总花梗鳞片褐色，穗状花序近陀螺形；苞片卵形，淡红色，顶端钻状；小苞片管状，裂至中部，裂片顶端急尖而微凹；花萼管状，无毛，三裂至中部，裂片钻状；花冠管与萼管等长，裂片黄色，近等长，后方的一枚裂片顶端钻状；唇瓣长圆形，顶端向内卷折，有明显的脉纹，中脉黄色，被白色柔毛；侧生退化雄蕊钻状，红色。蒴果球形，直径 2~2.5cm，紫色或红褐色，不开裂，具 10 余条波状狭翅，顶具宿萼，无梗或近无梗。花期 5~6 月，果期 6~9 月（图 2-24）。

分布与生境 产西藏东南部、云南南部、广西南部。墨脱县有分布。生于低海拔阴湿林下。

功效成分 香豆蔻果实精油含多种挥发性成分，如 α- 蒎烯（α-pinene）、β- 蒎烯（β-pinene）、月桂烯（myrcene）、α- 松油烯（α-terpinene）、橙花叔醇（nerolidol）、柠檬烯（limonene）、香桧烯（sabinene）、1,8- 桉树脑（1,8-cineole）、α- 松油醇（α-terpineol）、β- 松油醇（β-terpineol）、α- 甜没药烯（α-bisabolene）等。香豆蔻果实非挥发性成分有豆蔻素（cardamonin）和山姜素（alpinetin）等。

药 理 香豆蔻果实芳香油具有健胃作用，藏医临床上多用于治疗消化不良等症。体外试验发现印度喜马拉雅山地区（喜马偕尔邦）等地产的香豆蔻精油具有抗菌和抗炎活性。香豆蔻果实二氯甲烷提取物具有促进肺癌细胞凋亡的活性。豆蔻素和山

图 2-24　香豆蔻

姜素对肺癌细胞模型显示出细胞毒活性。

加工炮制　采集成熟果实，干燥即得。

藏医应用　味辛，性温，效糙。主治培根寒证、消化不良、瘟疫等。

民间医应用　墨脱门巴族用于治疗消化不良、感冒等。

资源与贸易状况　香豆蔻主产区是尼泊尔、不丹和印度锡金邦，为进口药材。目前，藏医所用香豆蔻主要来自尼泊尔，市场上称为"尼泊尔豆蔻"，以区别于"印度豆蔻"。珞隅地区香豆蔻资源量大，可作为国产资源开发利用。

药用历史与植物文化　香豆蔻在藏医中的应用是古代中印医药文化交流的结果。"ga-go-la"一词为梵语"Gagula"的转写，可以追溯至唐代医书《医学四续》。清代大医师丹增彭措在《晶珠本草》中明确了其品种。《晶珠本草》中记载的"嘎高拉"品种有香豆蔻和草果两种，作药用的"嘎高拉"为香豆蔻，作香料用的"嘎高拉"为草果。

其他应用　尼泊尔产的香豆蔻精油具有驱虫活性，实验发现香豆蔻精油对火蚁的半数致死浓度（median lethal concentration，LC_{50}）为 1500mg/mL，对线虫和果蝇的 LC_{50} 分别为 341mg/mL 和 441mg/mL。

25　干姜　ཨ་ག（嘎加）

别　　名　sa-ga（仓洛门巴语）。

本草考证　"嘎加"出自《鲜明注释》。《鲜明注释》记载"嘎加白色、质地松软，有纤维"。《医学四续》记载"嘎加茎叶绿色，根白色而显红色光泽，硬实"。《晶珠本草》记载"嘎加状如曼嘎母（山奈），皮红色或灰色，略厚，质地松软，内部白色有纤维，茎如同青稞"，"嘎加具有节，五六个聚在一起，状如曼嘎（高良姜）和拉尼（黄精），气味芳香，干后坚硬"。藏医常用姜科多种植物的根茎作为"嘎加"入药，但本种最符合本草记载的"嘎加"的特征。

基　　原　姜科（Zingiberaceae）姜（*Zingiber officinale* Roscoe）的根茎。

植物性状　多年生宿根草本，根茎肥厚，多分枝，有芳香及辛辣味。叶片披针形或线状披针形。穗状花序球果状，苞片卵形，淡绿色或边缘淡黄色，顶端有小尖头；花冠黄绿色；唇瓣中央裂片长圆状倒卵形，短于花冠裂片，有紫色条纹及淡黄色斑点。花期秋季（图2-25）。

图2-25　干姜药材（左）及墨脱门巴族庭院种植的姜（右）

分布与生境　我国各地广泛栽培。珞隅地区各地种植于庭院。

功效成分　干姜挥发油主要组分为 α- 姜烯（α-zingiberene）、牻牛儿醇（geraniol）、橙花醇（nerol）、龙脑（borneol）、芳樟醇（linalool）、甲基壬基酮（methylnonyl ketone）、莰烯（camphene）、柠檬烯（limonene）等。干姜的辛辣味成分主要有 6- 姜辣二酮（6-gingerdione）、6- 姜辣烯酮（6-shogaol）、6- 姜辣素（6-gingerol）、8- 姜辣烯酮等。《中国药典》规定，本品按干燥品计算，含 6- 姜辣素（$C_{17}H_{26}O_4$）不得少于 0.60%。

药　　理　动物实验发现，干姜对各种原因导致的动物胃黏膜损伤模型具有保护和修复作用。生姜精油对四氯化碳所致的小鼠肝损伤具有治疗作用。姜水提物能强烈抑制血小板的聚集作用，甚至最小容量的水提物也能消除由花生四烯酸（AA）诱导的血小板聚集。生姜的水浸出剂对伤寒杆菌、霍乱弧菌、堇色发癣菌及阴道滴虫均有不同程度的抑制作用。异丙肾上腺素诱导心肌梗死大鼠模型实验发现，姜烯通过抗氧化、抑制细胞凋亡及降血脂等活性起到保护心肌细胞的作用。

加工炮制　挖取根茎，洗净泥沙，水浸润，切片干燥即得。

藏医应用　味辛，性温，效轻、糙、干、锐。主治风寒感冒、寒痰咳嗽、血液凝滞、胃寒冷痛、寒性培根病。

民间医应用　墨脱门巴族用新鲜嘎加煮水代茶治疗风寒感冒。

资源与贸易状况 姜为广泛栽培的蔬菜及香料，藏东南地区普遍种植，资源量大。

26 高良姜 རྩ་ག (曼嘎)

别　　名 thar-gang-sug-mel（仓洛门巴语）。

本草考证 "曼嘎"出自《藏药晶镜本草》。罗达尚教授主编的《晶珠本草正本诠释》中称之为"嘎玛（ska-thmar）"，为"红色姜"之意。曼嘎为姜科植物高良姜的根茎。

基　　原 姜科（Zingiberaceae）高良姜（*Alpinia officinarum* Hance）的根茎。

植物性状 多年生宿根高大草本，根茎延长，圆柱形。叶片线形，顶端尾尖，基部渐狭，两面均无毛，无柄。总状花序顶生，直立。花冠管裂片长圆形，后方有一枚兜状；唇瓣卵形，白色而有红色条纹。果实球形，直径约1cm，熟时红色。花期4~9月，果期5~11月（图2-26）。

图 2-26　高良姜药材（左）及植株花序（右）

分布与生境 产我国华南、西南热带、亚热带区域，多为栽培。珞隅地区墨脱县有庭院栽培。

功效成分 根茎含姜黄素类，如姜黄素（curcumin）、二氢姜黄素（dihydrocurcumin）、六氢姜黄素（hexahydrocurcumin）、八氢姜黄素（octahydrocurcumin）等；黄酮类化合物，如高良姜素（galangin）、槲皮素（quercetin）、山柰酚（kaempferol）、山柰素（kaempferide）、异鼠李素（isorhamnetin）等；挥发油，挥发油主要成分为1,8-桉树脑（1,8-cineole）、丁香油酚（eugenol）、蒎烯（pinene）、荜澄茄烯（cadinene）等。《中国药典》规定，本品按干燥品计算，含高良姜素（$C_{15}H_{10}O_5$）不得少于0.70%。

药　　理 动物实验发现，高良姜煎剂给犬灌胃，能使胃液总酸排出量较对照组有明显升高，但对胃蛋白活力无明显影响。体外实验证明，高良姜煎液（100%）对多种致病菌有不同程度的抗菌作用。高良姜素和木犀草素联合应用及高良姜和木犀草素联合阿霉素对化学诱导肝癌大鼠模型的抗肿瘤作用研究发现，处理后的大鼠肝癌细胞标志物水平显著下降。高良姜具有抗炎和抗过敏活性。高良姜水提取物对尘螨提取物诱导的日本小鼠变态反应模型灌胃，能显著降低临床皮炎的严重程度、表皮厚度、肥大细胞渗入皮肤和耳部组织程度，同时血清总 IgE、巨噬细胞源性趋化因子水平降低，T 细胞表达和分泌水平趋于正常。

加工炮制 挖取根茎，洗净泥沙，切片干燥即得。

藏医应用 味辛，性温，效糙。主治胃寒食积、肾虚腰痛等。

民间医应用 墨脱民间药用高良姜水煎服治疗胃痛。

资源与贸易状况 藏医所用高良姜多为内地产，少量自亚东等口岸从南亚进口。在墨脱县低海拔乡镇偶有当地群众少量种植于庭院中，为内地引种至此，不成规模。

27 沙姜 སྒ་སྨེལ་སྨན་པ།（曼嘎母）

别 名 sug-mel-sman-pa（卫藏藏语）。

本草考证 "曼嘎母"，藏医本草中常记为"曼嘎"，出自《鲜明注释》。《鲜明注释》记载"曼嘎断面红色，坚硬，有纤维。珞窝产的味辛而油性，尼泊尔产的味辛，野生的不辣"。各地藏医所用实物多为山柰的干燥根茎，也有用高良姜做代用品的。

基 原 姜科（Zingiberaceae）山柰（*Kaempferia galanga* L.）的根茎。

植物性状 多年生宿根草本。根茎块状，单生或数枚连接，淡绿色或绿白色，芳香。叶通常 2 片贴近地面生长，无毛或于叶背被稀疏的长柔毛，干时于叶面可见红色小点。花 4~12 朵顶生，半藏于叶鞘中；花白色，有香味，易凋谢；唇瓣白色，基部具紫斑。果实为蒴果。花期 8~9 月（图 2-27）。

图 2-27 山柰（左）及药材（右）

分布与生境　分布于热带亚洲，我国南方热带区域常见栽培。珞隅地区墨脱县栽培于庭院。

功效成分　根状茎含挥发油，挥发油的主要成分为龙脑（borneol）、桉树脑（cineole）、莰烯（camphene）、对甲氧基肉桂酸和肉桂酸；黄酮类，如山柰酚（kaempferol）、山柰素（kaempferide）、芦丁等。《中国药典》规定，本品按干燥品计算，含对甲氧基肉桂酸乙酯（$C_{12}H_{14}O_3$）不得少于 3.0%。

药　　理　山柰根茎的主要功能性成分为山柰酚。山柰酚广泛存在于多种植物中。近年来，药理研究发现，山柰酚可通过诱导肿瘤细胞凋亡，抑制肿瘤细胞黏附、迁移和侵袭及增强传统肿瘤治疗方法的作用等方式发挥其抗癌功效。体内和细胞实验发现，山柰酚通过钝化 MAPK/AP-1 通路而抑制乳腺癌细胞中基质金属蛋白酶 -9（MMP-9，与转移进展相关）的表达来发挥抗癌作用。山柰酚的抗癌活性还包括促进肿瘤细胞凋亡。用山柰酚处理含有 p53 突变体的人类癌症细胞株后，随着多腺苷二磷酸核糖聚合酶［poly（ADP-ribose）polymerase，PARP］和胱天蛋白酶 3、胱天蛋白酶 7、胱天蛋白酶 9 水平的增加，以及细胞色素 c 的释放和 DNA 片段的增加，细胞凋亡。在另一项研究中，用山柰酚处理人结肠癌细胞系（HCT116、HCT15 和 SW480），其裂解的分子标志物 PARP 和胱天蛋白酶 3 水平增加。山柰酚的促凋亡作用可能通过不同途径调控，表现为 *p53*、*p21* 和 *p-p38* 表达上调，而 *p-JNK* 和 *p-ERK* 表达减弱。另外，山柰酚的促凋亡作用与细胞内活性氧（ROS）水平的增加有关。在抗炎活性方面，山柰酚通过调节炎症相关蛋白表达及抑制转录因子激活等方式减少炎症因子的产生，抑制炎症的发生和发展。山柰酚还能通过改善胰岛素敏感指数来增加胰岛素敏感性，从而发挥对糖尿病的防治功效。

加工炮制　采挖新鲜山柰根茎，切片干燥即得。

藏医应用　味辛，性温。可暖胃散寒、消食止泻。主治龙与培根合并症所致的消化不良、胃痛胸闷。

资源与贸易状况　山柰为大宗药材和香料产品，热带、亚热带区域有规模化商品种植，广泛应用于医药、食品、香料等行业，资源量大。

28　珞隅香附　ལ་གང་།（拉岗）

本草考证　"拉岗"出自《度母本草》，《度母本草》记载"所说珞隅香附子，生在土厚之草坡，叶片细窄非常小，根子细小圆块状，遍布地下而生长"。藏医所用"拉岗"为莎草科植物香附子的根茎。

基　　原　莎草科（Cyperaceae）香附子（*Cyperus rotundus* L.）的根茎。

植物性状　草本，匍匐根状茎长，具椭圆形块茎。秆稍细弱，锐三棱形，平滑，基部呈块茎状。叶较多，短于秆；鞘棕色，常裂成纤维状。穗状花序轮廓为陀螺形，稍疏松，具 3~10 个小穗。小坚果长圆状倒卵形，三棱形，长为鳞片的 1/3~2/5，具细点。花果期 5~11 月（图 2-28）。

分布与生境　除东北外，广布全国各地。生于湿地、河漫滩。

功效成分　香附子含挥发油，挥发油中含 β- 蒎烯（β-pinene）、莰烯（camphene）、1,8- 桉树脑（1,8-cineole）、柠檬烯（limonene）、香附烯（cyperene）、香附醇（cyperol）等。《中国药典》规定，本品含挥发油不得少于 1.0%（ml/g）。

药　　理　香附子药材能抑制胃排空，促进肠管蠕动。动物实验发现，一定浓度的香附子挥发油可抑制肠管的收缩，对离体兔回肠平滑肌有直接抑制作用。

图 2-28　香附子药材

香附子水醇提取物对奥氮平诱导的 SD 大鼠肥胖模型具有减肥作用。香附子粗提物具有体外抗氧化和 α- 糖苷酶抑制活性。香附子水提物对重金属暴露大鼠模型具有肝肾保护作用，其机制可能是抗氧化和清除自由基。香附子挥发油主要活性成分 α- 香附烯具有抗炎活性，能抑制脂多糖诱导的小鼠胶质细胞炎症反应和肺炎，其机制可能是激活蛋白激酶 B（protein kinase B，PKB，也称 Akt）、核因子 E2 相关性因子 2（nuclear factor E2 related factor 2，Nrf2）、血红素加氧酶 -1（heme oxygenase-1，HO-1）和抑制核因子 κB（nuclear factor kappa-B，NF-κB）通路的核因子 κ 轻链增强子。

加工炮制　秋季倒苗后采挖根茎，干燥即得。

藏医应用　味辛、甘、涩，消化后味苦，性凉，效锐。主治培根病、肺病、肠病。

资源与贸易状况　香附子为广布植物，资源量大。

药用历史　唐代时，我国西藏地区的吐蕃政权就对门隅、珞隅地区进行了有效管治，门隅和珞隅地区产的香附子药材为藏药名品，收录于唐代本草著作《度母本草》。

---

29 │ 粽叶芦 གུ་ས (固夏)

别　　名　za-gu（仓洛门巴语）。

本草考证　"固夏"出自《晶珠本草》，《晶珠本草》记载"固夏生长于珞隅，状如装饰花瓶中的禾草花序，波沃的人们用来编织草席和扫帚"。粽叶芦是常用藏药材。"波沃"就是今波密县一带的古称。

基　　原　禾本科（Poaceae）粽叶芦［*Thysanolaena latifolia* (Roxburgh ex Hornemann) Honda］的叶。

植物性状　多年生大型丛生草本，直立粗壮，具白色髓部，不分枝。叶片披针形，长 20~50cm，宽 3~8cm，具横脉，顶端渐尖，基部心形，具柄。圆锥花序大型，柔软，长达 50cm，分枝多，斜向上升，下部裸露，基部主枝长达 30cm；小穗柄长约 2mm，

图 2-29 粽叶芦

具关节；颖片无脉；第一花仅具外稃，约等长于小穗；第二外稃卵形，厚纸质，背部圆，具 3 脉，顶端具小尖头；边缘被柔毛；内稃膜质，较短小；花药褐色。颖果长圆形。一年有两次花果期，春夏或秋季（图 2-29）。

分布与生境 产华南、西南各省区。珞隅地区墨脱县低海拔区域有分布。印度、中南半岛、印度尼西亚、新几内亚岛有分布。北美引种。模式标本采自印度。粽叶芦为热带河谷常见植物，有时为农田杂草。

功效成分 粽叶芦叶含有黄酮碳苷类化合物，如 6″-*O*-acetylorientin-2″-*O*-α-L-rhamnopyranoside 等。

药　　理 粽叶芦叶精油具有抗氧化和抗菌活性。

加工炮制 采集叶，干燥即得。

藏医应用 味甘，性凉。具有延年益寿、滋补强身的功能。

资源与贸易状况 粽叶芦为热带、亚热带区域常见植物，资源量大。

植物文化 粽叶芦在墨脱是一种文化礼仪植物，墨脱门巴族用于传统葬礼仪式。《晶珠本草》记载粽叶芦在波沃地区用于制作扫帚，古代的波沃地区就是现在的波密县，当地群众用包括粽叶芦在内的大型禾草和藤竹类制作的扫帚、簸箕、筛子等生活用品为特色地方农副产品。

30 大米 འབྲས། （哲）

别　　名 bar（仓洛门巴语）。

本草考证 藏医以稻米入药的记载可以追溯至《医学四续》，《医学四续》记载用炒熟的大米治疗吐泻，后续历代本草延续记载并加以增补扩充。

基　　原 禾本科（Poaceae）稻（*Oryza sativa* L.）的果实。

植物性状 一年生水生草本。秆直立。叶鞘松弛，无毛。圆锥花序大型疏展，长约 30cm，分枝多，棱粗糙，成熟期向下弯垂。颖果长约 5mm，宽约 2mm，厚 1~1.5mm；胚比小，约为颖果长的 1/4（图 2-30）。

分布与生境 水稻为主要粮食作物，各地广泛种植。珞隅地区墨脱县低海拔乡镇主产。

功效成分 精制大米约含 75% 以上的淀粉、8% 左右的蛋白质、0.5%~1% 的脂肪，还含有少量 B 族维生素，维生素的含量因稻的种类和种植地点而异。

药　　理 大米具有营养功能。

加工炮制　大米直接使用。焦米：大米炒焦。

藏医应用　味甘，性凉，效润、柔、轻。主治"三灾病"，可壮阳、荣色、舒心、止痛、止泻。

民间医应用　墨脱民间以炒焦的大米做米糊治疗小儿消化不良。

资源与贸易状况　珞隅地区及其邻近的察隅地区和门隅地区是青藏高原的稻适宜种植区，出产优质大米，出产的大米可作为优质药材资源。

图 2-30　稻

31　甘蔗　ཤུ་རག（普日然）

别　名　kho-min（仓洛门巴语）、ma-hjan（错那门巴语）。

本草考证　"普日然"出自《甘露精要八支秘诀续》，藏医用作"sman-rta"（药引），配合祛除寒性培根与龙合并症的药物使用。《晶珠本草》记载"普日然就是南方田园种植的状如竹子的植物汁液"，普日然的精制品即为"ka-ra"（蔗糖），作为治疗热性血病和赤巴病的药引使用。珞隅墨脱地区常种植于田园。

基　原　禾本科（Poaceae）甘蔗（*Saccharum officinarum* L.）的汁液。

植物性状　多年生高大实心草本。根状茎粗壮发达。秆高 3~5（~6）m。直径 2~4（~5）cm，具 20~40 节，下部节间较短而粗大，被白粉。圆锥花序大型，长 50cm 左右（图 2-31）。

分布与生境　我国南方热带和南亚热带区域广泛种植，是重要的经济作物之一。墨脱县低海拔区域有种植。

功效成分　甘蔗汁的主要成分为蔗糖。

药　理　红糖在中医和藏医治疗中常用作引经药。引经药具有减毒增效、矫正味臭等作用。动物模型实验发现，部分引经药可以改变药物有效成分在体内的分布和浓度。

图 2-31　甘蔗

加工炮制　鲜用甘蔗汁或制成红糖、白糖、冰糖等。

藏医应用　甘蔗汁和红糖味甘，性热，效糙；白糖性凉，效润。可滋补、养荣、驱寒，主治龙病、赤巴病、血病、虚弱症等。

民间医应用　墨脱门巴族用红糖和姜治疗感冒。

资源与贸易状况　甘蔗为热带、亚热带地区的主要作物之一，在珞隅地区广泛种植，资源量大。

32　薏苡　 བོ་དེའི་འབྲས་བུ་ཚོ་གུ（普德哲吾次古）

别　　名　fon-pha-lin（仓洛门巴语）、pa-due-due（阿迪 - 达木珞巴语）。

本草考证　"普德哲吾次古"出自《晶珠本草》，《晶珠本草》记载本品常被用来制作成念珠，故名"普德哲吾"，意思是"佛陀的种子"。藏医以薏苡种子入药。

基　　原　禾本科（Poaceae）薏苡（*Coix lacryma-jobi* L.）的种子。

植物性状　一年生或多年生草本。秆直立，常实心。叶片扁平宽大。总状花序腋生成束，通常具较长的总梗。小穗单性，雌雄小穗位于同一花序之不同部位；雄小穗含 2 小花，2~3 枚生于一节，一无柄，1 或 2 枚有柄，排列于一细弱而连续的总状花序之上部而伸出念珠状之总苞外；雌小穗常生于总状花序的基部而被包于一骨质或近骨质念珠状之总苞（为变形的叶鞘）内，雌小穗 2~3 枚生于一节，常仅 1 枚发育，孕性小穗之第一颖宽，下部膜质，上部质厚渐尖；第二颖与第一外稃较窄；第二外稃及内稃膜质；柱头细长，自总苞之顶端伸出。颖果大，近圆球形（图 2-32）。

图 2-32　薏苡（左）及薏苡串珠（右）

分布与生境　我国热带、亚热带地区广泛分布。珞隅地区墨脱县有种植。生于光照较好的路边、荒坡、林缘，也是广泛栽培的作物。

功效成分　薏苡干燥种仁每 100g 含蛋白质 18.7g、脂肪 5.4g、碳水化合物 65g。薏苡种仁脂肪的主要脂肪酸为棕榈酸、油酸和硬脂酸。种仁包含的氨基酸主要为亮氨酸、赖氨酸、精氨酸、酪氨酸等，另含黄酮类、薏苡素、薏苡酯、三萜类化合物。《中国药典》规定，本品按干燥品计算，含甘油三油酸酯（$C_{57}H_{104}O_6$）不得少于 0.50%。本品保藏不当易霉变，《中国药典》规定，本品每 1000g 含黄曲霉毒素 B_1 不得过 5μg，含黄曲霉毒素 G_2、黄曲霉毒素 G_1、黄曲霉毒素 B_2 和黄曲霉毒素 B_1 的总量不得过 10μg；本品每 1000g 含玉米赤霉烯酮不得过 500μg。

药　　理　薏苡脂肪具有较好的抗氧化和自由基清除活性。薏苡素具有镇静、降血糖、解热镇痛的作用。薏苡酯对于肿瘤、关节炎的治疗具有积极作用。细胞实验发现，薏苡脂肪对胃癌、肺癌、口腔癌、结肠癌、胰腺癌等多种体外培养肿瘤细胞株的增殖具有抑制作用，并呈现出时间和剂量依赖性，细胞株的生长具有明显凋亡特征性形态改变。

加工炮制　采集自然成熟干燥的果实，入药或制成项链、手链等随身佩戴。

藏医应用　味甘，性凉。主治麻风病、黄水病。

民间医应用　墨脱民间药用于治疗高血压，门巴族医生认为将其制成串珠饰品长期佩戴，具有一定的保健价值。

资源与贸易状况　薏苡是普遍种植的农作物，在墨脱县的低海拔乡镇还用于佛珠和传统饰品的制作，具有丰富的资源。

33 玉米须 ཨ་ཚོས་ལོ་ཏོག་གི་མེ་ཏོག（麻美洛朵给梅朵）

别　　名　da-pu（尼西珞巴语）。

本草考证　玉米须为民间用药，《中华藏本草》有收录。

基　　原　禾本科（Poaceae）玉蜀黍（*Zea mays* L.）的花柱。

植物性状　一年生高大草本。秆直立，通常不分枝，高 1~4m，基部各节具气生支柱根。叶片扁平宽大，线状披针形，基部圆形呈耳状。顶生雄性圆锥花序大型，主轴与总状花序轴及其腋间均被细柔毛；雄性小穗孪生，雌花序被多数宽大的鞘状苞片包藏，雌小穗孪生，成 16~30 纵行排列于粗壮之序轴上，雌蕊具极长而细弱的线形花柱（即"玉米须"）。颖果球形或扁球形，成熟后露出颖片和稃片之外，其大小因生长条件不同而有差异。花果期秋季（图 2-33）。

分布与生境　玉蜀黍（也称玉米）是主要粮食作物，各地广泛栽培。

功效成分　玉米须含隐黄素（cryptoxanthin）、维生素 C、泛酸（pantothenic acid）、肌醇（inositol）、维生素 K、谷固醇（sitosterol）、豆甾醇（stigmasterol）、苹果酸（malic acid）、柠檬酸（citric acid）、酒石酸（tartaric acid）、草酸（oxalic acid）等，还含大量硝酸钾（KNO_3）、α- 生育醌（α-tocopheryl quinone）。

药　　理　玉米须对人或家兔均有利尿作用，可增加氯化物排出量，但作用较弱。玉米须煎剂能降低高脂饮食联合链脲霉素诱导的 2 型糖尿病大鼠模型的空腹血糖水平、胰岛素水平和糖原含量；降低血清和骨骼肌氧化应激水平；恢复骨骼肌的病理结构；抑制骨骼肌 c-Jun 氨基端激酶（JNK）和胰岛素受体底物（IRS）磷酸化；上调葡萄糖

图 2-33　墨脱县种植的玉米（左）及玉米须（右）

转运蛋白 4（GLUT4）的表达水平，促进葡萄糖的转运，降低胰岛素抵抗。

加工炮制　收获鲜食玉米时，收集玉米花柱干燥即得。

藏医应用　味甘、淡，性平。主治水肿、小便淋沥、黄疸、胆囊炎、胆结石、高血压、糖尿病、乳汁不通。

民间医应用　墨脱民间用玉米须泡水代茶治疗高血压。

资源与贸易状况　玉米是广泛栽培的农作物，玉米须作为其副产品，资源量大。

34　**宽筋藤**　ཤེལ་ཏིག（勒哲）

本草考证　"勒哲"出自《度母本草》。《度母本草》记载"治疗诸病的勒哲，生在阴阳交界地，茎如短叶锦鸡儿，叶片圆小很油润，花朵白色很美丽，果实甘腻特别香"。《晶珠本草》记载"本品横切状如巴勒嘎（藏木通），木质有很多花纹，表皮油润而有光泽"。藏医所用"勒哲"为宽筋藤。

基　　原　防己科（Menispermaceae）中华青牛胆［*Tinospora sinensis* (Loureiro) Merrill］的藤茎。

植物性状　藤本，长可达 20m 以上；枝稍肉质，嫩枝绿色，有条纹，被柔毛，老枝肥壮，具褐色、膜质、通常无毛的表皮，皮孔凸起，通常 4 裂，较少 2 裂或 6 裂。叶纸质，阔卵状近圆形，顶端骤尖，基部深心形至浅心形，弯缺有时很宽，后裂片通常圆，全缘。总状花序先叶抽出。核果红色，近球形，果核半卵球形，背面有棱脊和许多小疣状凸起。花期 4 月，果期 5~6 月（图 2-34）。

分布与生境　产云南南部、广西南部、广东南部、海南岛、台湾岛、西藏东南部（墨脱）。热带亚洲广布。生于林缘等处。

功效成分　宽筋藤主要功效成分为原小檗碱类生物碱，如掌叶防己碱（palmatine）、药根碱（jatrorrhiyine）、木兰花碱（magnoflorine），以及胺类生物碱，如胆碱（choline），另含宽筋藤碱（tinosporin）。

药　　理　宽筋藤具有抗炎镇痛、抗寄生虫（利什曼原虫）、抗氧化、抗辐射、保

图 2-34 中华青牛胆（左）及药材（右）

肝、调节免疫、阻止环磷酰胺引起的贫血等药理作用。原小檗碱类生物碱具有抗菌、抗肿瘤、抗糖尿病、抗炎等活性。动物实验发现，将宽筋藤水醇提取物给糖尿病模型大鼠口服，能快速降低大鼠血糖水平，提高大鼠对葡萄糖的耐受性。宽筋藤具有抗炎活性，可保护神经细胞，具有被开发成治疗阿尔茨海默病的新药的潜力，其作用机制可能是调节磷脂酰肌醇 3 激酶（PI3K）/Akt 信号通路、神经营养因子（NTF）信号通路、缺氧诱导因子 1（HIF-1）信号通路、哺乳动物雷帕霉素靶蛋白（mTOR）信号通路、肿瘤坏死因子（TNF）信号通路、胰岛素抵抗（IR）信号通路等。通过人结肠癌细胞活性测试发现，宽筋藤叶正己烷提取物具有较强的抑制活性，气相色谱–质谱（GC-MS）分析其活性可能源于小檗碱类。

加工炮制 采集木质化藤茎，干燥即得。

藏医应用 味甘、苦、涩，消化后味甘，性凉，效润。可清热祛风，主治三因不和所致的热证，对关节病有良效。

资源与贸易状况 宽筋藤是常用藏药。目前藏医所用宽筋藤药材几乎都采购自内地的药材市场，资源量大。本次调查在墨脱县雅鲁藏布大峡谷发现有中华青牛胆分布，可作为本土资源开发。

35 藏鬼臼 འོལ་མོ་སེ།（奥毛塞）

别　　名 ol-mang（卫藏藏语）、pa-shu（山南藏语）、shi-mi-khor-dor（尼西珞巴语）、tung-nag-glung-gtung（阿迪-博嘎尔珞巴语）。

本草考证 "奥毛塞"出自《晶珠本草》。《晶珠本草》记载"奥毛塞生长在河谷和森林，根子坚硬结节，须根有百条之多。叶片状如独活，叶大，叶柄长；花小，美丽；果实状如牛睾丸，成熟后如血囊袋"。《晶珠本草》记载的"奥毛塞"与西藏八角莲和桃儿七的特征符合。藏医实际应用的为西藏八角莲或桃儿七的干燥根茎。传统上，藏医将"奥毛塞"按产地分为高山和低地两种，前者分布于高海拔地带，为桃儿七，主要分布于多康高山地带；后者为西藏八角莲，分布于珞隅和工布森林地带。

基　　原　小檗科（Berberidaceae）西藏八角莲（*Dysosma tsayuensis* T. S. Ying）或桃儿七［*Sinopodophyllum hexandrum* (Royle) Ying］的根。

植物性状

西藏八角莲

多年生草本。根状茎粗壮，横生，多须根。茎生 2 叶，对生，纸质，圆形或近圆形，几为中心着生的盾状，叶片 5~7 深裂，几达中部，裂片楔状矩圆形。花 2~6 朵簇生于叶柄交叉处；花大，萼片 6，椭圆形，早落；花瓣 6，白色，倒卵状椭圆形。长浆果卵形或椭圆形，2~4 枚簇生于两叶柄交叉处，红色，宿存柱头大，呈皱波状。种子多数。花期 5 月，果期 7 月。

桃儿七

多年生草本。根状茎粗短，节状，多须根。茎直立，单生，具纵棱，无毛，基部被褐色大鳞片。叶 2 枚，薄纸质，非盾状，基部心形，3~5 深裂几达中部，裂片不裂或有时 2~3 小裂，裂片先端急尖或渐尖，边缘具粗锯齿。花大，单生，先叶开放，两性，整齐，粉红色；花瓣倒卵形或倒卵状长圆形，先端略呈波状。浆果卵圆形，熟时橘红色。种子卵状三角形，红褐色，无肉质假种皮。花期 5~6 月，果期 7~9 月（图 2-35）。

图 2-35　桃儿七

分布与生境

西藏八角莲：产西藏东南部（林芝、波密、察隅、墨脱、隆子、错那）。生于热带亚高山云冷杉林下。

桃儿七：产云南西北部、四川西部、西藏东南部（林芝、波密、墨脱）、甘肃西南部、青海南部和陕西南部。生于亚高山林缘湿润地带。

功效成分　西藏八角莲和桃儿七含鬼臼毒素（podophyllotoxin）、脱氢鬼臼毒素（deoxypodophyllotoxin）、异苦鬼臼毒酮（isopicropodophyllone）、山荷叶素（diphyllin）、鬼臼毒酮（podophyllotoxone）、山柰酚（keampferol）等。有报道，西藏八角莲中鬼臼

毒素含量较高。

药　理　鬼臼毒素类具有显著的抗肿瘤作用。鬼臼毒素类具有和秋水仙碱类似的抗肿瘤机制，即通过抑制微管蛋白聚集来抑制细胞有丝分裂，从而达到控制肿瘤细胞增殖的目的。而且，有报道表明鬼臼毒素类的抗肿瘤活性要强于秋水仙碱。青藏高原民族民间药中运用桃儿七来治疗风湿骨痛等。秋水仙碱在临床上也通过减少微管蛋白形成来抑制白细胞趋化，从而实现对某些炎症，如关节炎的抑制，鬼臼毒素类是否有类似机制尚未见相关报道。鬼臼毒素近年来在临床上也用于治疗某些病毒性皮肤病，如尖锐湿疣等。

加工炮制　采集根部，干燥即得。

藏医应用　味苦，性凉，有毒。主治跌打损伤、风湿骨痛。

民间医应用　珞巴族博嘎尔人用于治疗风湿，康巴人用根茎和乌头类块根泡制药酒，外用缓解筋骨疼痛。

资源与贸易状况　西藏八角莲和桃儿七为藏东南亚热带高山森林常见植物，资源量较大。

36　三颗针 ༼杰巴༽

别　名　gyer-pa-shing（仓洛门巴语）、ju-tsi-tsher-ma（阿迪 - 博嘎尔珞巴语）。

本草考证　"杰巴"出自《晶珠本草》，《晶珠本草》记载"杰巴生于阴阳山间，其树干表皮、中层和内部为黄色，花也为黄色，有光泽，果实红而发亮"。藏医以小檗属多种植物的根和茎作为"杰巴"入药。小檗属植物的果实入药，称为"刺玛"，实地调查发现喜马拉雅山地区的一些民间医生用小檗果实作为枸杞的代用品。

基　原　小檗科（Berberidaceae）小檗（Berberis spp.）的根、茎。

植物性状　落叶或常绿灌木。通常具刺，单生或 3~5 分叉；内皮层和木质部均为黄色。单叶互生，着生于侧生的短枝上，通常具叶柄，叶片与叶柄连接处常有关节。花序为单生、簇生、总状、圆锥或伞形花序；花黄色。浆果球形、椭圆形、长圆形、卵形或倒卵形，通常红色或蓝黑色（图 2-36）。

分布与生境　主产我国西部和西南部山区。珞隅地区产墨脱县、隆子县等地。

功效成分　小檗属植物主要含异喹啉类生物碱，其中主要是原小檗碱家族的小檗碱、掌叶防己碱、药根碱、黄连碱等。《中国药典》规定，本品按干燥品计算，含盐酸小檗碱（$C_{20}H_{17}NO_4 \cdot HCl$）不得少于 0.60%。

药　理　小檗碱具有多种活性，如抗菌、抗氧化应激、抗炎、降血压、降血脂、抗肿瘤等。临床研究发现，小檗碱还能改善糖尿病，防止胰岛素抵抗向 2 型糖尿病转变。动物实验发现盐酸小檗碱能够通过多种机制改善胰岛 β 细胞功能、促进胰岛素分泌。在抗肿瘤方面，小檗碱通过诱导肿瘤细胞凋亡、阻滞细胞周期、抑制肿瘤细胞转移等活性发挥作用，是潜在的抗肿瘤药物筛选对象。

加工炮制　采集根、茎，干燥即得。（附小檗膏制法：采集小檗茎，去除表皮和内

图 2-36　墨脱县产小檗属植物

芯，煎煮成浓浆，过滤去渣，继续煎煮浓缩成浸膏即得。）

藏医应用　味苦，性凉，效糙。可解毒、干黄水。主治痢疾、食物中毒、结膜炎、黄水病等。

民间医应用　民间藏医常用小檗果实作为枸杞的代用品。

资源与贸易状况　小檗属植物在藏东南地区资源丰富，常在针叶林下大面积生长。

附　　注　墨脱县产同科植物门隅十大功劳（*Mahonia monyulensis*）木质茎也作为"杰巴"药材使用，当地称为"黄连木"。

37　唐松草　ཨོ་རྒྱ།（鄂真）

别　　名　马尾黄连、雌洪连、hung-lem-man-pa（《晶珠本草》）。

本草考证　"鄂真"出自《医学四续》，《蓝琉璃》详释"鄂真生长在阳面岩石侧，果实状似铁钩，茎干细长显黄色，叶片细碎如璁玉"。"鄂真"意为"青色的云纹"，得名于唐松草叶片的形态特征。藏医以唐松草属多种植物的根入药，由于其效用近似于洪连但亚于洪连，因此也称为"雌洪连"。藏药"洪连"来自汉语"黄连"的音译，意思是黄的，因此又称"西藏黄连"。洪连按产地和效性等分为数种，如"洪连门巴"，为车前科植物兔耳草（*Lagotis glauca*）或短筒兔耳草（*Lagotis brevituba*），而本种名为"洪连窍"，又称"甲洪连"，意思是"最好的洪连"。另外，"雄洪连"为毛茛科黄连属植物，"雌洪连"为毛茛科唐松草属植物等。西藏日喀则陈塘镇夏尔巴人民间药中，把产于珠穆朗玛峰高山流石滩地带的胡黄连作为印度獐牙菜（*Swertia chirayita*）的代用品，其也称为"蒂达"（印度獐牙菜的藏语名）。由此可见，"洪连"药材来源相当复杂，容易发生混淆，使用时需注意。

基　　原　毛茛科（Ranunculaceae）滇川唐松草（*Thalictrum finetii* B. Boivin）的根。

植物性状　多年生草本，茎高 50~200cm。基生叶和茎最下部叶在开花时枯萎。茎中部叶具较短柄，为三至四回三出或近羽状复叶，小叶草质，顶生小叶有短柄，菱状倒卵形、宽卵形或近圆形，顶端圆形，有短尖，基部宽楔形、圆形或圆截形，3 浅裂，边缘有疏钝齿或有时全缘。花序圆锥状，有稀疏的花；萼片 4~5，白色或淡绿黄色。瘦果扁平，半圆形或半倒卵形，两侧各有 1 条弧状弯曲的纵肋，周围有狭翅。7~8 月开花（图 2-37）。

图 2-37　唐松草药材

分布与生境　分布于西藏东南部（墨脱）、云南西北部、四川西部。生于湿润森林的林缘、林窗、溪岸等处。

功效成分　唐松草含异喹啉类生物碱，如小檗碱（berberine）、掌叶防己碱（palmatine）、药根碱（jatrorrhizine）、木兰花碱（magnoflorine）等。

药　　理　小檗碱类具有多种活性，如抗菌、抗氧化应激、抗炎、降血压、降血脂、抗肿瘤等。

加工炮制　秋季倒苗后采挖根茎和根，干燥即得。

藏医应用　味苦，性寒。可清热解毒、祛风凉血、消炎止痢、杀虫、干黄水。

民间医应用　唐松草在民间用作黄连的代用品。

资源与贸易状况　唐松草属植物常作为藏药"洪连"的来源之一，称为雌洪连，一般为民间医生所用，较少进入市场。

38　小木通　འབྲི་མོག（叶芒）

别　　名　dbyi-mong-dkar-po（仓洛门巴语）、a-shing-da-ri（尼西珞巴语）。

本草考证 "叶芒"出自《度母本草》,《度母本草》记载"铁线莲生阴阳二坡,根子状如孜扎嘎,茎蔓生攀缘他树,叶片黑色粗糙,开满黄白色花"。《宇妥本草》记载"叶芒有四个花瓣"。《蓝琉璃》记载"叶芒叶深绿色,粗糙,茎攀绕他物,花白色如铃铛,带黄色光泽"。藏医用铁线莲属数种植物的藤茎入药,汉译"小木通"。需要注意的是,也有处方把本品写成"藏木通"。藏木通常指"巴勒嘎",为马兜铃科植物西藏关木通的藤茎,需要根据实际情况,与"巴勒嘎"相区别。

基　　原　毛茛科(Ranunculaceae)合苞铁线莲(*Clematis napaulensis* DC.)的藤茎。

植物性状　木质藤本。茎有棱;老枝圆柱形,有纵条纹,无毛,外皮剥落。三出复叶,数叶与花簇生,或对生;小叶片薄纸质,顶端锐尖或渐尖,边缘1~2裂,或为缺刻状牙齿、疏锯齿至全缘,侧生小叶片较小,稍扁斜。1~9花与叶簇生;苞片合生成杯状,顶端2裂,花蕾时为苞片所包;萼片4,近直立,绿白色,长圆形,外面密生绒毛,内面无毛。瘦果扁,倒卵形或近菱形,宿存花柱长达6cm。花期11月(图2-38)。

图2-38　小木通药材(左)及其基原植物合苞铁线莲(右)

分布与生境　产云南、贵州、四川、西藏(波密、墨脱)。生于常绿阔叶林林缘、路边、田边、采伐迹地等处。

功效成分　铁线莲属植物藤茎含多种黄酮类化合物,如芹菜素、山柰酚、木犀草素和槲皮素等,以及多种木脂素类化合物,如环木脂素、单环氧木脂素、双环氧木脂素和木脂内酯等。

药　　理　铁线莲属药用植物的药理学研究较少,对粗提物初步分析发现,其具有镇痛、抗癌、抗炎、利尿、改善关节病、保肝、降血压和HIV-1蛋白酶抑制剂等活性。

加工炮制　采集木质化藤茎,干燥即得。

藏医应用　味辛,性温,效糙、锐、轻。可健胃消痞、驱寒、止泻排脓。主治胃肠痈毒,对治疗肿瘤有辅助作用。

资源与贸易状况　合苞铁线莲为常见野生植物,常在路边、田间地头等处大量生长，资源量大。目前多为民间医生自采自用。

　　附　注　《中国药典》收录"川木通"药材，其基原为同属植物小木通（*Clematis armandii*）或绣球藤（*Clematis montana*）的干燥藤茎。

39　云连　ঙང་ཚི་སྒྲ།（娘孜折）

　　别　名　ton-tsa（仓洛门巴语）、meng-pa（阿迪 - 博噶尔珞巴语）。

　　本草考证　"娘孜折"出自《宇妥本草》，《宇妥本草》记载"娘孜折如同小塔然姆（车前），生在田埂土崖边，叶片铺地叶缘裂，长短四指或五指，花黄如同蒲公英，折断流乳味甚苦"。《度母本草》记载"所说草药之黄连，生在密林高山坡，叶片细窄而油润，茎干长而花黄色，根黄状似头花蓼，其味甚苦并且涩"。《词意太阳》记载"黄连产自门隅、珞隅热带山区，根状似拉岗（香附子），黄色"。藏医所用"娘孜折"为毛茛科植物黄连和云南黄连的根茎，其中黄连多来自内地栽培品，云南黄连产自藏东南山区。

　　基　原　毛茛科（Ranunculaceae）云南黄连（*Coptis teeta* Wallich）的根茎。

　　植物性状　根状茎黄色，节间密，生多数须根。叶有长柄；叶片卵状三角形，三全裂，中央全裂片卵状菱形，3~6 对羽状深裂。花葶 1~2 条；多歧聚伞花序具 3~4（~5）朵花；苞片椭圆形，3 深裂或羽状深裂；萼片黄绿色，椭圆形；花瓣匙形，顶端圆或钝，中部以下变狭成为细长的爪，中央有蜜槽。蓇葖果（图 2-39）。

　　分布与生境　产云南西北部，西藏东南部。墨脱县及察隅县有野生或栽培。生于林下阴湿处。

图 2-39　云南黄连

　　功效成分　云南黄连根茎含异喹啉类生物碱，主要为小檗碱（berberine），还有黄连碱（coptisine）、表小檗碱（epiberberine）、掌叶防己碱（palmatine）、药根碱（jatrorrhizine）、甲基黄连碱（methylocoptisine）、木兰花碱（magnoflorine）等。云南黄连根茎另含非生物碱类成分，如阿魏酸（ferulic acid）、黄柏酮（obakunone）、黄柏内酯（obakulactone）、原儿茶酸（protocatechuic acid）、丹参素甲酯［methyl-3-(3,4-dihydroxyphenyl)-2-hydroxypropanoate］等。《中国药典》规定，本品按干燥品计算，以盐酸小檗碱（$C_{20}H_{17}NO_4 \cdot HCl$）计，含小檗碱（$C_{20}H_{17}NO_4$）不得少于 7.0%。

　　药　理　黄连的主要功效是抗细菌感染，主要有效成分是小檗碱。近年研究发现，小檗碱还具有多种活性，如抗菌、抗氧化应激、抗炎、降血压、降血脂、抗肿瘤等。临床研究发现，小檗碱还能改善糖尿病，防止胰岛素抵抗向 2 型糖尿病转变。动物实验发现盐酸小檗碱能够通过多种机制改善胰岛 β 细胞功能、促进胰岛素分泌。在抗肿瘤方面，小檗碱通过诱导肿瘤细胞凋亡、阻滞细胞周期、抑制肿瘤细胞转移等活性发挥作用，是潜在的抗肿瘤药物筛选对象。

加工炮制 秋季倒苗后采挖根茎，除去泥土杂质，干燥即得。清洁时不可用水洗，以免损失有效成分。

藏医应用 味苦，消化后味苦，性凉，效糙。可清热燥湿、排脓、干黄水。主治痈疮肿毒、肠炎、肠风。

资源与贸易状况 云南黄连是国家重点保护野生植物，IUCN 濒危评价等级为濒危（EN）。云南黄连是重要的药用植物，具有较大的经济价值。由于长期大量采集，资源量急剧减少，目前只有偏远山区有少量野生居群分布，急需开展规模化人工种植以缓解资源压力。云南黄连原产地的居民很早就开始人工种植云南黄连。例如，云南省高黎贡山的傈僳族有上百年种植云南黄连的历史，一项 10 年前的调查发现，当地山区群众有一半的收入来源于云南黄连的种植。目前云南黄连种植技术已经较为成熟。2021 年实地调查发现，察隅县的义都珞巴族群众将米什米山野生云南黄连引种于板栗园（海拔 1900m），已初见成效。

40 莲花 པད། （班）

别　　名 pad-ma（仓洛门巴语）、chu-skye-pad-ma、冈拉梅朵、曲吉白玛。

本草考证 "班"即莲花，《晶珠本草》记载本品就是园中种植的莲花。以花入药，称"班玛梅朵"，以莲蕊入药，称"班玛格萨"，以莲子入药，称"班玛哲吾"，以莲藕入药，称"班玛孜"。"班玛"依据各地口音差异和音变，亦作"白玛""苯玛""贝玛""万玛""佩玛""叭咪"等。据《晶珠本草》记载，不同颜色的莲花具有不同的名字、药用知识和文化。白色的莲花称为"班扎若噶"，红色的莲花称为"冈拉"。实地调查发现，藏东南和滇西北地区的藏医和民间医生也用芍药科植物滇牡丹（*Paeonia delavayi*）及其各变种作为"班玛"药材使用，但滇牡丹是否作为莲花的代用品，还是二者为同名异物关系，尚需要进一步调查考证。藏药材木棉花丝，别名也称"班玛格萨"，二者为同名异物，非莲花代用品。市场调查发现，各地药材市场上充斥着大量菊科风毛菊属植物冠以"冈拉"之名销售。风毛菊属植物无论是形态、生态特征，还是药性等都与《晶珠本草》等藏医本草著作中记载之"冈拉"差异较大，应为"冈拉"药材之伪品。

基　　原 莲科（Nelumbonaceae）莲（*Nelumbo nucifera* Gaertner）的花、根茎、种子。

植物性状 多年生水生草本。根状茎横生，肥厚，节间膨大，内有多数纵行通气孔道，节部缢缩，上生黑色鳞叶，下生须状不定根。叶圆形，盾状，全缘稍呈波状，光滑具白粉。花梗和叶柄等长或稍长，花直径 10~20cm，美丽，芳香；花瓣红色、粉红色或白色，由外向内渐小，有时变成雄蕊；花托（莲房）海绵质。坚果椭圆形或卵形，果皮革质，坚硬，熟时黑褐色。种子（莲子）卵形或椭圆形，种皮红色或白色。花期 6~8 月，果期 8~10 月（图 2-40）。

图 2-40　莲（左）及"班玛格萨"（右）

分布与生境　原产我国，我国南北各省广泛栽培。珞隅地区墨脱县有栽培。生于湖泊水塘。

功效成分　莲藕含儿茶酚（catechol）、右旋没食子儿茶精（dgallocatechol）、新氯原酸（necochlorogenic acid）及过氧化物酶（peroxidase）。荷叶含多种生物碱，如斑点亚洲罂粟碱（roemerine）、荷叶碱（nuciferine）、原荷叶碱（nornuciferine）、亚美罂粟碱（armepavine）、前荷叶碱（pronuciferine）等。荷花含黄酮类化合物，如槲皮素（quercetin）、木犀草素（luteolin）、异槲皮苷（isoquercitrin）、木犀草素葡萄糖苷（luteol-inglucoside）、山柰酚（kaempferol）等。莲子既含大量淀粉、蛋白质、脂肪等，又含生物碱。《中国药典》规定，荷叶按干燥品计算，含荷叶碱（$C_{19}H_{21}NO_2$）不得少于 0.10%；莲子心按干燥品计算，含甲基莲心碱（$C_{38}H_{44}N_2O_6$）不得少于 0.70%；莲子每 1000g 含黄曲霉毒素 B_1 不得过 5μg，黄曲霉毒素 G_2、黄曲霉毒素 G_1、黄曲霉毒素 B_2 和黄曲霉毒素 B_1 的总量不得过 10μg。

药　　理　荷叶生物碱有降脂作用；荷叶黄酮具有抗氧化、抗炎、抗糖尿病、抗肥胖、抗血管生成、抗癌等活性。荷叶碱能改善高脂饮食诱导的 C57BL/6J 大鼠妊娠糖尿病模型的糖脂代谢紊乱，提高胰岛素敏感性，增加肝糖原储量，降低肝细胞脂肪积累。荷叶碱还能改善该模型肠道菌群生态，提高益生菌比例。另外，细胞模型实验发现，荷叶碱能抑制 3T3-L1 前脂肪细胞的增殖和分化，具有抑制肥胖发展的作用。

加工炮制　莲花，采集花蕊，干燥即得。藕节，采集新鲜根茎，干燥即得。荷叶，采集成熟叶片，干燥即得。

藏医应用　莲花和莲蕊味苦、涩，性凉。莲藕味甘，性凉。莲子味甘，性温。莲蕊可焕发神色、补养精神，有益于毒证、虚证的改善。

民间医应用　受现代养生文化影响，民间喜用莲叶泡水代茶饮，可能有减肥降脂的功效。

资源与贸易状况　青藏高原大部分区域不产莲，莲仅在墨脱等低海拔县市作为观赏植物种植于公园。藏医所用莲花和荷叶等药材大多来自内地省份，少部分通过亚东、普兰等口岸从南亚进口，交通运输成本较高。近年来，拉萨的园艺专家团队经过技术攻关、品种筛选等手段，在拉萨和日喀则等地试种莲已获得成功，并解决了高海拔区域莲露天种植难以开花的难题。莲作为珞隅地区的区域象征植物，可在墨脱等适宜区大力推广种植，在体现景观和文化功能的同时，也为藏医和民间医提供了本地药材资源。

41　喜马拉雅醋栗　ཞེ་ཚ།（赛果）

别　　名　刺藦（《贤者喜宴》）、tong-nye-yar-li（尼西珞巴语）、ngom-li（阿迪 -博噶尔珞巴语）、tshe-ma（康巴藏语）。

本草考证　"赛果"出自《医学四续》，《蓝琉璃》详释"赛果分雌雄两品，雌者为上品，树干内红色，皮紫色，花粉红色，刺细小，果实带毛红绿色"。《晶珠本草》记载"赛果花红十字形，树干有许多刺毛，庭院种植的没有刺毛，果实红色，瓶状，内有白纹"。西藏藏医所用"赛果"药材的实物为茶藨子科喜马拉雅茶藨子的果实，但与本草记载特征稍有出入，需要进一步考证。

基　　原　茶藨子科（Grossulariaceae）喜马拉雅茶藨子（*Ribes himalense* Royle ex Decaisne in Jacquemont）的果实。

植物性状　落叶小灌木。叶卵圆形或近圆形，基部心脏形，掌状 3~5 裂，裂片卵状三角形，先端急尖至短渐尖，顶生裂片比侧生裂片稍长大，边缘具粗锐重锯齿或杂以单锯齿。花两性；花瓣近匙形或扇形，先端圆钝或平截，红色或绿色带浅紫红色。果实球形，直径 6~7mm，红色或熟后转变成紫黑色，无毛。花期 4~6 月，果期 7~8 月（图 2-41）。

分布与生境　产湖北（巴东、竹溪）、四川（西部、北部）、云南（西北部）、西藏（东部、东南部至南部）、青海。珞隅地区墨脱县和隆子县等地有分布。生于山谷溪流边。

功效成分　喜马拉雅茶藨子果实含维生素，采自青海班玛县马可河乡的样品实测含维生素 C（64.6mg/100g FW）、维生素 K（218.44mg/100g FW）；还含多酚类，如原

图 2-41　喜马拉雅茶藨子

花青素（0.72%）、多酚（0.49%）、总黄酮（0.38%）。种子含脂肪油，实验发现，喜马拉雅茶藨子种子脂肪油中不饱和脂肪酸含量在 90% 以上，其中属 ω-3 多不饱和脂肪酸的 α- 亚麻酸含量为 27.40%，属 ω-6 多不饱和脂肪酸的亚油酸含量为 40.0%，其中 γ- 亚麻酸含量为 2.70%。

药　　理　不饱和脂肪酸能有效调节血脂，降低血清胆固醇、甘油三酯和低密度脂蛋白水平，降低血液黏度，防止血栓形成。采用 1,1- 二苯基 -2- 三硝基苯肼 (1,1-diphenyl-2-picrylhydrazyl radical) 自由基清除法、2,2′- 联氮 - 二 (3- 乙基 - 苯并噻唑 -6- 磺酸) 二铵盐［2,2′-azinobis-(3-ethylbenzthiazoline-6-sulphonate) 自由基清除法、铁离子还原抗氧化能力法（ferric ion reducing antioxidant power，FRAP］等方法测定了喜马拉雅茶藨子果实乙醇提取物的抗氧化活性，结果表明喜马拉雅茶藨子果实具有显著的自由基清除能力，所含黄酮类成分具有很强的抗氧化能力，有助于预防氧化应激引起的一些疾病。

加工炮制　果实一般随采随用鲜品。

藏医应用　味甘，性寒，效重。可解毒、退热、干黄水。主治中度发热、肝病、肾病、关节积液。

资源与贸易状况　喜马拉雅茶藨子是藏东南地区非常常见的野生水果，资源量大。

42 ┃ 葡萄　རྒུན་འབྲུམ།（滚珠木）

别　　名　phu-thao（仓洛门巴语）。

本草考证　"滚珠木"出自《度母本草》，《度母本草》记载"葡萄果品有营养，温暖河川林间生，叶片圆小茎蔓长，茎蔓近似铁线莲，花朵红色很难见，果实红紫有光泽，其味甘而有点酸"。《晶珠本草》记载"生于高绒河川地的葡萄，茎干大如沙棘，茎如木通，长约八九托，盘托而生，叶如蜀葵叶，果实红紫，成串生于枝条上端，每串近百粒"。《妙音本草》记载"葡萄似熟无患子，其味甘而稍带酸，葡萄籽能止腹泻，葡萄肉能腹下泻"。实地调查发现藏医所用"滚珠木"药材为葡萄。本研究通过实地调研发现在日喀则方言中，喜马拉雅山地区（定结、聂拉木）所产的五味子也叫作"滚珠木"。对照藏医本草描述的特征，《度母本草》描述接近五味子，而《晶珠本草》描述接近葡萄。《度母本草》和《晶珠本草》中记载的"滚珠木"是否为同一物，需要进一步调查考证。建议以藏医实际应用和药材标准为准。

基　　原　葡萄科（Vitaceae）葡萄（*Vitis vinifera* L.）的果实。

植物性状　木质藤本。小枝圆柱形，有纵棱纹。卷须二叉分枝，每隔 2 节与叶对生。叶卵圆形，显著 3~5 浅裂或中裂。圆锥花序密集或疏散，分支发达，多花。果实球形或椭圆形。种子倒卵椭圆形，顶端近圆形，基部有短喙。花期 4~5 月，果期 8~9 月（图 2-42）。

图 2-42　葡萄

分布与生境　原产亚洲中西部，我国各地广泛栽培。珞隅地区墨脱县等地有种植。

功效成分　葡萄籽中含有葡萄多酚类物质（grape polyphenolsubstance，GPS），主要有儿茶素类和原花青素类，如儿茶素、表儿茶素及表儿茶素没食子酸酯、白藜芦醇等。葡萄籽中含有 6%~22% 的亚油酸 - 油酸型油脂。葡萄籽中还含有粗蛋白、氨基酸、维生素及微量元素。

药　　理　白藜芦醇被认为是葡萄中最重要的功效成分之一，白藜芦醇具有调节血脂水平、抗血小板凝集等活性，对心血管疾病的发生和发展具有抑制作用。白藜芦醇具有较强的抗氧化活性，可用于防治由环氧化酶及过氧化氢酶的催化物诱导产生的癌症，减少类脂过氧化物在肝脏的堆积，从而减轻肝损伤，防止低密度脂蛋白氧化。此外，白藜芦醇还具有抗炎、抗过敏、抗病原微生物等活性。另外，葡萄籽油为一类优质的食用油，具有多种健康效益。

加工炮制　采集成熟果实，干燥即得。

藏医应用　味甘、酸，性凉，效润。可清热润肺、利尿。主治肺热证、肺痨。可止泻，但用量过大反而引起腹泻。

资源与贸易状况　葡萄在青藏高原东南部热带、亚热带峡谷区域是常见的栽培水果，资源量大。

43 儿茶 ⰀⰁⰀ（堆甲）

别　名　sang-thang-thkar-po。

本草考证　"堆甲"出自《甘露本草明镜》。《甘露本草明镜》记载堆甲为桑当木材水煎浓缩的浸膏。藏医所用"桑当"木材有 3 种，分别为桑当噶布，即儿茶；桑当玛布，即苏木；桑当塞布，即鼠李。通过观察当地藏医所用"堆甲"实物，判断其为儿茶浸膏；通过比较《甘露本草明镜》所记载"堆甲"原植物性状与《中国植物志》相关植物记载，可知《甘露本草明镜》记载之"堆甲"原植物为豆科植物儿茶。尽管儿茶是一味常用藏药材，但儿茶在藏医本草记载中出现的时代较晚。"堆甲"一词意为"精制的茶"。由于儿茶是进口药材，古人难以见到原植物，通过药材性质和味道，误认为儿茶是用"恰"（茶）叶煎煮浓缩而成的浸膏，是茶叶的精制品，故而得名。

基　原　豆科（Fabaceae）儿茶 [*Acacia catechu* (L. f.) Willd.] 的枝叶。

植物性状　落叶小乔木；树皮棕色，常呈条状薄片开裂，但不脱落。托叶下面常有 1 对扁平、棕色的钩状刺或无。二回羽状复叶，总叶柄近基部及叶轴顶部数对羽片间有腺体；羽片 10~30 对；小叶 20~50 对，线形。穗状花序 1~4 个生于叶腋；花淡黄色或白色。荚果带状，棕色，有光泽，开裂，顶端有喙尖，有 3~10 颗种子。花期 4~8 月，果期 9 月至翌年 1 月（图 2-43）。

图 2-43　儿茶药材（左）及儿茶（右）

分布与生境　产云南南部、广西西南部、西藏东南部热带地区。《墨脱植物》记载产墨脱县。亚洲热带地区广布。生于热带干热河谷和稀树草原。

功效成分　儿茶含有大量鞣质，如儿茶素（catechin）、表儿茶素（epicatechin）、儿茶鞣质、黏液质、脂肪油、树胶、蜡、儿茶鞣酸、儿茶钩藤碱、二氢柯楠因、右旋阿夫儿茶精、二氢山柰酚、双聚原矢车菊素、左旋儿茶精及右旋儿茶精、儿茶红等。《中国药典》规定，本品含儿茶素（$C_{15}H_{14}O_6$）和表儿茶素（$C_{15}H_{14}O_6$）的总量不得少于 21.0%。藏北牧区一带把茶膏叫作"堆甲"，采购药材时需注意区分。

药　　理　儿茶鞣质具有强烈的收敛和抗菌作用，可用于各种皮肤感染及疮口治疗。实验发现儿茶水煎剂对金黄色葡萄球菌、白喉杆菌、变形杆菌、福氏痢疾杆菌及伤寒杆菌均有抑制作用，对常见致病性皮肤真菌也有抑制作用。儿茶多酚类对 α- 糖苷酶和 α- 淀粉酶具有强抑制活性，具有治疗糖尿病的潜力。

加工炮制　采集儿茶枝叶，剥去外皮，劈成小块，置于陶罐中加水煎煮，收集煎液过滤，滤液浓缩至糖浆状，冷却，倒入特制的模型中，即成儿茶膏。用时磨碎。

藏医应用　味苦、涩，消化后味苦，性凉、干。可干黄水、止血生肌、收敛疮口。主治麻风病、梅毒、湿疹、痈疮肿毒、痔疮、口疮等。

资源与贸易状况　西藏地区原不产儿茶。进口儿茶大部分通过普兰、吉隆、樟木、亚东等口岸从尼泊尔和印度进入我国西藏，少量通过红其拉甫口岸自巴基斯坦进入我国新疆，再通过喀什、和田分销至西藏。国产儿茶产自云南省（也有可能是从缅甸等国进口的）。近年来，随着青藏高原科学考察工作的推进，我国科学家在雅鲁藏布大峡谷墨脱县境内的热带沟谷雨林中发现了儿茶居群。

44　木肝子（榼藤子、眼镜豆）　ঝཆེན་པ་ཤོག（庆巴肖夏）

别　　名　go-rlo-pa（仓洛门巴语）、gor-pi（阿迪 - 达木珞巴语）、过江龙。

本草考证　"庆巴肖夏"出自《宇妥本草》，《宇妥本草》记载"肖夏生藏南热带河谷，植株高大，荚果长，状如两臂伸直之半。种子红色，约有公牛眼般大小"。《晶珠本草》记载"红色种子上有紫色线条，色形如肝，扁平，大小如拇指肚"。藏医用榼藤子作为"庆巴肖夏"使用，榼藤子形态特征符合本草描述。

基　　原　豆科（Fabaceae）眼镜豆（*Entada rheedii* Sprengel）的种子。

植物性状　常绿、木质大藤本。茎扭旋，枝无毛。二回羽状复叶，羽片通常 2 对，顶生 1 对羽片变为卷须；小叶 2~4 对，对生，革质，长椭圆形或长倒卵形，先端钝，微凹，基部略偏斜。穗状花序单生或排成圆锥花序式；花细小，白色，密集，略有香味。荚果长达 1m，宽 8~12cm，弯曲，扁平，木质，成熟时逐节脱落，每节内有 1 颗种子。种子近圆形，直径 4~6cm，扁平，暗褐色，成熟后种皮木质，有光泽，具网纹。花期 3~6 月，果期 8~11 月（图 2-44）。

分布与生境　产台湾、福建、广东、广西、云南、西藏（墨脱）等地。生于山涧或山坡混交林中，攀缘于大乔木上。

功效成分　榼藤子含榼藤内酯 A（entadatin A）、2,5- 二羟基苯乙酸乙酯（ethyl 2,5-dihydroxybenzeneacetate）、2,5- 二羟基苯乙酸甲酯（methyl 2,5-dihydroxybenzeneacetate）、

图 2-44 榼藤子药材（左）及眼镜豆植株（右）

β- 谷固醇（β-sitosterol）、胡萝卜苷（daucosterol）、豆甾醇（stigmasterol）、榼藤酰胺 A（entadamide A）等。榼藤子还含脂肪油，主要脂肪酸有肉豆蔻酸（myristic acid）、棕榈酸（palmitic acid）、硬脂酸（stearic acid）、花生酸（arachidic acid）、山萮酸（behenic acid）、油酸（oleic acid）、亚油酸（linoleic acid）和亚麻酸（linolenic acid）。《中国药典》规定，本品按干燥品计算，种仁含榼藤子苷（$C_{14}H_{18}O_9$）不得少于 4.0%，含榼藤酰胺 A-β-D- 吡喃葡萄糖苷（$C_{12}H_{21}NO_7S$）不得少于 0.60%。

药　　理　榼藤子粗提物有 α- 葡萄糖苷酶抑制活性，具有开发抗糖尿病药物的潜力。2,5- 二羟基苯乙酸乙酯和 2,5- 二羟基苯乙酸甲酯有抑制 HIV 活性。大鼠实验发现，榼藤子皂苷类成分有抗肿瘤活性。小鼠实验发现，榼藤子水提取物能显著抑制角叉菜胶所致的小鼠足趾肿胀及阿托品所致的小鼠胃肠动力障碍，显示出抗炎和促进胃肠动力活性。

加工炮制　收集自然成熟的无发芽或霉变的种子，干燥即得。

藏医应用　味甘，消化后味甘，性温，效轻、干。有毒。可清肝热、解毒、补肾。主治白脉病、肝病、肾病。

民间医应用　珞巴族民间用于治疗寄生虫病。

资源与贸易状况　眼镜豆广布于热带地区，常被产地居民用于制作工艺品。藏医所用榼藤子药材多来自于各口岸的边民互市。墨脱雅鲁藏布大峡谷沟谷雨林有大量分布，可作为国产榼藤子药材的来源。

植物文化　眼镜豆是亚洲热带地区重要的文化礼仪植物，为榼藤属植物，因形似我国古代的酒器"榼"而得名。榼字为"盒"之意。我国华南地区将其种子切开掏空用来装细小的贵重物品，如胭脂水粉、丹药丸散等。《本草拾遗》记载"榼藤如通草，其实三年方熟，若鸡卵殻，贮丹药，经年不坏"。我国热带、亚热带地区的傣族、哈尼族、珞巴族、门巴族等少数民族民间文化把榼藤子视为"趋吉避邪、镇宅祈福"的神物，将其挂在门楣处或供奉于神像前，为当地特色文化景观。

45 刀豆 ཨགལ་ཤ་ནོ་ག། (卡玛肖夏)

别　　名　le-pi-si-si（仓洛门巴语）。

本草考证　"卡玛肖夏"出自《度母本草》，《度母本草》记载"所说卡玛肖夏，茎蔓细而葛缠绕，花朵青色很美丽，果荚黄色内有籽，种子黑色状如肾"。《医学四续》记载"刀豆茎纤细柔软，花蓝色，果荚黄色，种子白色似肾形"。藏医所用卡玛肖夏实物为豆科植物刀豆的种子，有多种栽培品种，按本草所述，白色为优质品，黑色、黄色者次之。

基　　原　豆科（Fabaceae）刀豆 [*Canavalia gladiata* (Jacquin) Candolle] 的种子。

植物性状　缠绕状草质大藤本。三出羽状复叶，小叶片卵形，先端渐尖或具急尖的小尖头，侧生小叶偏斜。总状花序具长总花梗，有花数朵生于总轴中部以上；花冠白色或粉红色，旗瓣宽椭圆形，顶端凹入，基部具不明显的耳及阔瓣柄，翼瓣和龙骨瓣均弯曲，具向下的耳。荚果带状，略弯曲。种子椭圆形或长椭圆形，种皮红色或褐色，种脐约为种子周长的 3/4。花期 7~9 月，果期 8~10 月（图 2-45）。

图 2-45　刀豆

分布与生境　我国各地广泛栽培。珞隅地区墨脱县、察隅县等地有栽培。

功效成分　刀豆种子含蛋白质 28.75%、淀粉 37.2%、可溶性糖 7.50%、类脂 1.36%、纤维 6.10% 及灰分 1.90%，还含有刀豆氨酸（canavanine）、刀豆四胺（canavalmine）、γ-胍氧基丙胺（γ-guanidinooxyproprlamine）、氨丙基刀豆四胺（aminopropylcanavalmine）、氨丁基刀豆四胺（aminobutylcanavalmine）、刀豆球蛋白 A（concanavaline A，Con A）和凝集素（agglutinin）。

药　　理　刀豆球蛋白 A 是一种植物血凝素，具有强力的促有丝分裂作用，有较好的促淋巴细胞转化反应作用，其促淋巴细胞转化的最适浓度为 40~100μg/ml，能沉淀肝糖原，凝集羊、马、狗、兔、猪、大鼠、小鼠、豚鼠等动物及人红细胞，还能选择性地激活抑制性 T 细胞（Ts 细胞），对调节机体免疫反应具有重要作用。

加工炮制　采集成熟豆子，在沙中炒熟，剥去外皮即得。

藏医应用　味甘，性平，效润。主治肾病。

资源与贸易状况　刀豆为常见栽培蔬菜，资源量大。

46　崖豆藤子　ཨ་འཛིན་དམན་པ།（阿哲曼巴）

别　　名　nya-tu（阿迪 - 达木珞巴语）、ngang-do（门巴仓洛语）。

本草考证　"阿哲曼巴"意为"下品阿哲"，出自《甘露本草明镜》。《藏药晶镜本草》记载，"阿哲曼巴"又名冲天子，为"阿哲"的次品。藏药"阿哲"为一类果核类药材，上品为芒果核，下品为本品。

基　　原　豆科（Fabaceae）厚果崖豆藤（*Millettia pachycarpa* Bentham in Miquel）的种子。

植物性状　巨大藤本。幼年时直立如小乔木状。羽状复叶长，具小叶 6~8 对，草质，长圆状椭圆形至长圆状披针形。总状圆锥花序 2~6 枝生于新枝下部。花冠淡紫色，旗瓣无毛，卵形，基部淡紫，基部具 2 短耳，无胼胝体，翼瓣长圆形，下侧具钩，龙骨瓣基部截形，具短钩。荚果深褐黄色，肿胀，长圆形，单粒种子时卵形，秃净，密布浅黄色疣状斑点，果瓣木质，甚厚，迟裂，有种子 1~5 粒；种子黑褐色，肾形，或挤压成棋子形。花期 4~6 月，果期 6~11 月（图 2-46）。

分布与生境　产我国热带、亚热带区域。珞隅地区墨脱县有分布。生于密林中。

功效成分　厚果崖豆藤全株含有鱼藤酮（rotenone）和鱼藤酮类黄酮（rotenoid）等有毒成分，以及呋喃苯胺 A（Furowanin A）等。

药　　理　骨肉瘤细胞模型活性测试发现，呋喃苯胺 A 通过下调人鞘氨醇激酶 1（human sphingosine kinase 1）表现出抗细胞增长和促凋亡活性，具有开发治疗人骨肉瘤药物的潜力。厚果崖豆藤中的鱼藤酮是剧毒成分。动物实验表明，鱼藤酮能够造成大鼠肝脏损伤且具有剂量依赖性，鱼藤酮通过减少 ATP 的合成、进一步增大线粒体氧化损伤程度，从而造成细胞凋亡来引起肝脏损伤。鱼藤酮还能引起帕金森病。

加工炮制　采集成熟豆子，在沙中炒熟，剥去外皮即得。

藏医应用　味苦、辛，消化后味涩，性温，有毒。主治肾病。

资源与贸易状况　厚果崖豆藤是热带、亚热带地区常见的野生或栽培植物，在我

图 2-46　厚果崖豆藤

国华南、西南地区的适宜区有大面积分布，资源量大。

47　油麻藤子　ཀྱག་གོར་ཤོ་ཤར།（拉果肖夏）

别　　名　kar-ma-sho-shar（阿迪 - 达木珞巴语）。

本草考证　"拉果肖夏"出自《度母本草》。《度母本草》记载"拉果肖夏树小而干细，叶片长厚而油润，花朵白色，果实如心，种子黑色肾形"。《晶珠本草》记载"拉果肖夏种子形状半月形，上有凸起的黑色种脐"。藏医所用拉果肖夏实物为油麻藤属常春油麻藤的种子。

基　　原　豆科（Fabaceae）常春油麻藤（*Mucuna sempervirens* Hemsl.）的种子。

植物性状　常绿木质大藤本，长可达 25m。老茎直径超过 30cm，树皮有皱纹，幼茎有纵棱和皮孔。羽状复叶具 3 小叶；小叶纸质或革质，顶生小叶椭圆形、长圆形或卵状椭圆形，先端渐尖头可达 15cm，基部稍楔形，侧生小叶极偏斜；侧脉 4~5 对，在两面明显，下面凸起。总状花序生于老茎上，长 10~36cm，每节上有 3 花，无香气或有臭味；花萼密被暗褐色伏贴短毛，外面被稀疏的金黄色或红褐色脱落的长硬毛，萼筒宽杯形；花冠深紫色，干后黑色。果实木质，带形，种子间缢缩，近念珠状，边缘多数加厚，凸起为一圆形脊，中央无沟槽，无翅，具伏贴红褐色短毛和长的脱落红褐色刚毛。种子 4~12 颗，内部隔膜木质，带红色、褐色或黑色，扁长圆形，种脐黑色，包围着种子的 3/4。花期 4~5 月，果期 8~10 月（图 2-47）。

图 2-47 常春油麻藤
左：花序；右：藤茎断面

分布与生境 产我国华南、西南热带、亚热带区域。生于热带雨林或常绿阔叶林中。

功效成分 油麻藤属植物种子含有植物凝集素、左旋多巴（levodopa）等。

药 理 常春油麻藤种子中含有人类 A 型血专一性的凝集素。该凝集素可经盐析、离子交换及凝胶过滤进行纯化，当其浓度为 0.49μg/ml 时就能凝集人 A 型血细胞，对人类 B 型、O 型及兔红细胞无作用。植物凝集素在医学领域具有巨大的应用潜力。左旋多巴为多巴胺（dopamine，DA）的前体药物，本身无药理活性，通过血脑屏障进入中枢，经多巴脱羧酶作用转化成 DA 而发挥药理作用。左旋多巴在临床上常用于改善帕金森病、肝性脑病、神经痛、高催乳素血症、脱毛症、小儿发育不良等。

加工炮制 采集成熟豆子，在沙中炒熟，剥去外皮即得。

藏医应用 味甘，性平，效重、润。有小毒。可补肾、清热。主治肾寒气虚、脾热病、肺热病等。

民间医应用 西藏东南部分地区民间用该种子泡酒治疗肾虚。

资源与贸易状况 常春油麻藤为常见栽培观赏植物，资源量大。

附 注 常春油麻藤和白花油麻藤的藤茎为中药"鸡血藤"基原之一。

48 决明子 ཐལ་ཀ་རྡོ་རྗེ།（贴嘎多吉）

本草考证 "贴嘎多吉"出自《度母本草》。《度母本草》记载"草药贴嘎多吉植株小而茎细，叶片细窄而小，果荚细长，种子黄似狗睾丸"。藏医所用"贴嘎多吉"为豆科植物决明。决明子分为雌雄两种，其中雄的即为本品，主产门隅和珞隅。

基　　原　豆科（Fabaceae）决明［*Senna tora* (L.) Roxburgh］的种子。

植物性状　一年生亚灌木状粗壮草本，叶轴上每对小叶间有棒状的腺体1枚；小叶3对，膜质，倒卵形或倒卵状长椭圆形，顶端圆钝而有小尖头，基部渐狭，偏斜。花腋生，通常2朵聚生；花瓣黄色，下面两片略长。荚果纤细，近四棱形，两端渐尖，长达15cm，宽3~4mm，膜质。种子约25颗，菱形，光亮。花果期8~11月（图2-48）。

图 2-48　决明

分布与生境　长江以南地区广布。珞隅地区产雅鲁藏布江下游河滩。生于路边、采伐迹地、荒坡等处。

功效成分　决明种子含大黄酚（chrysophanol）、决明素（obtusin）、决明子苷（cassiaside）、大黄素（emodin）、芦荟大黄素（aloe-emodin）、苯甲酸（benzoic acid）、棕榈酸（palmitic acid）、硬脂酸（stearic acid）、油酸（oleic acid）、亚油酸（linoleic acid）、胆固醇（cholesterol）、豆甾醇（stigmasterol）、β-谷固醇（β-sitosterol）等。《中国药典》规定，本品按干燥品计算，含大黄酚（$C_{15}H_{10}O_4$）不得少于0.20%，含橙黄决明素（$C_{17}H_{14}O_7$）不得少于0.080%。本品保存不当易霉变，《中国药典》规定本品每1000g含黄曲霉毒素 B_1 不得过5μg，黄曲霉毒素 G_2、黄曲霉毒素 G_1、黄曲霉毒素 B_2 和黄曲霉毒素 B_1 的总量不得过10μg。

药　　理　决明子治疗痈疮肿毒的功效来自于其抗菌作用。据报道，决明子醇提取物对葡萄球菌、白喉杆菌、伤寒杆菌、副伤寒杆菌、大肠杆菌均有抑制作用。决明子水浸剂（1∶4）在试管中对石膏样毛癣菌、许兰毛癣菌、奥杜盎小芽胞癣菌等皮肤真菌有不同程度的抑制作用。

加工炮制　采集成熟豆子，在沙中炒熟，干燥即得。

藏医应用　味微苦、涩，消化后味苦，性凉，效糙、干。可消炎止痒、引黄水、补肾、壮阳。主治痈疮肿毒、中风、肾虚等。

民间医应用　用于代茶饮治疗便秘。

资源与贸易状况 决明子为大宗药材，资源量充足。藏医所用决明子药材多来自国内其他省份。

49 白远志 ยิ·ฅर·รุฑार·ญ๊ (齐相嘎莫)

别　　名 野绿豆、荷包山桂花。

本草考证 "齐相嘎莫"为民间用药，收录于《中华藏本草》。

基　　原 远志科（Polygalaceae）黄花远志（*Polygala arillata* Buch.-Ham. ex D. Don）的根。

植物性状 灌木或小乔木。叶椭圆形、长圆状椭圆形至长圆状披针形，先端渐尖，基部楔形或钝。总状花序与叶对生，下垂，花黄色，萼片5枚，外面3枚小，不等大，中间1枚深兜状，内萼片大，花瓣状，红紫色；花瓣3枚，侧瓣较龙骨瓣短，2/3以下合生，具丰富条裂的鸡冠状附属物；雄蕊8枚，2/3以下合生成鞘，并与花瓣贴生。蒴果阔肾形至略心形，浆果状。种子圆形，红棕色，极疏被短柔毛，种阜跨折状（图2-49）。

图 2-49　黄花远志

分布与生境 分布于我国南方各省。珞隅地区墨脱县有分布。生于常绿阔叶林林下。

功效成分 黄花远志根含三萜皂苷类，如黄花皂苷（arilloside），以及呫吨酮类、水杨酸、寡糖酯类等。

药　　理 远志根煎剂具有祛痰作用。黄花远志根提取物能显著降低四氯化碳致小鼠急性肝损伤模型转氨酶丙氨酸转氨酶（ALT）和天冬氨酸转氨酶（AST）活性的升高，明显改善四氯化碳对肝组织的病理损伤。黄花远志总皂苷具有抗血栓和抗凝血作用，抗凝血作用机制之一为抑制内源性凝血途径中凝血因子 IIa 的活性。

加工炮制 采挖根干燥即得。

藏医应用 味甘、苦，性平。可清肺热、消除痞块。

民间医应用 康巴人用于治疗咳嗽。

资源与贸易状况 黄花远志为温暖地区广泛分布的常见植物，资源量大。

50 康木桃 ཁམ་བུ (康布)

别　　名 kham-pu（仓洛门巴语）、khang-pu（尼西珞巴语）、林芝桃花、藏桃。

本草考证 "康布"出自《度母本草》。《度母本草》记载"康布生于康地温暖河川，树干高大坚硬，叶如柳树，花白色，果实成熟时变红"。目前部分地区将光核桃作为中药"桃仁"收购，其中林芝地区所产的在药材市场上称为"藏桃仁"。中药"桃仁"的正品基原为同属植物桃或山桃。本种是否可作为代用品未见相关研究。

基　　原 蔷薇科（Rosaceae）光核桃［*Amygdalus mira* (Koehne) Ricker］的种子。

植物性状 乔木。小枝细长，绿色，老时褐灰色，无毛。叶披针形或卵状披针形，先端长渐尖，基部圆形，边缘有圆钝锯齿，两面无毛或下面沿中脉有疏长柔毛；叶柄顶端有2~4腺体。花单生或2朵并生，萼筒紫红色；萼片卵形，边缘微具长柔毛；花瓣白色或淡粉色，倒卵形，先端圆钝。核果近球形，直径3~4cm，密被绒毛，果肉厚、甜、多汁。核卵状椭圆形，两侧扁，平滑，有浅沟。果期5~9月（图2-50）。

图2-50　光核桃
左：果实，中：植株，右：花

分布与生境 产西藏南部、东南部、云南西北部、四川西部，常见于村落庭院栽培或沿河岸分布。珞隅地区雅鲁藏布江及其支流河滩有分布。

功效成分 桃仁含有苦杏仁苷，桃仁油主要脂肪酸为油酸和亚油酸，还含有β-谷固醇、反式角鲨烯、γ-生育酚和维生素E。

药　　理 小鼠脱毛模型实验发现，桃仁油具有促进毛发生长的活性，其机制可能与β-联蛋白（β-catenin）含量上调及皮肤Wnt/β-catenin信号通路激活有关。油酸和亚油酸常作为养发产品的成分应用于工业。苦杏仁苷为有毒成分。

加工炮制 收集成熟果实，去除果肉，砸开内果皮取出桃仁干燥即得。

藏医应用 味甘、苦，性温。有小毒。可生发、干黄水。果实主治黄水病。桃仁油治疗脱发。

民间医应用 民间用作中药桃仁代用品。

资源与贸易状况 光核桃为我国西南地区温暖河谷地带常见的野生植物，资源量大。

植物文化 光核桃是青藏高原东部地区重要的人文自然景观植物。工布地区春季桃花盛开时，景色蔚为壮观，是当地重要的旅游景观。光核桃常生长于河谷江岸，故得名"康布（gam-bu）"。《藏汉大辞典》中解释："gam（康）"意为"坎卦，坎为水"，"bu（布）"则有"果实，儿子"之意，桃在苯教和道教的卦象中代表坎卦；"康"亦有红褐色之意，康布亦可理解为"红色果实"。唐卡绘画主题中亦有"六种长寿""五妙欲"等主题，桃在其中象征吉祥长寿。"康布"也是藏语文学中常见的文学意象，用来形容幸福生活、美人等。在传统文学的"道歌"中，常借桃花比喻哲学思想。清代诗人仓央嘉措曾有"bu-mo-a-ma-mar-skyes，gam-bu-shing-la-skyes-sam，a-khsar-zhakh-pa-gam-buvi，me-tokh-the-las-mkhyokhs-pa.（美人不是母胎生，应是桃花树长成，已恨桃花容易落，落花比汝尚多情）"的道歌，借桃花易落、美人易老宣说"无常"思想。

51 木瓜 འབེ་ཡབ་（赛亚）

别　　名 ser-ya（仓洛门巴语）、ba-shu-pei（义都珞巴语）、藏木瓜。

本草考证 "赛亚"出自《度母本草》，《度母本草》记载"木瓜赛亚树干大，叶片大而花白色，果实形状长圆形，种子形状似紫铆"。《医学四续》记载"木瓜树形似苹果树，有刺。果实似搓圆的陈年红糖块，果核坚硬如紫铆子"。各地藏医依据地域和资源条件，所用"赛亚"为蔷薇科木瓜属数种植物的果实，珞隅地区产"赛亚"为西藏木瓜。

基　　原 蔷薇科（Rosaceae）西藏木瓜［*Chaenomeles speciosa* (Sweet) Nakai］的果实。

植物性状 灌木或小乔木；通常多刺，小枝屈曲。叶片革质，卵状披针形或长圆披针形，先端急尖，基部楔形，全缘；托叶大形，草质，近镰刀形或近肾形，边缘有不整齐锐锯齿。花3~4朵簇生。果实长圆形或梨形，黄色，味香；萼片宿存，反折，三角卵形。种子多数，扁平，三角卵形，深褐色（图2-51）。

图 2-51　西藏木瓜

分布与生境 产西藏东南部（林芝、波密、米林、察隅、墨脱）和南部（亚东）、云南西北部（维西、德钦）。生于落叶阔叶林或松林中，或栽培于庭院、田间。

功效成分 西藏木瓜果实富含多种有机酸，如齐墩果酸（oleanolic acid）、熊果酸（ursolic acid）、山楂酸（maslinic acid）、原儿茶酸（protocatechuic acid）、没食子酸（gallic acid）、肉桂酸（cinnamic acid）、绿原酸（chlorogenic acid）、咖啡酸（caffeic acid）等；另含黄酮类成分，如槲皮素（quercetin）、芦丁（rutin）等。《中国药典》规定，本品按干燥品计算，含齐墩果酸（$C_{30}H_{48}O_3$）和熊果酸（$C_{30}H_{48}O_3$）的总量不得少于 0.50%。

药　　理 齐墩果酸广泛存在于多种药用植物中。齐墩果酸及其衍生物具有抗氧化、抗炎、抗肝炎病毒等多种活性。熊果酸具有抗炎、抗氧化、抗菌、抗病毒、抗肿瘤等活性。动物实验发现，西藏木瓜中的黄酮类物质具有松弛平滑肌的作用，能抑制兔离体肠道收缩。

加工炮制 清水洗净，稍浸泡，闷润至透，置蒸笼内蒸熟，趁热切片，日晒夜露，以由红转紫黑色为度。

藏医应用 味酸，甘，消化后味酸，性凉。可调节培根、健胃、助消化。主治培根过剩引起的胃病、溃疡、胆病等症。

民间医应用 康巴人用木瓜泡制保健酒治疗风湿。

资源与贸易状况 木瓜是大宗药材，很早就有相当规模的商品化种植。

52 苹果 ཀུ་ཤུ།（固秀）

别　　名 gu-shu（仓洛门巴语）、dji-shu（尼西珞巴语）。

本草考证 "固秀"出自《晶珠本草》，《晶珠本草》记载"固秀如同康布（桃）一类，树干、叶、花皆如同康布树，果实形似杏但大。果实内部不像杏而像木瓜，有很多中隔"。主流藏医所用"固秀"为苹果。云南西北部康巴民间药也有用同科植物云南栘依（*Docynia delavayi*）的果实，从《晶珠本草》的描述来看，"固秀"更接近苹果。

基　　原 蔷薇科（Rosaceae）苹果（*Malus pumila* Miller）的果实。

图 2-52 苹果

植物性状 乔木，多具有圆形树冠和短主干。叶片椭圆形、卵形至宽椭圆形，先端急尖，基部宽楔形或圆形，边缘具有圆钝锯齿。伞房花序，具花 3~7 朵，集生于小枝顶端，花瓣倒卵形，基部具短爪，白色，含苞未放时带粉红色。果实扁球形，直径在 2cm 以上，先端常有隆起，萼洼下陷，萼片永存，果梗短粗。花期 5 月，果期 7~10 月（图 2-52）。

分布与生境 原产欧洲及亚洲中部，栽培历史已久，全世界温带地区均有种植。

功效成分　苹果果实含多种功能性有机酸，如 L- 苹果酸（L-malic acid）、延胡索酸（fumaric acid）、琥珀酸（succinic acid）、丙酮酸（pyruvic acid）、2- 酮戊二酸（2-ketoglutaric acid）等；多种糖类，如葡萄糖（glucose）、果糖（fructose）、蔗糖（sucrose）等；黄酮类物质，如槲皮素、绿原酸等；以及果胶和多种氨基酸等。

药　　理　L- 苹果酸作为人体代谢过程产生的重要有机酸，是三羧酸循环的中间代谢产物，可直接参与线粒体能量代谢。L- 苹果酸具有抗氧化活性，具有抗疲劳、抗衰老等功能。临床上，L- 苹果酸还用于改善老年人药物性口腔干燥症。果胶是一类食源性多糖和膳食纤维，具有调节肠道菌群的功能。

加工炮制　果实鲜用或切片干燥。

藏医应用　味甘、酸，性温。可治疗肠病、腹泻。

资源与贸易状况　苹果是广泛栽培的果树，资源丰富。

53　蔷薇 ?????（色）

别　　名　ser-wa（仓洛门巴语）、dong-ser（尼西珞巴语）、hka-kyi-spa-pu（阿迪 -博噶尔珞巴语）、da-mu-go-pa（义都珞巴语）。

本草考证　蔷薇类药材统称 sel（色），出自《度母本草》。其中以花和藤茎入药的称为 sel-ba（色哇），以果实入药的称为 sel-rkho（色果）。《度母本草》记载"色哇树粗糙，长满三角刺，花朵红色或白色，果实红色，种子如成熟的瓜子"。"色果长在阴坡山林中，茎干中空皮红色，花朵红色根红色，果实大而非常红"。实地调查发现，各地使用的蔷薇类药材差异较大，但都为蔷薇属植物。目前藏药市场中花类蔷薇药材普遍以食用玫瑰（*Rosa rugosa*）应用较多，果实类以金樱子（*Rosa laevigata*）和峨眉蔷薇（*Rosa omeiensis*）果实为主流。

基　　原　蔷薇科（Rosaceae）蔷薇属（*Rosa*）多种植物的花、藤茎、果实。

植物性状　蔷薇属植物为直立、蔓延或攀缘灌木，多数被有皮刺、针刺或刺毛。叶互生，奇数羽状复叶，稀单叶；小叶边缘有锯齿；托叶贴生或着生于叶柄上，稀无托叶。花单生或成伞房状，稀复伞房状或圆锥状花序；萼筒（花托）球形、坛形至杯形、颈部缢缩；花瓣覆瓦状排列，白色、黄色、粉红色至红色。瘦果木质，多数稀少数，着生在肉质萼筒内形成蔷薇果。种子下垂（图 2-53）。

分布与生境　蔷薇属植物广泛分布于亚洲、欧洲、北非、北美洲各洲寒温带至亚热带地区。实地调查藏药常用品种中，食用玫瑰在墨脱等地有栽培，金樱子主要产自内地，峨眉蔷薇在青藏高原东部和南部有分布。

功效成分　玫瑰花瓣和金樱子果实含有酚酸及黄酮类成分，如槲皮素、没食子酸、鞣花酸、山奈酚、黄芩苷、金丝桃苷等。金樱子果实中含有由鼠李糖、甘露糖、葡萄糖和半乳糖构成的低分子多糖。《中国药典》规定，金樱子按干燥品计算，含金樱子多糖以无水葡萄糖（$C_6H_{12}O_6$）计，不得少于 25.0%。

图 2-53　蔷薇属植物及金樱子药材
A.峨眉蔷薇；B、C.玫瑰；D.绢毛蔷薇；E.金樱子药材

药　　理　富含酚酸及黄酮类的药材通常具有抗氧化、抗炎、抗病毒、抗菌、免疫调节、抗糖尿病及改善糖尿病并发白内障、保肝、护肾、保护心血管、保护神经等活性。蔷薇类药材主要活性成分槲皮素对心肌缺血再灌注引起的氧化应激导致的器官损害具有缓解作用。金樱子多糖具有降血脂活性。

加工炮制　采集花、果实、藤茎，干燥即得。

藏医应用　蔷薇花味甘、消化后味苦；可降气、利胆、活血、调经；主治肺热咳嗽、肝病、妇女病等。藤茎性寒，效重、柔。果实味甘、酸，消化后味甘，性寒，效干、柔、糙；可解毒、退热、干黄水；主治中毒、肝热病、肾病、关节积液等。

民间医应用　墨脱门巴族用玫瑰花代茶治疗妇女病。

资源与贸易状况　实地调查发现藏医所用之金樱子主要来自于内地，峨眉蔷薇果实主要在昌都、林芝和云南德钦一带为民间医生自采自用，不进行市场交易。食用玫瑰在墨脱有零星引种栽培，主要是作为观赏植物种植于庭院，可作为蔷薇药材的新兴资源。

54 悬钩子 གྲི（噶哲）

别　　名　tse-ma（卫藏藏语）。

本草考证　"噶哲"出自《医学四续》，《蓝琉璃》援引《度母本草》记载"噶哲生长在阴面山林间，茎干似蔷薇，花黄色有光泽，红色果实实为聚生"，并进一步描述"绿色茎干中空，内部松软，被刺，叶似山杨"。藏医以悬钩子属多种植物入药，各地依据其可用资源各有不同。

基　　原　蔷薇科（Rosaceae）悬钩子属（*Rubus*）植物的果实、藤茎。

植物性状　落叶稀常绿灌木、半灌木或多年生匍匐草本；茎直立、攀缘、平铺、拱曲或匍匐，具皮刺、针刺或刺毛及腺毛，稀无刺。叶互生，单叶、掌状复叶或羽状复叶，边缘常具锯齿或裂片。花瓣白色或红色；雄蕊多数，心皮多数分离，着生于球形或圆锥形的花托上，花柱近顶生。果实为由小核果集生于花托上而成的聚合果，或与花托连合成一体而实心，或与花托分离而空心，多浆或干燥，红色、黄色或黑色，无毛或被毛（图 2-54）。

图 2-54　墨脱县产悬钩子属植物

分　　布　本属现知 700 余种，分布于全世界，主要产地在北半球温带，少数分布到热带和南半球，我国有 194 种。墨脱县境内有 28 种 4 变种。

功效成分　悬钩子属植物的化学成分包括挥发油类、三萜类、黄酮类、酚酸类、甾体和生物碱等，其中三萜类是主要的功效成分。

药　　理　三萜类成分是悬钩子属植物中一类重要的化学成分，具有广泛的生物活性，包括抗肿瘤、神经保护、肝保护等作用。

加工炮制　果实一般随采随用鲜品。采集木质化藤茎切片干燥即得。

藏医应用　味甘、涩，性温。主治瘟疫热证。

民间医应用　康巴人用悬钩子属植物嫩叶代茶，有清热解毒的功效。

资源与贸易状况 藏医常用的悬钩子药材为内地产的覆盆子药材。墨脱县境内有悬钩子属植物 28 种 4 变种，经过调研后可考虑作为新兴资源。

55 沙棘 ར་བ（达尔布）

别 名 la-shing（尼西珞巴语）。

本草考证 "达尔布"出自《度母本草》。《度母本草》记载"达尔布黑而粗糙，长满刺，分为黑白二种，树干高大，叶片灰白色，果实如同金豆子，阴坡山沟林缘生，味道酸而涩"。《晶珠本草》记载"达尔布生于河川谷地，康区聂荣、汉地和印度皆有，约两层房屋高"。藏医用沙棘属多种植物的果实作"达尔布"入药，其中"纳达尔布"为沙棘，主产藏东南、滇西北和川西，符合本草记载。

基 原 胡颓子科（Elaeagnaceae）沙棘 [*Elaeagnus rhamnoides* (L.) A. Nelson] 的果实。

植物性状 落叶灌木或乔木，生于高山沟谷的可高达 18m，棘刺较多，粗壮；嫩枝褐绿色，密被银白色而带褐色鳞片或有时具白色星状柔毛。单叶通常近对生，与枝条着生相似，纸质，狭披针形或矩圆状披针形，下面银白色或淡白色，被鳞片。果实圆球形，橙黄色或橘红色。种子小，阔椭圆形至卵形，有时稍扁，黑色或紫黑色，具光泽。花期 4~5 月，果期 9~10 月（图 2-55）。

图 2-55 沙棘（左）及其生境（右）

分布与生境 产我国西北部和青藏高原。生于河谷、湖滨、湿地，或栽培于村庄周围。

功效成分 沙棘果实含黄酮类，如异鼠李素（isorhamnetin）、芦丁（rutin）、紫云英苷（astragalin）、槲皮素（quercetin）、山柰酚（kaempferol）等。还含维生素（vitamin）

A、维生素 B_1、维生素 B_2、维生素 C、维生素 E、去氢抗坏血酸（dehydroascorbic acid）、叶酸（folic acid）、胡萝卜素（carotene）、类胡萝卜素（carotenoid）、儿茶素（catechin）、花色素苷（anthocyanin）等。《中国药典》规定，本品按干燥品计算，含总黄酮以芦丁（$C_{27}H_{30}O_{16}$）计，不得少于 1.5%，含异鼠李素（$C_{16}H_{12}O_7$）不得少于 0.10%。

药　理　沙棘果实中的黄酮类物质和维生素具有营养功能，还具有抗氧化、抗炎和抗菌等活性。沙棘还具有改善代谢综合征的作用。

加工炮制　采集成熟果实，放入锅中煮烂、过滤、滤液浓缩收膏即得。

藏医应用　味酸，性平，效重、锐、燥。可补肺、止咳、活血，主治肺痨、咳嗽痰多、瘀血、闭经、消化不良等。

资源与贸易状况　针对青藏高原沙棘属植物的资源调查发现，喜马拉雅山东部地区至横断山及其边缘地区是沙棘属植物的起源中心、类群分化中心和原始类群中心，该区域具有沙棘属植物 7 种 5 亚种，是全国野生沙棘属植物种质资源最为丰富的地区。

56　榆白皮　ཡོལ་འབག་（榆保）

别　　名　yu-shing（康巴藏语）。

本草考证　"榆保"出自《度母本草》。《度母本草》记载"榆保为树木类，叶片如同江玛（白柳），果实圆形似铜钱"。《晶珠本草》记载"榆保树叶如同柳树叶，油润而薄，树皮如同桂皮而厚，但含在口中无味，有像牛口水一样的黏液"。博域（藏东南和藏南）地方的人用榆保做碴鱼的浆洗液。"榆保"意为"榆树的外皮"。藏医所用"榆保"为榆树皮，除入药外，也用于造纸黏液和线香的黏粉，传统上多种植于藏东南各处寺院和印经院等处，现在也用作行道树。

基　　原　榆科（Ulmaceae）榆树（*Ulmus pumila* L.）的树皮。

植物性状　落叶乔木。幼树树皮平滑，灰褐色或浅灰色，大树之皮暗灰色，不规则深纵裂，粗糙。叶椭圆状卵形、长卵形、椭圆状披针形或卵状披针形，边缘具重锯齿或单锯齿。花先叶开放，在去年生枝的叶腋成簇生状。翅果近圆形，稀倒卵状圆形，果核部分位于翅果的中部，上端不接近或接近缺口，成熟前后其色与果翅相同，初淡绿色，后白黄色，宿存花被无毛，4 浅裂，裂片边缘有毛。花果期 3~6 月（图 2-56）。

分布与生境　分布于东北、华北、西北及西南各省区。生于落叶阔叶林中或栽培于村庄、城镇。珞隅地区各地栽培作行道树。

功效成分　符前雨等（2021）从榆树皮的 80% 乙醇提取物乙酸乙酯部位分离得到 12 种化合物，分别鉴定为桦木酸、黄花菜木脂素 C、木栓酮、熊果酸、1,3,6- 三羟基 -2- 甲基蒽醌、3- 甲氧基 -4- 羟基苯甲酸、东莨菪内酯、1,3- 二羟基蒽醌、22-*O*-(4-hydroxy-3-methoxy-cinnamyl)-docosanoic acid、曼宋酮 E、曼宋酮 H 和 β- 谷固醇。

药　理　榆树皮制剂对甲型溶血性链球菌、乙型溶血性链球菌、白色葡萄球菌、绿脓杆菌、伤寒杆菌、大肠杆菌、结核杆菌等致病菌有抑制作用。榆树皮提取物具有营养神经的作用，可作为开发成治疗阿尔茨海默病的潜在新药资源。

图 2-56　榆树

加工炮制　剥取树皮，去除外皮，保留白色韧皮部，干燥保存。

藏医应用　性凉，效润。可清热消炎，主治关节炎、外伤、疮等。

资源与贸易状况　榆树耐寒冷和干旱贫瘠，在青藏高原常作生态林和行道树栽培，榆树皮供药用和制作藏香，资源充足。

57　荨麻　ཟ་འ（萨布）

别　名　so-wa（藏语别名）、gya-tsu（仓洛门巴语）、so-ba（阿迪 - 达木珞巴语）、shar-dei（尼西珞巴语）、sa-tsum（错那门巴语）。

本草考证　"萨布"出自《医学四续》，《蓝琉璃》中详解道"萨布叶绿黑色，叶片大，触碰则蜇人，生于高山者为上品萨珠木，生于低山者为下品萨拥"。藏医以荨麻属、蝎子草属和苎麻属等多种植物作"萨布"入药，其中荨麻属为正品。

基　原　荨麻科（Urticaceae）荨麻属（*Urtica*）多种植物的全草。

植物性状　一年生至多年生草本，具刺毛。茎常具 4 棱。叶对生，边缘有齿或分裂。花单性，雌雄同株或异株；花序单性或雌雄同序，成对腋生，数朵花聚成小的团伞花簇，在序轴上排列成穗状、总状或圆锥状，稀头状。瘦果直立，两侧压扁，光滑或有疣状突起。种子直立，胚乳少量，子叶近圆形，肉质，富含油脂（图 2-57）。

分布与生境　青藏高原产 9 种荨麻属植物，遍布各种适宜生境。

图 2-57 藏东南地区广泛分布的欧荨麻（左）和异株荨麻（右）

功效成分 荨麻螫毛中主要含蚁酸（甲酸）、丁酸及有刺激作用的其他酸性物质等，也含有组胺、乙酰胆碱、5- 羟色胺等致敏成分。荨麻属植物中还含有多种黄酮类物质，如槲皮素、黄芩素、山柰酚等。

药 理 荨麻水提取物具有抗炎、镇痛、抗前列腺增生、抗菌、抗氧化、降血糖、调血脂等广泛的药理活性，但其药效物质基础及作用机制还有待进一步研究阐明。

加工炮制 采集全草干燥即得，或现采现用鲜药。

藏医应用 味甘，性温，效润。可祛风定惊、温胃消食。主治龙失调引起的寒热证、风证和关节炎等。

资源与贸易状况 荨麻属植物在适宜生境下常为杂草，资源量大。

58 核桃 ཏ་ར་ག（达尔嘎）

别 名 gyal-shing（仓洛门巴语）、da-gar（阿迪 - 达木珞巴语）。

本草考证 "达尔嘎"出自《度母本草》。《度母本草》记载"所说核桃之良药，生在炎热之珞隅，树干高大叶厚密，花朵白黄比较小，果似闭口护身盒，其味甘甜并油腻"。《妙音本草》记载"核桃树大叶子厚，花朵白红有光泽，果实名称达尔噶"。各地藏医所用"达尔嘎"为核桃仁。

基 原 胡桃科（Juglandaceae）泡核桃（*Juglans sigillata* Dode）的种子。

植物性状 落叶大乔木。树皮灰色，浅纵裂；幼枝绿色，后变灰绿色。奇数羽状复叶，具 9~11（~15）小叶；小叶片卵状披针形或椭圆状披针形。雄花序粗壮；雌花序顶生，具 1~3 花。果序俯垂，常 2~3 果簇生。果实近球形或倒卵圆形，幼时绿色，被黄褐色绒毛及密的黄褐色皮孔，成熟后变无毛；果核倒卵形，两侧稍扁，具 2 纵棱，表面具雕纹。花期 3~4 月，果期 8~9 月（图 2-58）。

分布与生境 产于云南、贵州、四川西部、西藏雅鲁藏布江中下游。生于温暖河谷地带或栽培。珞隅地区墨脱县、隆子县有野生或栽培。

图 2-58　墨脱县栽培的泡核桃古树（左）及其果实（右）

功效成分　核桃仁含优质食用油，其脂肪酸组成为亚油酸、亚麻酸、油酸、硬脂酸、棕榈酸、花生酸、花生烯酸、棕榈油酸、二十碳二烯酸、山嵛酸。相关研究测定西藏产核桃油不饱和脂肪酸相对含量在 91%~93%。

药　　理　动物实验发现，核桃油中的亚麻酸可降低高脂血症小鼠的体重、血清总胆固醇（TC）水平、低密度脂蛋白胆固醇（LDL-C）水平、甘油三酯（TG）水平、肝脏质量和肝脏系数，可提高小鼠血液高密度脂蛋白胆固醇（HDL-C）水平。核桃油对脂多糖诱导小鼠肠损伤模型具有保护作用，其机制可能是调控 Toll 样受体 4（TLR4）/核因子 -κB（NF-κB）信号通路。

加工炮制　采集成熟泡核桃，干燥即得。

藏医应用　味甘，消化后味甘，性平，效润。可祛风。主治龙病引起的关节僵直等症。

民间医应用　康巴人用核桃油做补养品，也用于润肤、美发。

资源与贸易状况　泡核桃在藏东南地区广泛栽培，资源量大。

植物文化与药用历史　核桃是西藏地区著名的栽培作物和文化植物，核桃在传统文化中代表丰收安乐。核桃在藏东南地区有超过 2000 年的栽培历史，林芝核桃为著名的地理标志产品。林芝市朗县有一株被誉为"世界核桃王"的核桃古树，树龄约 2100 年。

59　波棱瓜　གཤེར་བྱུ་ཞེ་ཏོག（赛吉美多）

别　　名　ob-tang（南部卫藏方言）。

本草考证　"赛吉美多"出自《度母本草》，《度母本草》记载"所说草药波棱瓜，生在石崖和滩中，叶如小铁线莲叶，茎蔓细长铺地面，花朵着地有光泽，种子状似小凿头"。波棱瓜是重要藏药材。

基　原　葫芦科（Cucurbitaceae）波棱瓜［*Herpetospermum pedunculosum* (Seringe) C. B. Clarke］的种子。

植物性状　一年生攀缘草本。茎、枝纤细，有棱沟。叶片膜质，卵状心形，先端尾状渐尖，边缘具细圆齿，或有不规则的角，基部心形。雌雄异株。雄花通常为单生花，和雌花同一总状花序并生。果梗粗壮；果实阔长圆形，三棱状，被长柔毛，成熟时3瓣裂至近基部，里面纤维状。种子淡灰色，长圆形，基部截形，具小尖头。花果期6~10月（图2-59）。

图2-59　波棱瓜

分布与生境　产云南西北部，西藏东南部、南部。分布于喜马拉雅山地区。生于河谷森林下。

功效成分　波棱瓜种子中含苯呋喃类化合物及木脂素类化合物，如Herpetetradione、Herpetetrone、Herpetol、Herpetrione、Herpepentol等，还含香豆素类化合物，如波棱内酯Ⅰ、波棱内酯Ⅱ及波棱素等。波棱瓜种子含有丰富的油脂。

药　理　木脂素是波棱瓜治疗肝胆疾病的主要功效性物质。波棱瓜中的木脂素对肝具有保护作用，同时具有抗乙型肝炎病毒（HBV）及抗肝纤维化的作用。

加工炮制　采集成熟果实，去除果壳（有毒），取出种子干燥即得。

藏医应用　味苦，消化后味苦，性凉，效糙、锐。可清热利胆、凉血。主治赤巴病、肝炎、黄疸、胆病等。

资源与贸易状况　波棱瓜为常用藏药材，近年来由于过度采集，已经被列为濒危植物。波棱瓜易于种植，应采取人工种植的方式缓解资源濒危状况。

60 ｜ **葫芦** གབ（嘎贝）

别　名　ru-gar-mu（错那门巴语）、kha-lu（仓洛门巴语）、a-spung（阿迪-达木珞巴语）。

本草考证 "嘎贝"出自《度母本草》。《度母本草》记载"所说妙药之葫芦,叶片扁平并且大,茎蔓很长分支多,花朵白色极美丽,果实如同少儿额"。《蓝琉璃》记载"嘎贝状如波棱瓜藤,叶似蜀葵叶,果实上下部膨大,状如小儿额头,商人们用作水壶"。藏医所用实物多为葫芦的果实和种子。

基　　原 葫芦科(Cucurbitaceae)葫芦[*Lagenaria siceraria* (Molina) Standley]的种子。

图 2-60　墨脱县德尔贡村的葫芦

植物性状 一年生攀缘草本。叶片卵状心形或肾状卵形,不分裂或 3~5 裂。卷须纤细,上部分二歧。雌雄同株,雌、雄花均单生。花冠黄色,裂片皱波状。果实初为绿色,后变白色至带黄色,由于长期栽培,果形变异很大,因不同品种或变种而异,有的呈哑铃状,中间缢细,下部和上部膨大,上部大于下部,有的呈扁球形、棒状或钩状,成熟后果皮变木质。种子白色,倒卵形或三角形,顶端截形或 2 齿裂。花期夏季,果期秋季(图 2-60)。

分布与生境 世界温暖地区广布,各地广泛栽培。

功效成分 葫芦果实中含有多种黄酮类化合物,如牡荆素、异牡荆素、皂草苷、异荭草素、大麦黄素等;还含有葫芦素,这是一种四环三萜类化合物。葫芦种子中含有甾体成分,如燕麦甾醇、菠菜甾醇、豆甾醇、谷固醇、芸苔甾醇,糖成分包括鼠李糖、果糖、葡萄糖、蔗糖和棉子糖。

药　　理 葫芦种子提取物具有抗氧化、抗溃疡、抗糖尿病、心脏保护、免疫调节、利尿、肝保护、抗炎、抗蠕虫、强心、细胞毒活性、适应原样活性、抗高脂血症、镇痛、抗甲状腺功能亢进、降血糖和抗脂质过氧化等活性,还能减轻某些药物有害副作用,小鼠实验发现,过量、长期服用曲马多(一种止痛处方药),小鼠肾脏生理指标发生了显著变化,葫芦子提取物对这种病理改变具有治疗作用。体外酶动力学及分子对接实验发现,葫芦种子中的多酚展现出碳酸酐酶抑制活性,具有用作利尿剂,治疗水肿、肥胖、高血压等相关疾病的潜力。

加工炮制 采集成熟果实,取出种子干燥即得。

藏医应用 味苦、涩,消化后味酸,性热,效润。可止泻、利尿。主治寒热泄泻、水肿。

资源与贸易状况 葫芦常见栽培,资源量大。

其他应用 墨脱县格林村、德尔贡村等地庭院中种植的葫芦个大,肉厚,种子饱满,为优良的制药和制作盛水器具的原材料。

61 丝瓜子 ཀ་སེར་གྱི་ཕུར་བུ། （塞吉普布）

别　　名　ser-gyi-phu-bu（仓洛门巴语）。

本草考证　"塞吉普布"出自《医学四续》，《医学四续》记载"塞吉普布绿色藤蔓缠绕，有褶皱。花黄色，果实内如同椰子纤维包裹果核"。藏医所用塞吉普布为丝瓜的种子。

基　　原　葫芦科（Cucurbitaceae）丝瓜（*Luffa aegyptiaca* Miller）的种子。

植物性状　一年生攀缘藤本。茎、枝粗糙，有棱沟，被微柔毛。卷须稍粗壮，被短柔毛，通常二至四歧。叶柄粗糙；叶片三角形或近圆形，通常掌状 5~7 裂，裂片三角形，顶端急尖或渐尖，边缘有锯齿，基部深心形。雌雄同株。花黄色，雄花通常 15~20 朵生于总状花序上部，雌花单生。果实圆柱状，直或稍弯，表面平滑，通常有深色纵条纹，未熟时肉质，成熟后干燥，里面呈网状纤维，由顶端盖裂。种子多数，黑色，卵形，扁，平滑，边缘狭翼状。花果期夏、秋季（图 2-61）。

图 2-61　丝瓜子药材

分布与生境　世界温暖地区广布，我国南北各地普遍栽培。珞隅地区墨脱县、察隅县等地有栽培。

功效成分　丝瓜种子含油脂、蛋白质和多糖类，油脂中主要脂肪酸有棕榈酸（palmitic acid）、硬脂酸（stearic acid）、油酸（oleic acid）、亚油酸（linoleic acid）、亚麻酸（linolenic acid）等。丝瓜种子含多种必需氨基酸和功能性氨基酸，如赖氨酸（lysine）、组氨酸（histidine）、胱氨酸（cystine）、亮氨酸（leucine）、异亮氨酸（isoleucine）、甘氨酸（glycine）、精氨酸（arginine）、γ- 氨基丁酸（γ-aminobutyric acid）等。丝瓜种子含三萜皂苷类成分，如丝瓜苷（lucyoside），另含葫芦苦素（cucurbitacin）、喷瓜素（elaterin）等。

药　　理　丝瓜种子中的三萜皂苷类对心脏有洋地黄苷样作用。喷瓜素有强烈的泻下作用。有报道称服用 30~40 粒丝瓜种子可导致严重腹泻。大鼠实验发现丝瓜种子醇提取物有降血糖活性。

加工炮制　采集成熟果实，取出种子干燥即得。

藏医应用　味苦，性凉，效糙。可解毒、清热、利肠。主治赤巴过剩。

资源与贸易状况　丝瓜是常见栽培蔬菜，资源量大。

62 金刚菩提 རྩོད་ར་སྐྱ། （如热格夏）

别　　名　ge-shar-ton（仓洛门巴语）、a-ru（阿迪 - 达木珞巴语）。

本草考证 "如热格夏"出自《甘露精要八支秘诀续》，《医学四续》援引其记载，后《蓝琉璃》详释"所谓药物菩提子，树干高大叶片宽，白色花朵蓝果实。状似杨树，叶片蓝绿色比杨树狭长，圆形果实似小苹果。上品菩提子六棱无眼"。"如热格夏"一词为梵语 Rudraksha 的转写，为阿育吠陀常用药物，也被用来制作念珠，为杜英科杜英属数种植物的果核。青藏高原只有喜马拉雅山南坡的热带、亚热带地区产杜英属植物，其中墨脱产 3 种杜英属植物，本调查收集到的样品经鉴定为滇北杜英。

基　　原　杜英科（Elaeocarpaceae）滇北杜英（*Elaeocarpus borealiyunnanensis* H. T. Chang）的种子。

植物性状　常绿乔木。叶膜质，长圆状倒披针形或倒披针形。总状花序生于枝顶叶腋或无叶的去年枝上。花瓣上半部撕裂，裂片 14~18 条，外侧有疏毛，内侧密被柔毛。核果椭圆形，长 3~3.5cm，宽 1.7~2cm，两端稍尖，外果皮无毛，褐绿色，内果皮坚骨质，厚约 3mm，表面有沟纹，1 室。种子 1 颗，长 1.8cm。花期 4~5 月（图 2-62）。

图 2-62　金刚菩提药材（左）及滇北杜英（右）

分布与生境　分布于云南西北部，西藏东南部。产珞隅地区雅鲁藏布大峡谷热带森林。

功效成分　滇北杜英果实化学成分尚未见报道，同属植物滇藏杜英果实含有鞣质，如杨梅素（myricetin）及其衍生物、山柰酚及其衍生物，还含有 β- 谷固醇、β- 胡萝卜素等，另含有较丰富的有机酸和维生素 C。同属植物山杜英果实含有丰富的鞣质，主要是没食子酸（gallic acid）及其衍生物和鞣花酸（gallogen）。杨梅素和没食子酸及其衍生物在杜英属植物果实中普遍存在。金刚菩提（*E. ganitrus*）果实提取物含有没食子酸等鞣质。可做参考。

药　　理　滇北杜英果实药理研究尚未见报道，同属植物圆果杜英（*E. angustifolius*）果实和叶提取物具有抗炎、解痉挛、抗菌、抗溃疡等活性；同属植物金刚菩提果实提取物有抗氧化、抗菌、降血糖、保肾等活性。可做参考。

加工炮制　采集新鲜成熟果实，或收集自然成熟脱落的果实，去除果肉后，果核干燥即为本品。

藏医应用　味酸、甘、涩，性凉。主治各种赤巴病。

民间医应用　杜英属植物在墨脱地区民间藏药中作为"藏药三果"之"阿如热（诃子）"被使用和收购，为诃子的地方代用品。

资源与贸易状况　滇北杜英及同属植物美脉杜英和滇藏杜英为珞隅地区热带山地常绿阔叶林的主要树种，资源量大。墨脱县的珞巴族群众收集其成熟果核处理后制作佛珠和工艺品销售，是当地特色的非木材林产品和旅游纪念品。

植物文化与药用历史　金刚菩提在藏医药中的运用，是"一带一路"南亚通道上我国传统医药与国外传统医药交流的产物。梵语 Rudraksha 一词，来源于古印度吠陀书中的《希瓦普拉那》（*Shiva Purana*），即"湿婆史诗"。据吠陀书记载，湿婆为古印度三大主神之一的破坏之神，也是象征医药与慈悲之神。Rudraksha 一词意为"湿婆的凝视"（有些资料译作"湿婆之眼"）。《希瓦普拉那》中记载，湿婆在进入禅定之时，看见众生饱受疾病之苦，于是流下了眼泪。湿婆的眼泪落到大地上，变成金刚菩提子，种子发芽后长成金刚菩提树。古印度传说中湿婆是最为慈悲之神，供养湿婆能获得极大的利益。因此，从吠陀时代起，印度人就佩戴如热格夏，祈求获得湿婆的慈悲护佑，健康平安。如热格夏也被作为阿育吠陀医学常用药物，据说能治百病。根据阿育吠陀医书记载，如热格夏根据其分瓣数量（心皮）的不同对应不同疾病的治疗。而后如热格夏的文化和药用知识随中印交流和贸易从南亚通道等处传入青藏高原，为藏医和民间医所吸收运用。

63　**金丝海棠**　ཇ་ཤིང་དངགས་སྒུག（恰兴旺久）

别　名　野茶。

本草考证　"恰兴旺久"为民间用药，作为"恰兴"的民间代用品。"恰兴旺久"意为"富贵茶花"。《中华藏本草》有收录。

基　原　金丝桃科（Hypericaceae）匙萼金丝桃（*Hypericum uralum* Buchanan-Hamilton ex D. Don）的叶。

植物性状　灌木。茎红色，幼时具 4 纵线棱或 4 棱形并且明显两侧压扁。叶片全部披针形或老叶呈卵形，先端锐尖至圆形而具小尖突，基部狭楔形至偶为宽楔形，边缘平坦，坚纸质，上面绿色，下面多少密被白霜。花序近伞房状；花蕾宽卵珠形至圆球形，先端钝形至圆形。萼片离生，花瓣金黄至深黄色，无红晕，内弯，宽倒卵形至近圆形，边缘全缘，无近边缘生的腺点，有侧生至近顶生的小尖突，小尖突先端圆形至模糊。雄蕊 5 束，花药金黄色至深黄色。子房宽卵珠形至圆球形。蒴果近球形（或较稀为宽卵珠形）至圆球形。花期 7~9 月，果期 9~11 月（图 2-63）。

分布与生境　产西藏、云南西北部。巴基斯坦、尼泊尔、印度（锡金、东北部）、缅甸也有分布。珞隅地区产墨脱县、察隅县。生于林缘、路边、田边、采伐迹地等处。

图 2-63　匙萼金丝桃

功效成分　金丝海棠含多环聚戊基酰基间苯三酚乌拉脂类化合物，如 Uralodin A~K。

药　　理　在小鼠悬尾和强迫游泳试验中，口服剂量为 13mg/kg 和 26mg/kg 的 Uralodin A 表现出抗抑郁活性。

加工炮制　采集叶片干燥即得。

民间医应用　匙萼金丝桃民间又称金丝海棠，其叶用作茶（恰兴）代用品。

资源与贸易状况　匙萼金丝桃为藏东南地区民间用药，一般由民间医生自采自用，暂未形成商品贸易。

64　浆果乌桕　 དུར་ག（杜尔迦）

别　　名　dur-ga（仓洛门巴语）。

本草考证　"杜尔迦"产于雅鲁藏布江下游热带雨林，是墨脱门巴族民间药。

基　　原　大戟科（Euphorbiaceae）浆果乌桕 [*Balakata baccata* (Roxburgh) Esser] 的木材。

植物性状　常绿乔木。叶互生，纸质，叶片卵形或长卵形，顶端短尖至短渐尖，基部钝圆或近短狭，全缘。花单性，雌雄同株，密集成顶生或兼有腋生，雌花生于花序轴最下部，雄花生于花序轴上部或有时整个花序全为雄花。蒴果浆果状，具 1~2 颗种子。种子近球形，直径约 5mm。花期 4~5 月（图 2-64）。

图 2-64　浆果乌桕

分布与生境 产云南南部（西双版纳）、西藏东南部（墨脱）。生于热带山地雨林中。

功效成分 浆果乌桕含有香豆素类、多酚类、萜类、甾体类、蒽醌类、脂肪族和单苯环取代化合物等。

药　　理 浆果乌桕中分离的香豆素类、鞣质类和三萜类均具有显著的抗炎活性。浆果乌桕萃取物对核盘菌有较好的抑制活性。

加工炮制 采伐木材后，选择油脂丰富的部分劈成小片干燥即得。

民间医应用 墨脱门巴族用于杀虫、干黄水。

资源与贸易状况 浆果乌桕为藏东南地区热带沟谷常见植物，一般由当地群众自采自用。

植物文化 浆果乌桕是墨脱门巴族重要的文化礼仪植物，是传统葬礼中火葬所用的木材。本种木材疏松，含有油脂，易于燃烧。

65 蓖麻　ད্ঝ་རঝ্যা་ধা（田查若布）

别　　名 gya-mu-lin-shar-pa（仓洛门巴语）、gyang-mu-la（阿迪 - 达木珞巴语）。

本草考证 "田查若布"出自《度母本草》，《度母本草》记载"蓖麻称为花巴豆，生在热带阴山树林中，根子粗壮且很长，叶片细窄稍粗糙，茎干很长攀缘生，花朵白色荚果圆，果实斑花如巴豆，其味甘甜并且辛"。《晶珠本草》记载"蓖麻种子像去头蟑螂"。藏医所用"田查若布"为大戟科植物蓖麻的种子，为巴豆的代用品，主要为康巴藏族民间医生使用。实地调查发现蓖麻为墨脱门巴族常用民间药。

基　　原 大戟科（Euphorbiaceae）蓖麻（*Ricinus communis* L.）的种子。

植物性状 多年生小乔木（热带、亚热带地区）。小枝、叶和花序通常被白霜，茎多液汁。叶轮廓近圆形，掌状7~11裂，裂缺几达中部，裂片卵状长圆形或披针形，顶端急尖或渐尖，边缘具锯齿；叶柄粗壮，顶端具2枚盘状腺体，基部具盘状腺体。总状花序或圆锥花序。雌花子房密生软刺或无刺，花柱红色，密生乳头状突起。蒴果卵球形或近球形，果皮具软刺或平滑。种子椭圆形，微扁平，平滑，斑纹淡褐色或灰白色；种阜大。花期几乎全年或6~9月（栽培）（图2-65）。

图 2-65 蓖麻

分布与生境 广布于全世界热带地区。生于干热河谷，或栽培于热带至温暖带区域。

功效成分 蓖麻种子主要含脂肪油，蓖麻油脂肪酸组成主要有蓖麻油酸（ricinoleic acid），占总量的 84%~91%，其次为油酸（oleic acid）、亚油酸（linoleic acid）、硬脂酸（stearic acid）、棕榈酸（palmitic acid）等。蓖麻种子含毒蛋白，如蓖麻毒蛋白 D、酸性蓖麻毒蛋白（acidic ricin）、碱性蓖麻毒蛋白（basic ricin）、蓖麻毒蛋白 E 及蓖麻毒蛋白 T 等。蓖麻种子还含凝集素（agglutinin）和脂肪酶（lipase）。蓖麻叶含黄酮类物质，如绿原酸、槲皮素、芦丁等，另含蓖麻碱。《中国药典》规定，本品按干燥品计算，含蓖麻碱（$C_8H_8N_2O_2$）不得超过 0.32%。

药　　理 蓖麻油具有泻下作用。蓖麻毒蛋白可以强烈抑制各种癌细胞的蛋白质合成，中等强度抑制 DNA 合成，而对 RNA 合成的抑制程度轻微。蓖麻种子中含蓖麻毒蛋白及蓖麻碱，蓖麻毒蛋白可引起中毒。蓖麻叶中的黄酮类物质具有抗炎、抗菌等活性。

加工炮制 采集成熟种子，干燥即得。

藏医应用 味甘、辛，消化后味甘，性凉，效重而锐。有毒。可润肠、催吐、泻火。主治中毒症。

民间医应用 蓖麻叶在墨脱地区民间医药中用于治疗跌打损伤，方法是将新鲜蓖麻叶采下，于炭火上烤热，抹上猪油外敷伤口。

资源与贸易状况 蓖麻在藏东南地区热带、亚热带河谷广泛分布，资源量大。

66 | 石榴　ཞེ་འབྲུ།（塞珠）

本草考证 "塞珠"出自《医学四续》。《医学四续》记载"塞珠树干如伞型蟠绕，叶子小而卵形，白色花朵特别美丽，果实如葫芦瓜，其中塞满红色籽实，味酸"。《晶珠本草》记载"产自门隅、珞隅和阿里的，色紫，含有果汁。产自康区的红色，油润"。藏医以石榴的新鲜果实和果汁入药。墨脱地区产石榴多栽培于庭院。

基　　原 千屈菜科（Lythraceae）石榴（*Punica granatum* L.）的种子和果实。

植物性状 落叶灌木或乔木，枝顶常成尖锐长刺。叶通常对生，纸质，矩圆状披针形。花大，1~5 朵生枝顶；花瓣通常大，红色、黄色或白色。浆果近球形，直径 5~12cm，通常为淡黄褐色或淡黄绿色，有时白色，稀暗紫色。种子多数，钝角形，红色至乳白色，肉质的外种皮多汁。花期 4~6 月，果期 8~10 月（图 2-66）。

分布与生境 原产亚洲西部，我国亚热带以南地区广泛栽培。

功效成分 石榴果实及种子富含多酚类（黄酮及原花青素类），如安石榴苷、石榴素、石榴鞣花素、石榴皮亭 A、石榴皮亭 B、没食子酸、鞣花酸、芦丁、天竺葵素类、飞燕草素类、毛地黄黄酮、槲皮素等。

药　　理 石榴多酚具有抗氧化活性，可用于慢性关节炎、退行性或炎症性疾病的辅助治疗，相关研究证实石榴有助于延缓关节炎患者软骨退化。动物实验发现，对小鼠的 30 天喂养试验表明，一定剂量的石榴籽原花青素可以显著降低血清中丙二醛（MDA）含量，由于 MDA 含量可直接反映机体的脂质过氧化速率和强度，反映出石榴

图 2-66 石榴花（左）及药用石榴果实（右）

籽原花青素对小鼠肝组织中超氧化物歧化酶（SOD）和谷胱甘肽过氧化物酶（GSH-Px）活力有显著的提高作用。但有动物实验发现，过高剂量的石榴籽原花青素会对小鼠的肝脏造成一定程度的损伤。

加工炮制 采集成熟果实，干燥即得。

藏医应用 味酸、甘，消化后味酸，性温，效润。可温胃益肾。主治胃寒及腰酸背痛。

资源与贸易状况 西藏东南部是石榴的产地之一。石榴在西藏东南部适宜地区常见栽培，资源量大。

67 干漆 ཁྲག（谢肯）

别 名 ta-dri-shing（工布藏语）、a-mong-po（义都珞巴语）。

本草考证 "谢肯"出自《医学四续》，《蓝琉璃》详释"漆树树干高大，如同老翁，枝叶繁茂泛蓝色"，"干漆色如陈旧金刚杵，生在乳海中"。藏医多用漆树及其同属植物野漆的树脂入药。

基 原 漆树科（Anacardiaceae）野漆［*Toxicodendron succedaneum* (L.) Kuntze］的树脂。

植物性状 落叶乔木，高达 20m。树皮灰白色，具圆形或心形的大叶痕和突起的皮孔；顶芽大而显著，被棕黄色绒毛。奇数羽状复叶互生，常螺旋状排列；小叶膜质至薄纸质，卵形或卵状椭圆形或长圆形，先端急尖或渐尖，基部偏斜，圆形或阔楔形，全缘。圆锥花序与叶近等长。果序多少下垂，核果肾形或椭圆形，不偏斜，略压扁，外果皮黄色，果核棕色，坚硬。花期 5~6 月，果期 7~10 月（图 2-67）。

分布与生境 我国除黑龙江、吉林、内蒙古和新疆外，其余省区均产。珞隅地区

图 2-67　野漆

墨脱县、察隅县有分布。生于山坡密林中。

功效成分　干漆是生漆中的漆酚在虫漆酶的作用下，在空气中氧化生成的黑色树脂状物质。

药　　理　干漆具有杀菌、杀虫的作用。

加工炮制　从漆树上割取生漆，收集后待氧化干燥变为褐色树胶状即得。

藏医应用　味辛，性温，有毒。可杀虫，主治寄生虫病和皮肤感染。

民间医应用　康巴人外用干漆治疗皮肤感染。

资源与贸易状况　野漆在藏东南地区为常见野生植物。

附　　注　孕妇及对漆树过敏者禁用。

68　广酸枣　 སྡོང་ཤིང་། (宁肖夏)

别　　名　ju-ru（仓洛门巴语）、五眼果、鼻涕果、广枣、lapsi（郭尔喀语）。

本草考证　"宁肖夏"出自《度母本草》，《度母本草》记载"心脏病药南酸枣，温暖河川林中生，树干高大叶密厚，花朵黄色很美丽，心形果称娘肖夏"。《晶珠本草》记载"《图鉴》中说，治心脏病的广酸枣，生长于热带河川地带林间，树大，叶厚，花白色，非常美丽，果实心形。产珞隅地方的，肉厚、质佳"。藏医所用宁肖夏为广酸枣的果核。但现代本草《藏药志》中认为广酸枣为代用品，本草中所述之"宁肖夏"不知何物。

基　　原　漆树科（Anacardiaceae）南酸枣［*Choerospondias axillaris* (Roxburgh) B. L. Burtt & A. W. Hill］的果实。

植物性状　落叶大乔木。奇数羽状复叶，有小叶 3~6 对，小叶膜质至纸质，卵形或卵状披针形或卵状长圆形，先端长渐尖，基部多少偏斜，阔楔形或近圆形，全缘或幼株叶边缘具粗锯齿。雄花花萼外面疏被白色微柔毛或近无毛，裂片三角状卵形或阔三角形，先端钝圆，边缘具紫红色腺状睫毛，里面被白色微柔毛；花瓣长圆形，无毛，具褐色脉纹，开花时外卷。核果椭圆形或倒卵状椭圆形，成熟时黄色，果核长 2~2.5cm，径 1.2~1.5cm，顶端具 5 个小孔（图 2-68）。

分布与生境　产我国南方亚热带至热带各省区。珞隅地区产雅鲁藏布大峡谷热带森林。生于常绿阔叶林中。

功效成分　南酸枣果实含多酚类化合物，如双氢槲皮素（dihydroquercetin）、槲皮素（quercetin）、山奈酚（kaempferol）、金丝桃苷（hyperin）、原儿茶酸（protocatechuicacid）、没食子酸（gallic acid）等。《中国药典》规定，本品去核后按干燥品计算，含没食子酸（$C_7H_6O_5$）不得少于 0.060%。

药　　理　南酸枣总黄酮对动物耐缺氧和急性心肌缺血造成的心肌损伤具有缓解作用，且可使血流加快速度，改善血液循环和微循环。多酚类具有抗氧化活性。藏药经方"旖檀松汤（tsan-than-khsum-dang）"，即三味檀香丸，由宁肖夏、扎得（肉豆蔻）和旖檀（白檀香）3味药物组成，传统上用于治疗心热证。低氧诱导肺动脉高压大鼠模型实验发现，旖檀松汤可能通过抗氧化和抑制细胞凋亡等途径，发挥恢复右心室功能、增强肺动脉 - 右心室偶联、恢复血液动力学和血液学指标、防止右心室发生结构适应性重建不良等功能。胶原诱导大鼠关节炎模型实验发现，南酸枣提取物能显著降低炎症因子水平。

图 2-68　广酸枣药材

加工炮制　收集成熟果实，干燥即得。

藏医应用　味酸、甘，消化后味甘，性平。治疗心脏病。

民间医应用　墨脱门巴族民间作为藏药"居如热"的代用品使用。米里珞巴族尼西人民间药用于治疗关节炎。

资源与贸易状况　南酸枣是热带、亚热带山区常见植物，资源量大。珞隅地区产南酸枣在藏医本草中被视为上品，广酸枣也是墨脱县特产之一。

69　盐肤木果　ད་ཤིག（塔芝）

别　　名　da-dri（义都珞巴语）、hta-chi（墨脱门巴语）。

本草考证　"塔芝"出自《晶珠本草》。《晶珠本草》记载"塔芝生长在南方热带林中。树干高大，花很小，成串。果实状如羊虱子，稍扁，红色，粉质油润，味酸"。从描述上看，藏医所用"塔芝"接近漆树科植物盐肤木的果实。但部分现当代所著藏药专著如《中华本草·藏药卷》及《藏药志》等均把"塔芝"记载为五味子，需要进一步考证核实。当代藏医大师嘎玛曲培所著藏本草《甘露本草明镜》中"塔芝"药材同时收录了盐肤木和五味子。本研究实地调查发现，盐肤木为珞隅地区常见的野生植物，其果实味酸，当地群众常当作野果采食，当地名也叫"塔芝"或近似发音的名词。"塔芝"药材在古今本草记载和民间应用中不一致，需要进一步深入考证，本书暂以《甘露本草明镜》记载和实地调研结果为参考同时收录两种"塔芝"。

基　　原　漆树科（Anacardiaceae）盐肤木（*Rhus chinensis* Mill.）的果实。

植物性状　落叶小乔木或灌木，小枝棕褐色，被锈色柔毛，具圆形小皮孔。奇数羽状复叶有小叶（2~）3~6 对，叶轴具宽的叶状翅，小叶自下而上逐渐增大；小叶多形，卵形或椭圆状卵形或长圆形，边缘具粗锯齿或圆齿，叶面暗绿色，叶背粉绿色，被白粉。圆锥花序宽大，多分枝。核果球形，略压扁，径 4~5mm，被具节柔毛和腺毛，成熟时红色，果核径 3~4mm。花期 8~9 月，果期 10 月（图 2-69）。

图 2-69　盐肤木果实及植株

分布与生境　我国除东北、内蒙古和新疆外，其余省区均有。珞隅地区产墨脱县、察隅县西部、隆子县东南部等地。生于海拔 170~2700m 的向阳山坡、沟谷、溪边的疏林或灌丛中。

功效成分　盐肤木果含还原糖、有机酸，种子含油脂（主要脂肪酸为油酸、亚油酸和棕榈酸）。盐肤木果肉中含有多酚类，如模绕酮酸（moronic acid）、芹菜素、山奈酚（kaempferol）、槲皮素（quercetin）、原儿茶酸、没食子酸（gallic acid）及其酯类等。

药　　理　多酚类成分具有抗癌、抗氧化、抗菌、抗炎等活性。

加工炮制　采集成熟果实，干燥即得。

藏医应用　味酸，消化后味酸，性平，效糙。主治寒热泄泻、呕吐、四肢血脉病。

民间医应用　塔芝可作为盐的代用品。

资源与贸易状况　盐肤木是一种经济林木，用来接种五倍子蚜虫生产五倍子，五倍子用于制药工业和鞣料生产。西藏东南部气候适宜区有大量野生分布，资源量大。

70　飞龙掌血　ཤ་པའི་འབྲང་བ།（阿皮嘎培）

别　　名　a-phi-ga-pui（仓洛门巴语）、geng-gei（阿迪 - 达木珞巴语）。

本草考证　"阿皮嘎培"为墨脱民族民间用药。据《中华藏本草》《迪庆藏药》《晶珠本草正本诠释》等现代本草记载，云南迪庆藏族自治州、四川甘孜藏族自治州等地的康巴藏族民间也以飞龙掌血入药。飞龙掌血木质化藤茎质地坚硬，形态优美，在珞隅地区常被用于制作老人拐杖等工艺品，仓洛语"阿皮嘎培"意为"婆婆的拐杖"。

基　原　芸香科（Rutaceae）飞龙掌血［*Toddalia asiatica* (L.) Lam.］的根。

植物性状　木质藤本。老茎干有较厚的木栓层及黄灰色、纵向细裂且凸起的皮孔，三四年生枝上的皮孔圆形而细小，茎枝及叶轴有甚多向下弯钩的锐刺，当年生嫩枝的顶部有褐色或红锈色甚短的细毛，或密被灰白色短毛。小叶无柄，对光透视可见密生的透明油点，揉之有类似柑橘叶的香气，叶卵形、倒卵形、椭圆形或倒卵状椭圆形，顶部尾状长尖或急尖而钝头，有时微凹缺，叶缘有细裂齿，侧脉甚多而纤细。花梗甚短，基部有极小的鳞片状苞片，花淡黄白色；雄花序为伞房状圆锥花序；雌花序呈聚伞圆锥花序。果实橙红色或朱红色，有4~8条纵向浅沟纹，干后甚明显。种皮褐黑色，有极细小的窝点。花期几乎全年，在五岭以南各地，多于春季开花，沿长江两岸各地，多于夏季开花。果期多在秋冬季（图2-70）。

图 2-70　墨脱产飞龙掌血

分布与生境　产秦岭南坡以南各地，最北限见于陕西西乡县，南至海南，东南至台湾，西南至西藏东南部。从平地至海拔2000m山地均有分布，较常见于灌木、小乔木的次生林中，攀缘于它树上，石灰岩山地也常见。

功效成分　飞龙掌血根含白屈菜红碱（chelerythrine）、二氢白屈菜红碱（dihydrochelerythrine）、茵芋碱（skimmianine）、小檗碱（berberine）及飞龙掌血默碱（toddalidimerine）、阿尔洛花椒酰胺（arnottianamide）、8-丙酮基-二氢白屈菜红碱（8-acetonyldihydrochelerythrine）等生物碱；另含香豆素类，如去二羟基飞龙掌血内酯（toddaculin）、异茴芹内酯（isopimpinellin）、茴芹苦素（pimpinellin）、环氧飞龙掌血内酯（aculeatin）、香柑内酯（bergapten）、鲁望桔内酯（luvangetin）等。挥发油中含丁香油酚（eugenol）、香茅醇（citronellol）、飞龙掌血双香豆精（toddasin）。此外，本品还含β-谷固醇（β-sitosterol）和树脂等。另外，根皮中含香叶木苷（diosmin）、橙皮苷（hesperidin）及三萜化合物β-香树脂醇（β-amyrin）。

药　理　飞龙掌血提取物具有抗菌、抗炎、神经保护等活性。飞龙掌血所含的香豆素类化合物对β淀粉样蛋白1-42（Aβ1-42)诱导的阿尔茨海默病有一定的治疗作用，对过氧化氢和Aβ1-42毒性所致的神经细胞损伤有明显的缓解作用。

加工炮制　采集成熟根部，切片干燥即得。

民间医应用　墨脱门巴族用于治疗癫痫。康巴民间用于配制药酒，治疗风湿骨痛。

资源与贸易状况　飞龙掌血广泛分布于青藏高原东南部适生区，资源充足。墨脱县的门巴族群众常引种于庭院供药用。

71 花椒 གཡེར་མ།（叶玛）

别　　名　kha-khi（仓洛门巴语）、yer-ma（阿迪 - 达木珞巴语）、yer-mi（尼西珞巴语）、a-ro-shi（义都珞巴语）。

本草考证　"叶玛"出自《妙音本草》。《度母本草》记载"所说花椒为树类，树干黑色有毒刺，花小黄色果实红，其味麻涩性甚糙"。《妙音本草》记载"花椒果实启三口"。藏医所用花椒多为内地产的花椒，珞隅地区常见栽培。

基　　原　芸香科（Rutaceae）花椒（*Zanthoxylum bungeanum* Maximowicz）的果实。

植物性状　落叶小乔木。茎干上的刺常早落，枝有短刺，小枝上的刺呈基部宽而扁且劲直的长三角形。叶有小叶 5~13 片，叶轴常有甚狭窄的叶翼；小叶对生，无柄，卵形、椭圆形，稀披针形，位于叶轴顶部的较大，近基部的有时圆形，叶缘有细裂齿，齿缝有油点。花序顶生或生于侧枝之顶；花黄绿色。果实紫红色，单个分果瓣径 4~5mm，散生微凸起的油点，顶端有甚短的芒尖或无。花期 4~5 月，果期 8~9 月或 10 月（图 2-71）。

图 2-71　花椒药材（左）及花椒（右）

分布与生境　产地北起东北南部，南至五岭北坡，东南至江苏、浙江沿海地带，西南至西藏东南部。生于石灰岩密林中，也常见栽培。

功效成分　花椒果实含挥发油（《中国药典》规定不低于 1.5%），其中花椒果皮中挥发油的主要成分为柠檬烯（limonene）、1,8- 桉树脑（1,8-cineole）、月桂烯（myrcene）等。花椒果实的挥发油中含量最多的是 4- 松油烯醇、辣薄荷酮（piperitone）、芳樟醇、香桧烯、柠檬烯等。花椒籽的挥发油中主要成分是芳樟醇、月桂烯、叔丁基苯（tert-butylbenzene）等。

药　　理　花椒果实水提取物可以明显抑制幽门螺杆菌所致小鼠胃溃疡，同时还具有解热镇痛作用，以及抑制血栓形成的作用。花椒挥发油有抑菌作用。花椒多酚类对小鼠压力模型具有抗压活性，还具有改善阿尔茨海默病的作用。

加工炮制　采集成熟果实，干燥，去除黑色种子。

藏医应用　味辛，性温，效糙、锐。可助消化、舒经活血、杀虫、止痒。主治胃痛、寄生虫病。

民间医应用　墨脱门巴族用花椒水外洗治疗皮肤感染。

资源与贸易状况　花椒为常用大宗香料和药材，常栽培于庭院或专门种植园，资源量大。

附　　注　墨脱县有一种墨脱花椒（*Zanthoxylum motuoense*），当地称为"野花椒"，为花椒的同属植物，具有不同于花椒的独特香气，是当地特有的花椒地方品种，可作为特色资源开发利用。

72 墨脱大柠檬　ཉིང་པ།（宁巴）

别　　名　snying-pa（仓洛门巴语）、墨脱大柠檬。

本草考证　"墨脱大柠檬"为雅鲁藏布大峡谷墨脱县特产，实地调查为芸香科香橼。墨脱大柠檬为墨脱门巴族和珞巴族民族民间药。

基　　原　芸香科（Rutaceae）香橼（*Citrus medica* L.）的果实。

植物性状　不规则分枝的灌木或小乔木。新生嫩枝、芽及花蕾均暗紫红色，茎枝多刺，刺长达 4cm。单叶，稀兼有单身复叶，则有关节，但无翼叶；叶柄短，叶片椭圆形或卵状椭圆形，顶部圆或钝，稀短尖，叶缘有浅钝裂齿。总状花序，有时兼有腋生单花；花两性，有单性花趋向，则雌蕊退化；花瓣 5 片。果椭圆形、近圆形或两端狭的纺锤形，重可达 2000g，果皮淡黄色，粗糙，甚厚或颇薄，难剥离，内皮白色或略淡黄色，棉质，松软，瓢囊 10~15 瓣，果肉无色，近于透明或淡乳黄色，爽脆，味酸或略甜，有香气。种子小，平滑，子叶乳白色，多胚或单胚。花期 4~5 月，果期 10~11 月（图 2-72）。

图 2-72　墨脱县江新村种植的香橼

分布与生境　我国华南与西南热带、亚热带区域栽培，原产青藏高原东南部和喜马拉雅山地区。生于雅鲁藏布大峡谷热带沟谷雨林，或栽培。

功效成分　香橼成熟果实含橙皮苷（hesperidin）、柠檬酸（citric acid）、苹果酸（malic acid）、果胶、鞣质及维生素 C 等。《中国药典》规定，本品按干燥品计算，含柚皮苷（$C_{27}H_{32}O_{14}$）不得少于 2.5%。果实含油 0.3%~0.7%，果皮含油 6.5%~9%，油中含有乙酸牻牛儿酯（geranyl acetate）、乙酸芳樟酯（linalyl acetate）、柠檬烯（limonene）、柠檬醛（citral）、水芹烯（phellandrene）、柠檬油素（citropten）等。幼果中含琥珀酸（succinic acid）。种子含黄柏酮（obacunone）、黄柏内酯（obaculac-tone）。果实中还含 β- 谷固醇（β-sitosterol）、胡萝卜苷（daucosterol）和三萜苦味素——枸橼

苦素（citrusin）。

药　　理　将小鼠纤维细胞放于 200μg/ml 的橙皮苷中预先孵化处理，能保护细胞不受小泡性口炎病毒侵害约 24h；用橙皮苷预先处理 HeLa 细胞能预防流感病毒的感染，但其抗病毒的活性可被透明质酸酶消除。新近研究发现，橙皮苷及橙皮糖苷与血管紧张素转换酶 2（ACE2）及 N 蛋白（二者都是 SARS-CoV-2 病毒早期侵袭细胞和复制的关键受体）等受体具有显著的亲和性，同时亦能显著影响新冠病毒感染诱导的免疫、炎症等水平，表明橙皮苷和橙皮糖苷具有开发成治疗新冠病毒感染药物的潜在可能。

加工炮制　采集成熟果实，切片干燥即得。

民间医应用　墨脱县民间晒干后代茶饮，用于治疗感冒。

资源与贸易状况　墨脱大柠檬是墨脱县特色农产品，当地大量栽培，已形成一定的规模。

73　蜀葵　ད་ལོ་ནེ་ཏོག（哈罗梅朵）

别　　名　ljam-pa-lha-mo（卫藏藏语）。

本草考证　蜀葵即"雄冬葵"，出自《晶珠本草》。《晶珠本草》记载，雄冬葵种植于花园中，茎高大，叶大，如向日葵，花大，有白色和粉红色两种。《晶珠本草》记载之"雄冬葵"符合锦葵科植物蜀葵的特征。

基　　原　锦葵科（Malvaceae）蜀葵（*Alcea rosea* L.）的花、根、果实。

植物性状　二年生直立草本。茎枝密被刺毛。叶近圆心形，掌状 5~7 浅裂或波状棱角。花大，有红、紫、白、粉红、黄和黑紫等色，单瓣或重瓣，花瓣倒卵状三角形，先端凹缺，基部狭；雄蕊柱无毛，花丝纤细，花药黄色；花柱分枝多数。果盘状，分果片近圆形，多数。花期 2~8 月（图 2-73）。

图 2-73　蜀葵

分布与生境　原产我国西南地区，各地广泛栽培。

功效成分　蜀葵花含有多种黄酮类，如紫云英苷（astragalin）、山柰酚（kaempferol）、洋芹素（apigenin）、香橙素（aromadendrin）、异甘草苷（isoliquiritin）、南酸枣苷（choerospondin）、虎耳草素（saxifragin）、芦丁（rutin）等，还含有银椴苷（tiliroside）、柚皮素（naringenin）、茴香酸（anisic acid）、肉桂酸（cinnamic acid）、香豆酸（pcoumaric acid）、阿魏酸（ferulic acid）、水杨酸（salicylic acid）、正二十九烷（nonacosane）、β-谷固醇（β-sitosterol）、胡萝卜苷（daucosterol）。

药　理　黄酮类物质具有抗炎、抗菌等活性。其中，芦丁有维生素P样作用和抗炎作用，能降低芥子油等引起的动物眼睛或皮肤炎症，还具有维持血管抵抗力、降低其通透性、减少脆性等作用，可用于防治脑溢血、高血压、视网膜出血、紫癜和急性出血性肾炎等疾病。水杨酸有解热镇痛和抗炎作用。蜀葵种子醇提取物对四氧嘧啶糖尿病大鼠模型具有降血糖活性，同时通过抗氧化活性发挥保肝功能。小鼠单核巨噬细胞白血病细胞模型测试发现，蜀葵花水提取物通过 MAPK 信号通路，将 NF-κB p65 亚基从细胞质转移到细胞核，随后激活促炎性细胞因子（IL-6 和 TNF-α）和其他介质[诱导型一氧化氮合酶（iNOS）和环氧合酶-2（COX-2）]以达到免疫激活的目的，杀灭白血病细胞，发挥抗癌活性。蜀葵根水提取物能减少乙二醇诱导大鼠尿路结石模型肾脏中结石的大小和数量，其机制可能是黏多糖的抗炎和利尿活性。

加工炮制　蜀葵花，采集盛开花，除去花蕊、萼片，干燥即得。蜀葵叶，采集成熟叶片，干燥即得。蜀葵根，采集根部干燥即得。蜀葵子，采集成熟果实，干燥即得。

藏医应用　味甘、涩，性凉。主治赤巴病、发热烦渴、尿闭、尿痛等。

资源与贸易状况　蜀葵是青藏高原常见的栽培观赏花卉，从低海拔河谷至海拔4000m 左右的高原都可栽培，常见于庭院和城市绿化公园等。

植物文化　蜀葵是文化礼仪植物，也是藏语文学中常见的文学意象。例如，清代诗人仓央嘉措就写过 "lhobs-lngan-ha-love-me-tokh，tham-pavi-chos-la-bebs-na，khyu-sbyang-khzhon-nu-nga-yang，lha-khang-nang-la-grith-thang.（细腰蜂语蜀葵花，何日高堂供曼遮，但使侬骑花背稳，请君驮上法王家。）"。

74 | 木棉花 ནག་གེ་སར། （那噶格萨）

别　名　ge-sar-shing（仓洛门巴语）。

本草考证　"那噶格萨"出自《晶珠本草》。《晶珠本草》记载"那噶格萨"出自门隅。那噶格萨叶和树干状如核桃树，花序轴具刺。花蕾同向一侧，未开裂者干如铜壳，称纳噶布西；花开后，花蕊花丝如马尾，称那噶格萨；中层即红色花瓣，称为白玛格萨。藏医所用实物为木棉的花丝。

基　原　锦葵科（Malvaceae）木棉（*Bombax ceiba* L.）的花丝。

植物性状　落叶大乔木。树皮灰白色，幼树的树干通常有圆锥状的粗刺，分枝平展。掌状复叶全缘。花单生枝顶叶腋，通常红色，有时橙红色，花瓣肉质，倒卵状长圆形；雄蕊管短，花丝较粗，基部粗，向上渐细，内轮部分花丝上部分 2 叉，中间 10 枚雄蕊较短，不分叉，外轮雄蕊多数，集成 5 束，每束花丝 10 枚以上，较长；花柱长于雄蕊。蒴果长圆形，钝，密被灰白色长柔毛和星状柔毛。种子多数，倒卵形，光滑。花期 3~4 月，果实夏季成熟（图 2-74）。

图 2-74 木棉花药材及植物

分布与生境 广布亚洲热带地区。珞隅地区产雅鲁藏布大峡谷干热地带。生于干热河谷、热带稀树草原。

功效成分 木棉花含木棉胶，其是一类多糖，还含有大量鞣质。

药　　理 木棉花沸水提取物对四氯化碳引起的小鼠肝损伤模型具有保肝作用。木棉花醇浸出液对蛙离体心脏具有强心作用。木棉花醇提取物通过调控 RAGE 抗体表达抑制甲基乙二醛诱导的氧化应激，从而改善糖尿病。

加工炮制 收集新鲜盛开的木棉花，将花瓣、花丝、花萼分离，分别干燥即得。其中干燥花丝为本品，干燥花萼和花瓣分别为"那噶布洒"和"白玛格萨"药材。

藏医应用 味苦，性凉，效糙。可清肺热、心热及肝热。主治热性肝痛、心痛、背痛。

资源与贸易状况 西藏本地木棉主产山南市错那市和隆子县南部门隅地区的低海拔热带、亚热带河谷，墨脱县有较长的引种历史。背崩乡江新村和地东村现存百年古树，据说引种自印度阿萨姆邦。目前各地藏医所用木棉花药材多来自我国华南地区，也有少量自亚东、吉隆和普兰等口岸从印度、尼泊尔、不丹等国进口的。

植物文化　木棉是重要的传统礼仪文化植物。"那噶格萨"一词为梵语转写，意为"龙花"，因此木棉在藏语中又叫作"鲁兴"。传说佛教"中观学派"始祖龙树论师曾于此树下修行讲经，故而得名。另一种说法是"龙树"为弥勒菩萨（强巴佛）成道树。木棉花在藏医中的应用和佛教传入有关，是本土传统医学对外交流融合的结果。

75　绿萝花（滇结香）　ཤོར་གུ་ཤིང་།（雪古兴）

别　　名　ju-pu-shing（仓洛门巴语）、shor-gu-shing（尼西珞巴语）、shou-gu（阿迪 - 达木珞巴语）。

本草考证　"绿萝花"为新近热销的保健型藏药材，主要用作代茶饮，有多种保健功能。实地调查发现绿萝花实为青藏高原东部产的滇结香的花序。滇结香为康巴地区民族民间药，《中华藏本草》有收录。

基　　原　瑞香科（Thymelaeaceae）滇结香 [*Edgeworthia gardneri* (Wall.) Meisn.] 的花序。

植物性状　小乔木。茎褐红色，小枝无毛或于顶端疏被绢状毛，质地坚韧。叶互生，窄椭圆形至椭圆状披针形，先端尖，基部楔形，两面均被平贴柔毛。头状花序球形，具 30~50 朵花，顶生或腋生，总苞早落，苞片叶状窄披针形；花无梗，花萼外面密被白色丝状毛，顶端 4 裂，裂片卵形，内面黄色。果卵形，外面全部为灰白色丝状长毛所包被。种子 1 粒，富含脂肪。花期冬末春初，果期夏季（图 2-75）。

图 2-75　滇结香（左）及"绿萝花"药材（右）

分布与生境　产西藏东部及云南西北部至西部。尼泊尔、不丹、印度及缅甸北部也有分布。生于海拔 1000~2500m 的江边、林缘及疏林湿润处或常绿阔叶林中。

功效成分　滇结香含苯丙素类，如松脂素（pinoresinol）、罗汉松脂素（matairesinol）；黄酮类，如山奈酚（kaempferol）、槲皮素（quercetin）、银椴苷（tiliroside）、去甲基丁香色原酮（noreugenin）等；香豆素类，如伞形花内酯（umbelliferone）、结香酸（edgeworic acid）、结香苷 C（edgeworoside C）、gardenrd A 等；水杨酸（salicylic acid）；等等。

药　　理　肝细胞模型实验发现，滇结香花水提取物能通过调节人 HepG2 肝细胞 IRS1/GSK3β/FoxO1 信号通路来改善棕榈酸酯诱导的胰岛素抵抗。滇结香花水提取物能改善高脂饮食诱导的小鼠糖尿病模型的葡萄糖代谢，同时能改善其肠道微生态平衡。滇结香花所含的黄酮类成分槲皮素能显著改善 db/db（糖尿病）小鼠的腹腔内糖耐量、血浆胰岛素水平、肝甘油三酯水平、肝糖原水平，以及胰岛和肝脏的病理组织学。滇结香花所含的香豆素类成分对 α- 葡萄糖苷酶和 α- 淀粉酶具有抑制活性。

加工炮制　春季花苞未开放时采集整个花序，干燥即得。

民间医应用　民间用滇结香花序代茶饮，长期饮用有辅助降血糖的保健功效。

资源与贸易状况　滇结香广泛分布于青藏高原东部适生区，也常见作为园艺观赏植物栽培，资源丰富。在各旅游区作为特产销售。

其他应用　滇结香茎韧皮纤维十分坚韧，在康巴和工布地区用作藏纸造纸原料。

76　瑞香　ཤིང་རྩལ། （森兴那玛）

别　　名　野茶花树（《贤者喜宴》）。

本草考证　"森兴那玛"出自《度母本草》，《度母本草》记载"森兴那玛生长在阴阳两地交界处，树皮银白，花朵暗红而有光泽，红色果实闪闪发光"。《蓝琉璃》记载"森兴那玛绿叶上有白色斑纹，枝条悬空有紫色光泽，花朵暗红，果实红色，熟后变黑"。藏医用瑞香科多种植物的根、茎、叶入药。

基　　原　瑞香科（Thymelaeaceae）藏东瑞香（*Daphne bholua* Buchanan-Hamilton ex D. Don）的根、茎、叶。

植物性状　常绿灌木。多分枝；小枝暗棕红色，树皮褐色，叶迹显著，半圆形。叶互生，革质，窄椭圆形至长圆状披针形。花紫红色或红色，芳香，7~12 朵组成头状花序，顶生或生于小枝上部叶腋。果实黑色，卵形；内有种子 1 颗（图 2-76）。

图 2-76　藏东瑞香

分布与生境 产云南西北部和西藏东南部。生于常绿阔叶林下湿润地带。

功效成分 藏东瑞香的茎和叶含木犀草素（luteolin）、芫花素（genkwanin）、阿魏醛（ferulaldehyde）、香草醛（vanillin）、对羟基苯甲酸乙酯、β- 谷固醇（β-sitosterol）等。

药　理 木犀草素具有抗炎、抗肿瘤、抗氧化等活性，还具有营养神经细胞的功能。动物实验发现，口服木犀草素（10mg/kg）连续 8d 可缩短小鼠悬尾试验（一种测量抑郁样行为的小鼠行为试验）中的静止时间，并通过显著降低小鼠脑源性星形胶质细胞和血清中 IL-6 的产生来减轻脂多糖诱导的炎症反应，降低血清 TNF-α 和皮质酮水平。木犀草素处理还显著增加了脂多糖诱导的抑郁症小鼠下丘脑中成熟脑源性神经营养因子（BDNF）、多巴胺和去甲肾上腺素水平。在蛛网膜下出血大鼠模型中，木犀草素显著抑制蛛网膜下出血诱导的神经炎症，证据是小胶质细胞活化减少、中性粒细胞浸润减少，并抑制促炎性细胞因子释放。此外，木犀草素还能显著改善蛛网膜下出血诱导的氧化损伤，恢复内源性抗氧化系统。在抑制氧化应激和神经炎症的同时，木犀草素显著改善了蛛网膜下出血后的神经功能，减少了神经元细胞的死亡。

加工炮制 采集全株干燥后即得。

藏医应用 味涩，性平。可祛湿、杀虫。果实用于治疗消化不良、寄生虫病；叶、枝熬膏可治寄生虫病；茎皮膏可治湿痹、关节积黄水。

民间医应用 墨脱门巴族民间药用于治疗蛇虫咬伤。

资源与贸易状况 藏东瑞香的韧皮部是制造藏纸的原材料。其也是一种花香型的观赏植物，藏东南地区群众常引种栽培于庭院，资源丰富。

77 莱菔 ལ་ཕུག（拉普）

别　名 mu-the（仓洛门巴语）。

本草考证 "拉普"出自《度母本草》，即萝卜。《度母本草》记载"所说萝卜蔓菁类，治疗诸病特殊药"。《妙音本草》记载"萝卜叶片有叶柄，花朵白色根茎白，根茎非常有滋味，专门治疗未消化"。《宇妥本草》记载"萝卜生长在田园，叶片粗糙铺地面，长短一卡或六指，根茎圆柱其味辛"。藏医所用"拉普"为萝卜的肉质根。

基　原 十字花科（Brassicaceae）萝卜（*Raphanus sativus* L.）的根。

植物性状 二年生或一年生草本。直根肉质，长圆形、球形或圆锥形，外皮绿色、白色或红色。基生叶和下部茎生叶大头羽状半裂。总状花序顶生及腋生；花白色或粉红色；花瓣倒卵形，具紫纹。长角果圆柱形，在相当种子间处缢缩，并形成海绵质横隔。种子 1~6 颗，卵形，微扁，红棕色，有细网纹。花期 4~5 月，果期 5~6 月（图 2-77）。

分布与生境 各地广泛栽培。

功效成分 萝卜根含糖，主要是葡萄糖、蔗糖和果糖。全株含香豆酸、咖啡酸、阿魏酸（ferulic acid）、苯丙酮酸、龙胆酸（gentisic acid）、羟基苯甲酸和多种氨基酸。新鲜萝卜根含甲硫醇 7.75mg/100g，维生素 C 近 20mg/100g，因不含草酸，是钙的良好

图 2-77　萝卜

来源；还含锰 0.41mg/100g、硼约 7mg/100g 干重；又含莱菔苷（raphanusin）。《中国药典》规定，本品按干燥品计算，含芥子碱以芥子碱硫氰酸盐（$C_{16}H_{24}NO_5·CNS$）计，不得少于 0.40%。

药　　理　萝卜根醇提取物有抗菌作用，特别是对革兰氏阳性细菌较敏感；有血清时，抗菌活力降低一半；亦能抗真菌。萝卜根中的酸性物质对小鼠皮下注射 3g/kg 或腹腔注射 2g/kg，皆无毒性，对兔皮下注射 1g/kg 仅有轻微、短暂的毒性。另据报告，萝卜根捣碎后，榨取汁液，可防止胆结石形成而用于治疗胆石症。萝卜硫素（sulforaphane）具有抗肿瘤活性，在乳腺癌、肺癌、肝癌等恶性肿瘤细胞活性测试实验中表现出良好的抑制活性。

加工炮制　现采现用鲜药。

藏医应用　味淡，微辛、苦，性温，效轻。可温胃消食。主治胃痛、龙病、培根病、便秘、胃寒等。

资源与贸易状况　萝卜为广泛种植的蔬菜，资源量大。

78　油菜籽　ཉུང་ཀོར（格恰）

别　　名　you-tsai（仓洛门巴语）、nyong-kor（尼西珞巴语）。

本草考证　"格恰"出自《医学四续》，《蓝琉璃》详释"油菜茎叶粗糙，茎干、果实和花朵形似黑芥子，种植在园圃中，气味浓烈，味辛辣"。藏医以油菜的种子入药。

基　　原　十字花科（Brassicaceae）欧洲油菜（*Brassica napus* L.）的种子。

植物性状　一年生或二年生草本，具粉霜。下部叶大头羽裂，顶裂片卵形，边缘具钝齿，侧裂片约 2 对，卵形，基部有裂片；中部及上部茎生叶由长椭圆形渐变成披针形，基部心形，抱茎。总状花序伞房状；花瓣浅黄色。长角果线形，喙细。种子球形，直径约 1.5mm，黄棕色，近种脐处常带黑色，有网状窠穴。花期 3~4 月，果期 4~5 月（图 2-78）。

分布与生境　各地广泛栽培。

图 2-78　欧洲油菜

功效成分　油菜籽油的脂肪酸组成为花生酸 0.4%~1.0%、油酸 14%~19%、亚油酸 12%~24%、芥酸 31%~55%、亚麻酸 1%~10%。

药　　理　油菜籽油有一定的抗菌作用。

加工炮制　油菜成熟时采集油菜籽，干燥保存。市场上用于播种的油菜种子由于经过农药和植物生长调节剂浸种或包埋处理，不能用作油菜籽药材。

藏医应用　味辛，性温，效糙。可祛除肿胀和疔疮。

资源与贸易状况　欧洲油菜是广泛栽培的农作物，能提供充足的油菜籽药材资源。

79 小角柱花 ষ্যন্নস্প (兴居茹马)

别　　名　紫金标、小蓝雪花。

本草考证　"兴居茹马"出自《晶珠本草》。《晶珠本草》记载"兴居茹马生长在低地和浅山灌木林中，或山谷阴阳交界处，状如阿贝卡（贝母），根盘结，高如金露梅，叶小粗糙，老时变红色，有粗糙的毛，花小，蓝色，状如邦金恩波（蓝花龙胆）花"。藏医所用兴居茹马药材为白花丹科植物小蓝雪花的根，主产于藏东南地区各个干暖、干热河谷。

基　　原　白花丹科（Plumbaginaceae）小蓝雪花（*Ceratostigma minus* Stapf ex Prain）的根。

植物性状　落叶灌木，高 0.3~1.5m。老枝红褐色至暗褐色，有毛至无毛，较坚硬。叶倒卵形、匙形或近菱形，先端钝或圆，偶急尖或具短尖，下部渐狭或略骤狭而后渐狭成柄，两面均被钙质颗粒。花序顶生和侧生，小；顶生花序含（5）7~13（16）花，侧生花序多为单花或含 2~9 花；花冠长筒部紫色，花冠裂片蓝色，近心状倒三角形，先端缺凹处伸出一丝状短尖。蒴果卵形，带绿黄色。种子暗红褐色，粗糙，略有 5 细棱，中部以上骤细成喙。花期 7~10 月，果期 7~11 月（图 2-79）。

分布与生境　我国特产。分布于四川西部和西藏东部。珞隅地区产雅鲁藏布江及其支流干热河谷地段。生于干热河谷的岩壁和砾石或砂质基地上，多见于山麓、路边、

图 2-79　小蓝雪花

河边向阳处。

功效成分　小角柱花叶含白花丹素（plumbagin）、β- 谷固醇等。

药　　理　小角柱花具有抗生育活性。

加工炮制　采挖根部，干燥即得。

藏医应用　味涩、苦，消化后味苦，性凉。可止血、调经，主治妇女病。

民间医应用　康巴藏族民间药用于终止妊娠。

资源与贸易状况　小蓝雪花是藏东南地区干燥河谷的常见植物，资源量大。

80　荞麦　ㄅㄋㄅㄍㄢㄇㄘㄍ（哲吾嘎纳）

别　　名　tiam-nang（仓洛门巴语）、par-gya（阿迪 - 达木珞巴语）、bro（山南藏语）。

本草考证　"哲吾嘎纳"出自《晶珠本草》。《妙音本草》记载"荞麦茎果似金刚"。《宇妥本草》记载"荞麦生在山和园，叶片红绿状如轮，果实三角其味甘"。《度母本草》记载"所说草药之荞麦，叶片红青并厚密，茎干红青花朵繁，果实黑灰有两种，其味分为苦和甘"。丹增彭措在《晶珠本草》中将其归为"作物类"药物。荞麦分黑白 2 种，即苦荞麦和甜荞麦。

基　　原　蓼科（Polygonaceae）荞麦（*Fagopyrum esculentum* Moench）或苦荞麦［*Fagopyrum tataricum* (L.) Gaertner］的果实。

植物性状

荞麦

一年生草本。茎直立，上部分枝，绿色或红色，具纵棱。叶三角形或卵状三角形，顶端渐尖，基部心形。花序总状或伞房状，顶生或腋生；苞片卵形，绿色，边缘膜质，每苞内具 3~5 花，花被白色或淡红色。瘦果卵形，具 3 锐棱，顶端渐尖，暗褐色，无光泽，比宿存花被长。花期 5~9 月，果期 6~10 月（图 2-80）。

苦荞麦

一年生草本。茎直立。枝绿色或微呈紫色，有细纵棱，一侧具乳头状突起，叶宽

图 2-80 荞麦（左）及苦荞麦（右）

三角形，两面沿叶脉具乳头状突起，下部叶具长叶柄，上部叶较小，具短柄；托叶鞘偏斜，膜质，黄褐色。花序总状，顶生或腋生，花排列稀疏；苞片卵形，每苞内具 2~4 花；花被 5 深裂，白色或淡红色，花被片椭圆形；雄蕊 8，比花被短；花柱 3，短，柱头头状。瘦果长卵形，具 3 棱及 3 条纵沟，上部棱角锐利，下部圆钝有时具波状齿，黑褐色，无光泽，比宿存花被长。花期 6~9 月，果期 8~10 月（图 2-80）。

分布与生境

荞麦：我国东北、华北、西北、西南山区有栽培，有时为野生。

苦荞麦：我国东北、华北、西北、西南山区有栽培，有时为野生。

功效成分 荞麦果实含水杨酸（salicylic acid），种子含黄酮类，如槲皮素（quercetin）、槲皮苷（quercitroside）、金丝桃苷（hyperoside）、芦丁（rutin）等。

药   理 水杨酸具有较强的抗炎活性和解热镇痛功能。荞麦具有降血脂功能，一项小型临床试验发现，志愿者吃荞麦粉 4 周，其高密度脂蛋白胆固醇 / 总胆固醇的比值明显增加，极低密度脂蛋白胆固醇、极低密度脂蛋白甘油三酯、低密度脂蛋白甘油三酯和高密度脂蛋白甘油三酯水平明显降低，并且血糖降低，口服葡萄糖的耐受能力改善。

加工炮制 荞麦成熟时采收，加工成成品粮即可，或直接使用市场上的荞麦商品粮。

藏医应用 味甘，性凉，效糙。可收敛疮口、破血、干黄水。

资源与贸易状况 荞麦是普遍种植的农作物。在海拔 3000m 以下的喜马拉雅山地区普遍种植，资源丰富。

81 头花蓼 ཚ་བ་ད།（拉岗）

别   名 long-pha-dang（仓洛门巴语）。

本草考证 "拉岗"出自《晶珠本草》，《晶珠本草》记载"拉岗长在草山堆积层厚的地方，叶厚而很小，根细而很多，长满周围，如同蕨麻一样"。藏医以头花蓼的全草入药。

基　原　蓼科（Polygonaceae）头花蓼（*Polygonum capitatum* Buchanan-Hamilton ex D. Don）的全草。

植物性状　多年生草本。茎匍匐，丛生，基部木质化，节部生根，节间比叶片短，多分枝。叶卵形或椭圆形。花序头状，单生或成对，顶生；花被5深裂，淡红色。瘦果长卵形，具3棱。花期6~9月，果期8~10月（图2-81）。

图2-81　头花蓼

分布与生境　产江西、湖南、湖北、四川、贵州、广东、广西、云南及西藏。印度北部和锡金、尼泊尔、不丹、缅甸及越南也有分布。生于山坡、山谷湿地，常成片生长。

功效成分　头花蓼含酚酸类成分，如丁香酸、儿茶酚、5,7-二羟基色原酮、3,5-二羟基-4-甲氧基苯甲酸、原儿茶酸乙酯、没食子酸乙酯、没食子酸、原儿茶酸等；黄酮类成分，如槲皮素、槲皮苷、陆地棉苷、槲皮素-3-*O*-(2″-没食子酰基)-鼠李糖苷等。

药　理　头花蓼中的黄酮类化合物和酚酸类化合物对细菌和真菌等均有不同程度的抑菌与抗菌活性。

加工炮制　采集全草，干燥即得。

藏医应用　味辛、涩，性温。主治培根病引起的喑哑。

资源与贸易状况　头花蓼在热带、亚热带地区广泛分布，常为采伐迹地、道路边坡等处的先锋植物和优势植物，资源量大。一项针对全国不同地区产头花蓼药材的品质比较研究发现，墨脱等地的野生头花蓼药材总黄酮含量较高，可作为优质药材资源开发利用。

82　土大黄　ཆུ་ཤོ།（龙肖）

别　名　chu-sho（尼西珞巴语）。

本草考证　"龙肖"出自《度母本草》。《度母本草》记载"龙肖生长在沼泽及松软的土地，茎红色，叶青绿色，扁平，油润，花簇生，红色而粗糙，果实状如蒺藜"。藏医所用"龙肖"为蓼科植物尼泊尔酸模的根茎，汉语名也称"土大黄"，为"曲肖"（水大黄）的代用品。

基　　原　蓼科（Polygonaceae）尼泊尔酸模（*Rumex nepalensis* Sprengel）的根茎。

植物性状　多年生草本。根粗壮。茎直立，上部分枝。基生叶长圆状卵形，顶端急尖，基部心形；茎生叶卵状披针形。托叶鞘膜质，易破裂。花序圆锥状；花两性；内花被片果时增大，宽卵形，边缘每侧具 7~8 刺状齿，顶端成钩状，部分或全部具小瘤。瘦果卵形，具 3 锐棱，顶端急尖。花期 4~5 月，果期 6~7 月（图 2-82）。

图 2-82　尼泊尔酸模

分布与生境　产陕西南部、甘肃南部、青海西南部、湖南、湖北、江西、四川、广西、贵州、云南及西藏。生于湿润山坡、沼泽、河漫滩、湖滨等处。

功效成分　尼泊尔酸模含阿魏酸、异香草醛、迷人醇等，另含大黄蒽醌类，如大黄素、大黄酚、大黄酸、大黄素甲醚等。大黄蒽醌类物质为尼泊尔酸模的主要功效成分，该类成分不耐高温煎煮，使用时应注意生用。

药　　理　动物实验发现，尼泊尔酸模氯仿和乙酸乙酯提取物具有环氧化酶抑制活性，在佛波酯诱导的小鼠炎症模型中，能显著减轻耳肿胀。尼泊尔酸模水 - 甲醇粗提物在大鼠幽门结扎诱导的胃溃疡模型中表现出良好的抗溃疡活性。大黄蒽醌类成分除了具有泻下作用外，还有抗菌消炎、抗病毒、抗癌、保肝利胆、延缓智力退化、抗衰老和延缓肾衰进程等作用，其中大黄素具有抗炎、免疫调节、抗纤维化、抗肿瘤、抗病毒、抗菌、抗糖尿病等活性。抗病毒研究发现，大黄素及其衍生物具有作为开发抗甲型流感病毒药物前体的潜力，其机制与调节 PPARα（过氧化物酶体增殖物激活受体α）/γ-AMPK（γ-AMP 活化蛋白激酶）通路和脂肪酸代谢的能力有关。尼泊尔酸模叶水 - 乙醇提取物在大鼠模型上表现出显著的流产活性。民族植物学相关研究报道非洲埃塞俄比亚民间药中用作终止妊娠药，因此孕妇应慎用。

加工炮制　采挖成熟根茎，干燥即得。

藏医应用　味苦、酸，性凉，效润、柔、软。主治肝热病和肺热病。

民间医应用　尼泊尔酸模在民间用作大黄的代用品，因此称"土大黄"。

资源与贸易状况　尼泊尔酸模为极常见的野生植物，一般当地随采随用，资源丰富。

83　藜　ষ্নী（奈吾）

别　　名　liu（阿迪 - 达木珞巴语）、due-yi（尼西珞巴语）。

本草考证　"奈吾"出自《度母本草》。《妙音本草》记载"藜叶形状似玉扇，叶背常有甘露珠，其味甘而稍许辛"。《宇妥本草》记载"灰灰菜生田地中，叶片较厚状如铧，果有疮露和锈露，长短六指或一卡"。《度母本草》记载"灰灰菜生田地间，叶片青色似玉扇，叶背挂着甘露珠，其味甘而稍许辛"。"奈吾"即为常见的藜。

基　　原　苋科（Amaranthaceae）藜（*Chenopodium album* L.）的全草。

植物性状　一年生草本。茎直立，粗壮，具条棱及绿色或紫红色色条，多分枝；枝条斜升或开展。叶片菱状卵形至宽披针形，长，先端急尖或微钝，基部楔形至宽楔形，上面通常无粉，有时嫩叶的上面有紫红色粉，下面多少有粉，边缘具不整齐锯齿。花两性，花簇于枝上部排列成或大或小的穗状圆锥状或圆锥状花序。果皮与种子贴生。种子横生，双凸镜状，边缘钝，黑色，有光泽，表面具浅沟纹；胚环形。花果期 5~10 月（图 2-83）。

图 2-83　藜

分布与生境　分布遍及全球温带及热带，我国各地均产。生于路旁、荒地及田间，为很难除掉的杂草。

功效成分　藜含齐墩果酸（oleanolic acid）、豆甾醇（stigmasterol）、甜菜碱（betaine）、阿魏酸（ferulic acid）、香草酸（vanillicacid）等。

药　　理　赤子爱胜蚓动物模型实验发现，藜提取物通过模仿 γ- 氨基丁酸（GABA）

的作用，导致蚯蚓体壁肌肉出现弛缓性、可逆性麻痹以实现体外驱虫活性。人食用藜后经日光照射，可发生藜日光过敏性皮炎，因此食用藜后应避免暴露在强阳光下。

加工炮制 现采现用鲜药。

藏医应用 味甘、辛，消化后味甘，性温，效润。可祛风、清热。主治风热、疮、结石、寄生虫病等。

资源与贸易状况 藜是一种广布的杂草，也是常见野生蔬菜，资源量大。

84 红苋菜 ཚེ་དམར། （勒玛）

本草考证 "勒玛"出自《晶珠本草》，《晶珠本草》记载"勒玛幼苗蓝绿色，有两种，其中生长在河滩草地的为红苋菜，根部茎干为红色，红色叶片尤其厚，果实累累如自然形成的露珠粒"。藏医所用"勒玛"有红白两种，其中红的为本种，白的为苋科植物藜。

基 原 苋科（Amaranthaceae）苋（*Amaranthus tricolor* L.）的全株。

植物性状 一年生草本。茎粗壮，绿色或红色。叶片卵形、菱状卵形或披针形，绿色或常呈红色、紫色或黄色，或部分绿色夹杂其他颜色。花簇腋生，直到下部叶，或同时具顶生花簇，成下垂的穗状花序；花簇球形，雄花和雌花混生；苞片及小苞片卵状披针形，透明；花被绿色或黄绿色。胞果卵状矩圆形，环状横裂，包裹在宿存花被片内。种子近圆形或倒卵形，直径约 1mm，黑色或黑棕色，边缘钝。花期 5~8 月，果期 7~9 月（图 2-84）。

图 2-84 当地农家种植收获的红苋菜（苋的一种栽培品种）

分布与生境 广布于世界温暖地带，各地常作为蔬菜广泛种植。

功效成分 苋的茎含脂肪酸，如亚油酸（linoleic acid）、棕榈酸（palmitic acid）等。叶中有苋菜红苷（amaranthin）、棕榈酸、亚麻酸（linolenic acid）、二十四烷酸（lignocericacid）、花生酸（arachic acid）、菠菜甾醇（spinasterol）及多种维生素等。叶中还含正烷烃类（*n*-alkanes）、正烷醇类（*n*-alkanols）和甾醇类（sterols）等。

药 理 正烷烃类、正烷醇类、16-三十一碳烷酮、甾醇类对金黄色葡萄球菌、白色葡萄球菌、草绿色链球菌（皆为革兰氏阳性菌），以及大肠杆菌、绿脓杆菌和克雷白杆菌（皆为革兰氏阴性菌）有较强的抗菌作用。

加工炮制　采集全草干燥即得。

藏医应用　味甘、苦，性凉。主治心热证、中毒症、寄生虫病等。

民间医应用　藏东南地区民间医生用红苋菜根煎浓汁，顿服治疗痢疾。

资源与贸易状况　苋是广泛栽培的蔬菜，资源丰富。

85　商陆　དབལ་ནོད། (巴规)

本草考证　"巴规"出自《度母本草》。《度母本草》记载"所说草药黄商陆，生在土质松软地，叶茎状似紫茉莉，花朵黄色比较小，根子中空颜色黄"。藏医所用"巴规"为商陆科商陆。

基　　原　商陆科（Phytolaccaceae）商陆（*Phytolacca acinosa* Roxburgh）的根。

植物性状　多年生草本。根肥大，肉质，倒圆锥形，外皮淡黄色或灰褐色，内面黄白色。茎直立，圆柱形，有纵沟，肉质，绿色或红紫色。叶片薄纸质，椭圆形、长椭圆形或披针状椭圆形，顶端急尖或渐尖，基部楔形，渐狭。总状花序顶生或与叶对生，圆柱状，直立，密生多花；花白色或黄绿色。果序直立；浆果扁球形，熟时黑色。种子肾形，黑色，具3棱。花期5~8月，果期6~10月（图2-85）。

图 2-85　商陆

分布与生境　我国除东北和新疆外广泛分布，西藏分布于藏东南地区。生于林缘、路边、采伐迹地等。

功效成分　商陆根含商陆皂苷（esculentoside）、商陆皂苷 G（phytolaccoside G）、商陆种酸（esculentic acid）、美商陆酸（phytolaccagenic acid）、商陆皂苷元（phytolaccagenin）、商陆种苷元（esculentagenin）、γ-氨基丁酸（γ-aminobutyric acid）、邻苯二甲酸二丁酯

（dibutylphthalate）、棕榈酸乙酯（ethyl palmitate）、带状网翼藻醇（zonarol）、油酸乙酯（ethyl oleate）、棕榈酸十四醇酯（tetradecylplamitate）、商陆多糖Ⅰ和植物致丝裂素（phytomoitogen）。

药　　理　体外试验发现商陆煎剂及酊剂对流感杆菌及肺炎双球菌部分菌株有一定的抑制作用，煎剂作用比酊剂好。商陆汁液中含有一种抗烟草花叶病毒的成分，该成分是一种糖蛋白。商陆皂苷H（esculentoside H）因具有较高的诱生干扰素效价，现已用于γ-干扰素的生产。商陆总皂苷和商陆皂苷甲能显著促进小鼠白细胞的吞噬功能，总皂苷还能对抗由羟基脲引起的DNA转化率下降，使DNA的合成保持在正常水平。

加工炮制　秋季倒苗后，采挖根，干燥即得。

藏医应用　味苦，性寒，有毒。可解毒。主治食物中毒和梅毒。

民间医应用　墨脱门巴族用于治疗水肿。

资源与贸易状况　商陆为广泛分布的常见野生植物，资源丰富。

86 凤仙花 ཅུ་ཙཱནྡན།（齐乌达尔嘎）

别　　名　gyang-tsong-buen（仓洛门巴语）、南迦巴瓦凤仙花。

本草考证　"齐乌达尔嘎"出自《度母本草》。《度母本草》记载"齐乌达尔嘎生于珞沃热带地区，茎柔韧而四棱，叶如黄葵，果实如白芥子而脆，花白色，种子黑而润"。《甘露本草明镜》记载其花如"鸡头"。藏医所用实物为锐齿凤仙花的全草。

基　　原　凤仙花科（Balsaminaceae）锐齿凤仙花（*Impatiens arguta* J. D. Hooker & Thomson）的全草。

植物性状　多年生草本。茎坚硬，直立，无毛，有分枝。叶互生，卵形或卵状披针形，边缘有锐锯齿。总花梗极短，腋生，具1~2花；花梗基部常具2刚毛状苞片；花大或较大，粉红色或紫红色；旗瓣圆形，背面中肋有窄龙骨状突起，先端具小突尖；翼瓣无柄，2裂，基部裂片宽长圆形，上部裂片大，斧形，先端2浅裂，背面有显明的小耳；唇瓣囊状，基部延长成内弯的短距。蒴果纺锤形，顶端喙尖。种子少数，圆球形，稍有光泽。花期7~9月（图2-86）。

分布与生境　产云南中部至西北部、四川西部、西藏东南部墨脱县。生于水沟、溪流、河滨等流水湿地。

图 2-86　锐齿凤仙花

功效成分 多种可食用凤仙花属植物的花含有丰富的多酚类成分，如花青素类、黄酮类等。凤仙花属植物另含 2- 甲氧基 -1,4- 醌萘（MNQ）。

药　理 花青素类具有抗氧化活性。一项小型临床试验发现，使用含有凤仙花的复方茶饮，可以有效改善焦虑患者的症状和睡眠。2- 甲氧基 -1,4- 醌萘具有抑制 MDA-MB-231 细胞糖酵解活性及糖酵解相关分子的能力，有被开发成抗癌药物的潜力。

加工炮制 于花果期采集全草，干燥即得。

藏医应用 味甘，性凉，效润。主治妇女月经不调、痛经，以及跌打损伤、小便不利等。

民间医应用 墨脱民间药用凤仙花全株做利尿药。

资源与贸易状况 锐齿凤仙花在藏药本草著作中所指的产地即珞隅地区为十分常见的野生植物，常成片分布，资源量大。

87　茶叶　ངཤིང（恰兴）

别　名 ja（仓洛门巴语）。

本草考证 "恰兴"出自《晶珠本草》，《晶珠本草》记载"恰兴生长在汉地，树皮白色，像杜鹃，花白色，像山刺梨花，果实黄色，形如卡玛肖夏"。藏医所用"恰兴"为茶叶。

基　原 茶科（Theaceae）茶［*Camellia sinensis* (L.) Kuntze］的叶。

植物性状 灌木或小乔木。叶革质，长圆形或椭圆形，先端钝或尖锐，基部楔形，边缘有锯齿。花 1~3 朵腋生，白色，子房密生白毛。蒴果 3 球形或 1~2 球形，每球有种子 1~2 粒。花期 10 月至翌年 2 月（图 2-87）。

分布与生境 我国亚热带适宜山区广泛栽培。珞隅地区墨脱县有种植。

功效成分 茶叶含嘌呤生物碱，以咖啡因（caffeine）为主，含量 1%~5%，另有可可豆碱（theobromine）、茶碱（theophylline）等，还含鞣质，绿茶中含缩合鞣质 10%~24%，红茶中含 6% 左右。

药　理 茶叶的药理作用主要由其所含的黄嘌呤类生物碱（咖啡因及茶碱）所产生，具有兴奋高级神经中枢、扩张血管等作用。另外，茶叶中尚含大量多酚类（以 EGCG 为主），其具有抗菌、消炎、抗氧化等作用。EGCG 具有保肝作用，临床上常用作治疗肝病的辅助药物或膳食补充剂。小鼠实验发现，EGCG 可减轻应激引起的肝损伤，其机制可能是 EGCG 使 CYP450 酶活性正常化，同时消除应激引起的免疫细胞抑制，使分泌型免疫球蛋白 A（SIgA）水平增加。动物和细胞实验发现，EGCG 可能通过减轻氧化应激和相关的代谢功能障碍、炎症、纤维化和肿瘤发生，来抑制非酒精性脂肪肝的发生和发展。

加工炮制 采集茶树嫩叶嫩芽，按黑茶工艺制成藏茶即得。

藏医应用 味甘、苦、涩，性凉。主治发热、赤巴病、肝热病等。

资源与贸易状况 目前藏医所用之茶叶药材主要来源是四川雅安、云南、湖南等

图 2-87　茶

A. 易贡茶场；B. "林芝春绿" 茶叶；C. 墨脱德尔贡茶园

地出产的砖茶、沱茶等。近年来，在西藏林芝市等地大力发展茶产业，林芝易贡茶场是世界上海拔最高的规模化茶田。据统计，2019 年西藏茶园面积 2388hm²，茶叶产量 116t，分别较 2018 年增长 25% 和 20.7%，与 2010 年相比，茶园面积扩大了 10.6 倍，茶叶产量增加了 14.5 倍，在满足当地广大群众饮茶需求的基础上，能为藏医提供充足的本地茶叶药材资源。

药用历史与植物文化　关于青藏高原各族群众饮茶的历史，可以追溯至汉代，目前最可靠的证据是阿里地区故如甲木寺汉代古象雄墓葬出土的茶叶实物。从历史文献记载来看，藏医利用茶叶作为药材，似乎是从吐蕃时代开始的。明代史书《汉藏史集》记载，赞普都松莽布支得了一场重病，一天窗外飞来一只以前没有见过的美丽的小鸟，口中衔着一根树枝，枝上有几片叶子，于是摘下树叶的尖梢放入口中品尝其味，觉得清香，有益身体，便让吐蕃的臣民在吐蕃的各个地方寻找，最后在汉地找到，并运回了一些。《西藏王统记》等史书则记载茶叶是文成公主入藏时的陪嫁，等等。茶叶是青藏高原各族群众最重要的生活必需品之一，也是汉藏文化交融、民族团结进步的见证。

88 | 钩藤 ཁྱུང་རེད་དཀར་པོ།（琼戴尔嘎布）

本草考证　"琼戴尔嘎布" 出自《度母本草》，《度母本草》记载 "琼戴尔状如公鸡距"。《蓝琉璃》记载"钩藤状似公鸡爪，茎黑色，叶绿色"。藏医所用"琼戴尔"分黑白两种，本种为白色琼戴尔，为茜草科植物攀茎钩藤的带钩茎段。

基　　原　茜草科（Rubiaceae）攀茎钩藤［*Uncaria scandens* (Smith) Hutchinson in Sargent］的带钩藤茎。

植物性状　大藤本。嫩枝较纤细，方柱形或略有4棱角，密被锈色短柔毛，营养侧枝成对变态成钩状。叶对生，纸质，顶端短尖至渐尖，基部钝圆至近心形，全缘，托叶阔卵形，深2裂。头状花序单生叶腋，总花序梗腋生；花冠淡黄色，花冠管纤细，花冠裂片长倒卵形，顶端圆，小蒴果无柄，倒披针状长圆锥形。花期夏季（图2-88）。

图2-88　攀茎钩藤

分布与生境　产广东、海南、广西、云南、四川及西藏（墨脱、察隅）。生于常绿阔叶林林下。

功效成分　攀茎钩藤含吲哚生物碱，如钩藤碱、异钩藤碱、柯诺辛因碱、异柯诺辛因碱等，又含十四烷醛、齐墩果酸、熊果酸、槲皮素等。

药　　理　钩藤属植物所含的单萜吲哚生物碱有降血压、抗肿瘤、抗菌、抗炎和抗病毒作用等。钩藤吲哚生物碱具有被开发成治疗高血压、癫痫、抑郁症、帕金森病和阿尔茨海默病的新药的潜力。

加工炮制　采集带钩藤茎，切段干燥即得。

藏医应用　味苦，性凉，效轻、钝。可清热解毒。主治热证眩晕、惊厥高热、头痛等。

资源与贸易状况　藏医所用钩藤药材长期依赖进口或内地药材市场输入，主要是经亚东、吉隆等口岸从印度、尼泊尔等国进入或者采购自成都等内地药材集散地。实地调查发现攀茎钩藤为墨脱产大宗藏药材之一，主产背崩乡一带，当地群众采集卖给药商。

89　茜草　 བཙོད（佐）

别　　名　lae-nyi（仓洛门巴语）、da-mang（阿迪 - 达木珞巴语）。

本草考证　"佐"出自《医学四续》。《蓝琉璃》记载"佐叶绿色，无褶皱，茎细"。《晶珠本草》记载"佐断面红色，以根入药"。藏医所用"佐"为茜草科茜草属多种植物的藤茎及根。

基　　原　茜草科（Rubiaceae）梵茜草（*Rubia manjith* Roxburgh ex Fleming）的藤茎。

植物性状　草质攀缘藤本。根状茎和根紫红色；茎、枝方柱形，有4直棱，棱上有倒生小皮刺，髓部常紫红色。叶4片轮生，叶片纸质，长圆状披针形至卵状披针形，较少卵形，顶端长渐尖或有时尾尖，基部心形，边缘不反卷，有微小皮刺，两面粗糙；基出脉5条，偶有3条。聚伞花序多4分枝，圆锥状；花小，花冠红色或紫红色。果小，球形，单生或双生，暗红色。花期7~8月，果期10月（图2-89）。

图 2-89　梵茜草

分布与生境　产西藏西南部的札达、普兰、聂拉木和亚东，东南部和东部的加查、林芝、米林、波密、察隅、错那、墨脱、察雅和八宿等地。生林缘、林窗、采伐迹地、路边等向阳处，常攀附于其他树木或建筑物生长。

功效成分　梵茜草根含蒽醌衍生物，如茜草素（alizarin）、羟基茜草素（purpurin）、异茜草素（purpuroxanthine）等；萘醌衍生物，如大叶茜草素（rubimaillin）、4-萘醌（4-naphthoquinone）、茜草内酯（rubilactone）等；三萜化合物，如黑果茜草萜（rubiprasin）、齐墩果酸乙酸酯（oleanolic acid acetate）、齐墩果醛乙酸酯（oleanolic aldehyde acetate）等；另含东莨菪素（scopoletin）、脂肪酸（fattyacids）、β-谷固醇（β-sitosterol）及胡萝卜苷（daucosterol）等。《中国药典》规定，本品按干燥品计算，含大叶茜草素（$C_{17}H_{16}O_4$）不得少于0.40%，羟基茜草素（$C_{14}H_8O_5$）不得少于0.10%。

药　　理　茜草在动物实验中表现出良好的止血作用，家兔口服适量茜草温浸液2~4h，或腹腔注射同种剂量之茜草液后30~60min均有明显的促进血液凝固作用。同时茜草又有抗凝作用，在试管内，大叶茜草素对花生四烯酸（AA）和胶原诱导的家兔血小板聚集有很强的抑制作用。在脂多糖诱导小鼠巨噬细胞样细胞系炎症模型中，茜草素处理表现为炎症信号分子，包括一氧化氮、白介素水平降低，并促进细胞凋亡，表现抗炎活性。

加工炮制　采集木质化藤茎，干燥即得。

藏医应用　味苦、涩，性寒，效重。可清热、活血。主治月经不调、跌打损伤。

资源与贸易状况　茜草属多种植物都可药用。茜草为大宗药材，主要来源为野生采集，也有人工种植的。

其他应用　墨脱产的梵茜草用作染料植物，当地群众采集其藤茎用于藤编制品染色。

90　獐牙菜　ཟངས་ཏིག（桑蒂）

别　　名　pa-wa-ser-po（仓洛门巴语）、pau-ser-bu（阿迪-达木珞巴语）、肝炎草、青叶胆。

本草考证　"桑蒂"出自《宇妥本草》。《宇妥本草》记载"草药桑蒂生旱地，叶片略似白芥菜，茎干红色分支多，长短五指至六指，花朵紫红其味苦，治疗疫疬胆热症"。《度母本草》记载"本品味苦，为苦味之最"。藏医所用"桑蒂"为川西獐牙菜全草，实地调研发现墨脱县产显脉獐牙菜也作为"桑蒂"药材使用。"蒂达"为梵语转写，意思是"苦甘露滴"，在阿育吠陀药中的正品基原植物为印度獐牙菜（*Swertia chirayita*）。蒂达及其药用知识随佛教传入西藏后，被藏医吸收利用，并发展成独特的"蒂达"类藏药材体系。藏医把"蒂达"分为"甲蒂"（印度蒂达）、"哇蒂"（尼泊尔蒂达）和"松蒂"（西藏蒂达）3类，其中"松蒂"又根据药材品相细分为"桑蒂"、"塞蒂"、"机合蒂"、"俄蒂"和"格蒂"5类。藏药"蒂达"涉及约4科60余种基原植物，但藏医最常用的以印度獐牙菜（进口）和川西獐牙菜（国产）为主。川西獐牙菜也是重要中药材，因其和茵陈蒿有类似功效，而且出产于藏地，故而被称为"藏茵陈"。

基　　原　龙胆科（Gentianaceae）川西獐牙菜（*Swertia mussotii* Franchet）或显脉獐牙菜［*Swertia nervosa* (G. Don) Wall. ex C. B. Clarke］的全草。

植物性状

川西獐牙菜

一年生草本。主根明显，淡黄色。茎直立，四棱形，棱上有窄翅，从基部起作塔形或帚状分枝，枝斜展，有棱。叶无柄，卵状披针形至狭披针形，先端钝，基部略呈心形，半抱茎，下面中脉明显突起。圆锥状复聚伞花序多花，占据了整个植株；花萼绿色；花冠暗紫红色，边缘具柔毛状流苏。蒴果矩圆状披针形。花果期7~10月。

显脉獐牙菜

一年生草本，高30~100cm。根粗壮，黄褐色。茎直立，四棱形，棱上有宽翅，上部有分枝。叶具极短的柄，叶片椭圆形、狭椭圆形至披针形，愈向茎上部叶愈小，两端渐狭，叶脉1~3条，在下面明显突起。圆锥状复聚伞花序多花，开展；花萼绿色，叶状，长于花冠，裂片线状披针形，先端渐尖，背部中脉突起；花冠黄绿色，中部以上具紫红色网脉，裂片椭圆形，先端钝，具小尖头，下部具1个腺窝，腺窝深陷，半圆形，上半部边缘具短流苏，基部有1个半圆形膜片盖于其上，膜片可以自由启合。蒴果无柄，卵形。种子深褐色，椭圆形，表面泡沫状。花果期9~12月（图2-90）。

图2-90　獐牙菜药材（左）及其基原植物显脉獐牙菜（右）

分布与生境

川西獐牙菜：产青藏高原东部（云南西北部、四川西部、青海南部、西藏东部）。生于山坡草地、林缘。

显脉獐牙菜：产西藏东部、云南、广西、贵州、四川、甘肃东南部、陕西西南部。尼泊尔、印度也有分布。生于山坡草地、林缘。

功效成分　川西獐牙菜含有杧果苷（mangiferin）、齐墩果酸（oleanolic acid）、獐芽菜苦苷（swertiamarin）、龙胆苦苷（gentiopicroside）、獐芽菜苷（sweroside）、豆甾醇（stigmasterol）、β-谷固醇（β-sitosterol）、呫吨酮（zangyinchenin）、苦龙苷（amarogentin）、当药素（swertisin）等。

药　　理　齐墩果酸广泛存在于多种药用植物中。齐墩果酸及其衍生物具有抗氧化、抗炎、抗肝炎病毒等多种活性。川西獐牙菜提取物具有保肝作用，能明显降低四氯化碳（CCl_4）所致小鼠丙氨酸转氨酶（ALT）活性的升高，减轻CCl_4所致肝细胞病变，拮抗对乙酰氨基酚所致肝损伤。

加工炮制　采集全草，干燥后即得。

藏医应用　味苦、甘，性凉，效柔。可清肝利胆。主治肝胆湿热、头痛、热疫病。

民间医应用　康巴人民间用獐牙菜配伍龙胆、秦艽治疗感冒。青藏高原东南部及横断山区民间用獐牙菜治疗肝炎，故得名"肝炎草"。

资源与贸易状况　市售川西獐牙菜目前都来自于野外采集，需要加强人工种植探索，减少野生资源的消耗。本研究首次发现显脉獐牙菜在珞隅地区作为"桑蒂"药材收购，其资源现状和收购对其造成的影响需做进一步评估。

91 龙胆 ཤང་གུན། （邦金）

别　　名　yu-lu-gon-dig（仓洛门巴语）、bang-gyam（阿迪 - 达木珞巴语）、nyo-pi-dig-da（康巴藏语）。

本草考证　"邦金"出自《晶珠本草》。《晶珠本草》中根据花的颜色和生境、开花时间把邦金分为"邦金那保""邦金噶布""邦金恩波"3种。藏医以龙胆属多种植物的花入药，并分为上述3类，其药性稍有不同。《晶珠本草》记载："邦金噶布生长在草山坡，叶小而花繁盛，深秋季节在高而冷的地带开花，状如吉解（秦艽），无茎，从地面开出四五朵花，有红色光泽，基部合生；邦金恩波生长在非常潮湿的沼泽草滩，状如邦金噶布，但在初秋开蓝色小花；邦金那保中秋时节开放在高山草地，状如邦金噶布，花朵青色，鲜亮，比邦金恩波花型更大。"

基　　原　龙胆科（Gentianaceae）龙胆属（*Gentiana*）多种植物的全草。

植物性状　龙胆属植物为一年生或多年生草本。茎直立，四棱形，斜升或铺散。叶对生、轮生，或莲座状。复聚伞花序、聚伞花序或花单生；花两性，4~5数，稀6~8数；花萼筒形或钟形，浅裂，萼筒内面具萼内膜，萼内膜高度发育成筒形或退化，仅保留在裂片间呈三角袋状；花冠筒形、漏斗形或钟形，常浅裂，稀分裂较深，使冠筒与裂片等长或较短，裂片间具褶，裂片在蕾中右向旋卷；雄蕊着生于冠筒上，与裂片互生，花丝基部略增宽并向冠筒下延成翅，花药背着；子房1室，花柱明显，一般较短，有时较长，呈丝状；腺体小，多达10个，轮状着生于子房基部。蒴果2裂（图2-91）。

图2-91　坚龙胆药材（左）及植株（右）

分布与生境　我国龙胆属植物分布遍及全国，大多数种类集中在西南山岳地区，主要生长在高山流石滩、高山草甸和灌丛中。

功效成分　龙胆属植物普遍含有环烯醚萜和裂环环烯醚萜类化合物及其衍生物，

如龙胆苦苷、獐牙菜苦苷、当药苷等。环烯醚萜和裂环环烯醚萜类化合物是龙胆属植物的主要化学成分之一，也是本属植物的特征性化学成分。龙胆属植物还含有三萜皂苷类，主要是齐墩果酸和熊果酸及其衍生物；黄酮类，如异荭草素、木犀草素、牡荆素等。

药　　理　龙胆苦苷类化合物具有保肝和抗肿瘤活性。龙胆苦苷通过调节 β-catenin-BMP 信号通路促进骨髓基质干细胞成骨，具有治疗骨质疏松症的潜力。龙胆苦苷通过抑制 NOD 样受体蛋白炎症小体活性来产生抗炎效应，可用于缓解痛风性关节炎急性期症状。黄酮类成分具有抗菌、抗炎、抗氧化等活性。齐墩果酸和熊果酸具有保肝活性，齐墩果酸已经作为肝炎的辅助性治疗药物广泛用于临床。

加工炮制　采挖全草，干燥后即得。

藏医应用　味苦，性凉。治疗各种热病、疫病和疠症。

民间医应用　墨脱县民间用于治疗感冒。

资源与贸易状况　龙胆属植物在藏东南地区分布广泛。药用种类中，以坚龙胆、三花龙胆、蓝玉簪龙胆等最为常见，常在适宜环境中形成优势种群，资源丰富。目前坚龙胆和三花龙胆在云南、四川等地已有规模化 GAP（良好农业规范）种植。

植物文化　龙胆属植物，藏语称为"邦金梅朵"，"邦金"意为"草原的宝石"，是青藏高原牧区草原最常见的标志性植物之一，龙胆属植物的物候特征是牧区重要的季节标识。藏族群众在千年历史的放牧过程中，通过观察以龙胆为代表的草原植物开花的时间规律，总结出以花为记号的物候表，并以民歌的形式代代相传。"仙女三姐妹，化作草坡三花。春季阳光温暖，三花万物先导，报春、马兰与点地梅，为三春三花；秋季寒风吹起，三花渐次凋谢，龙胆三姐妹，为三秋三花"，大医师丹增彭措在《晶珠本草》中记载了这个传说，并对龙胆三秋三花进行了诠释。"邦金梅朵"也是青藏高原重要的文化植物与藏语文学中重要的文学意象，"邦金梅朵"象征风调雨顺、草场丰美，寓意生活幸福。青藏高原各族群众创作了许多以邦金梅朵为题材的民歌、民谣、故事、传说等。西藏自治区文学艺术界联合会主办的以收集弘扬优秀传统文化为主旨的藏文杂志就叫《邦金梅朵》，邦金梅朵也是西藏自治区的区花。

92 秦艽 ཀྱི་ཅེ་ནག་པོ（吉解那保）

别　　名　kyi-byong（尼西珞巴语）。

本草考证　"吉解那保"出自《度母本草》。《度母本草》认为本品为"吉解"类药材中的"黑吉解"类，生于阴山，与白吉解（麻花艽）的区别是本品叶片大、花蓝白色。《晶珠本草》记载本品叶片大，花蓝白色，生于平滩，叶片铺散地面。实地调查发现藏医和民间医生所用吉解那保药材为秦艽的根，分为本地产和外地产，本地产的多来自野生的西藏秦艽，外地产来自内地种植的秦艽和粗茎秦艽。

基　　原　龙胆科（Gentianaceae）秦艽（*Gentiana macrophylla* Pall.）、粗茎秦艽（*Gentiana crassicaulis* Duthie ex Burkill）或西藏秦艽（*Gentiana tibetica* King ex Hook. f.）

的根。

植物性状

秦艽（*Gentiana macrophylla* Pall.）

多年生草本，高 30~60cm。全株光滑无毛，基部被枯存的纤维状叶鞘包裹。须根多条，扭结或黏结成一个圆柱形的根。枝少数丛生。莲座丛叶卵状椭圆形或狭椭圆形，先端钝或急尖，基部渐狭，边缘平滑，叶柄宽，包被于枯存的纤维状叶鞘中；茎生叶椭圆状披针形或狭椭圆形，先端钝或急尖，基部钝，边缘平滑。花多数，无花梗，簇生枝顶呈头状或腋生作轮状；花萼筒膜质，黄绿色或有时带紫色，先端截形或圆形，萼齿 4~5 个，稀 1~3 个，甚小，锥形；花冠筒部黄绿色，冠檐蓝色或蓝紫色，壶形，裂片卵形或卵圆形，全缘，褶整齐，三角形。蒴果内藏或先端外露，卵状椭圆形。花果期 7~10 月（图 2-92）。

图 2-92　西藏秦艽（左）和粗茎秦艽（右）

分布与生境　产新疆、宁夏、陕西、山西、河北、内蒙古及东北地区。俄罗斯及蒙古国也有分布。生于山坡草地。

粗茎秦艽（*Gentiana crassicaulis* Duthie ex Burkill）

多年生草本。全株光滑无毛，基部被枯存的纤维状叶鞘包裹。须根多条，扭结或黏结成一个粗的根。枝少数丛生，粗壮，斜升，黄绿色或带紫红色，近圆形。莲座丛叶卵状椭圆形或狭椭圆形；茎生叶卵状椭圆形至卵状披针形，叶柄宽，愈向茎上部叶愈大，柄愈短，至最上部叶密集成苞叶状包被花序。花多数，无花梗，在茎顶簇生成头状，稀腋生作轮状；花萼筒膜质，一侧开裂成佛焰苞状，先端截形或圆形，萼齿 1~5 个，甚小，锥形；花冠筒部黄白色，冠檐蓝紫色或深蓝色，内面有斑点，壶形，裂片卵状三角形。蒴果内藏，无柄，椭圆形。花果期 6~10 月。

分布与生境　产西藏东南部、云南、四川、贵州西北部、青海东南部、甘肃南部。生于山坡草地。

西藏秦艽（*Gentiana tibetica* King ex Hook. f.）

多年生草本。全株光滑无毛，基部被枯存的纤维状叶鞘包裹。须根数条，黏结成一个粗大、圆柱形的根。枝少数丛生，直立，黄绿色，近圆形。莲座丛叶卵状椭圆形，先端急尖或渐尖，边缘微粗糙，叶柄宽，包被于枯存的纤维状叶鞘中；茎生叶卵状椭圆形至卵状披针形，先端渐尖至急尖，基部钝，边缘微粗糙，愈向茎上部叶愈大，柄愈短，至最上部叶密集成苞叶状包被花序。花多数，无花梗，簇生枝顶呈头状，或腋生作轮状；花萼筒膜质，黄绿色，一侧开裂成佛焰苞状，先端截形或圆形，萼齿5~6个，甚小，锥形；花冠内面淡黄色或黄绿色，冠檐外面带紫褐色，宽筒形，裂片卵形。蒴果内藏，无柄，椭圆形或卵状椭圆形。花果期6~8月。

分布与生境　产我国西藏南部。尼泊尔、印度锡金、不丹也有分布。生于山坡草地。

功效成分　秦艽根含秦艽碱甲即龙胆碱（gentianine）、龙胆次碱（gentianidine）、秦艽碱丙（gentianal）、龙胆苦苷（gentiopicroside）、獐芽菜苦苷（swertiamarin）、褐煤酸（montanic acid）、褐煤酸甲酯（methyl montanate）、栎瘿酸（roburic acid）、α-香树脂醇（α-amyrin）、β-谷固醇（β-sitosterol）、β-谷固醇-β-D-葡萄糖苷（β-sitosterol-β-D-glucoside）等。

药　理　秦艽根提取物对酒精性肝病小鼠模型具有抗炎活性，能显著改善小鼠酒精性肝病症状，并呈剂量依赖性，表现为促炎性细胞因子水平下降和抗炎细胞因子水平上升，同时肝病相关血液指标均下降，其机制可能是抑制 JNK 和 P38 的磷酸化，进一步抑制炎症的发生。秦艽碱对甲醛诱导的小鼠关节炎模型具有抗炎活性，能显著减轻关节肿胀。龙胆碱能明显减轻豚鼠由组胺喷雾引起的哮喘及抽搐，对于兔蛋清诱导的过敏性休克也有显著的抵抗作用，还能明显降低大鼠的毛细血管通透性。龙胆苦苷对乙醇诱导的 C57BL/6 小鼠胃炎模型具有抗炎活性，龙胆苦苷处理后，小鼠促炎性细胞因子 TNF-α、IL-1β 和 IL-8 的产生减少，抗炎细胞因子 IL-10 水平升高，其可能是通过调节 MMP-10 和 pERK1/2 信号通路实现的。

加工炮制　采挖根部，去除叶和芦头，干燥即得。

藏医应用　味苦，消化后味苦，性凉。可清热、消炎、干黄水。主治风热喉痹、荨麻疹、四肢关节肿痛、黄水病、皮肤病等。

民间医应用　珞巴族尼西人民间用于治疗咳嗽。康巴藏族民间用于治疗感冒咽痛。

资源与贸易状况　秦艽和粗茎秦艽都是广泛栽培的大宗药材。

93 **止泻木子** དུག་མོ་ཉུང་།（土膜钮）

本草考证　"土膜钮"出自《晶珠本草》。《晶珠本草》记载："土膜钮生于热带沟谷河滩和林间，缠绕他树而生，常与被缠绕的树等高，不缠绕者长约肘许，叶状如荞麦叶而大，花小黄白色，果实圆柱嘴尖，种子状如鹦鹉舌，外有羽毛包裹。"藏医所用土膜钮为进口药材，为夹竹桃科止泻木的果实。

基　　原　夹竹桃科（Apocynaceae）止泻木（*Holarrhena pubescens* Wall. ex G. Don）的果实。

植物性状　乔木，高达 10m。树皮浅灰色，枝条灰绿色，具皮孔，全株具乳汁。叶膜质，对生，阔卵形、近圆形或椭圆形，顶端急尖至钝或圆，基部急尖或圆形，叶面深绿色，叶背浅绿色，两面被短柔毛。伞房状聚伞花序顶生和腋生；花冠白色，向外展开，内外面被短柔毛，喉部更密，花冠筒细长，基部膨大，喉部收缩，花冠裂片长圆形，顶端圆，长。蓇葖果双生，长圆柱形，顶端渐尖，向内弯，具白色斑点。种子浅黄色，长圆形；种毛长 5cm。花期 4~7 月，果期 6~12 月（图 2-93）。

分布与生境　产云南南部，广东和台湾有栽培。分布于印度、缅甸、泰国、老挝、越南、柬埔寨、马来西亚。模式标本采自印度。生于热带雨林和热带季节雨林中。资料记载在墨脱县雅鲁藏布大峡谷热带沟谷雨林中有止泻木分布，主要分布于西让村至巴昔卡镇一带。在西让村实地调研中，西让村村民称见过该植物，但分布于印度非法占领区一侧，未能采到实物。

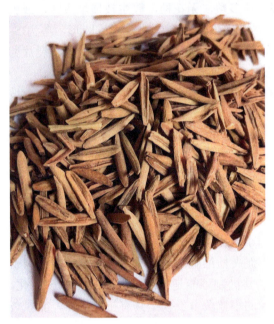

图 2-93　止泻木子药材

功效成分　止泻木种子含甾体生物碱类，如锥丝碱（conessine）、降锥丝碱（norconessine）、锥丝明（conessimine）、异锥丝明、止泻木明（holarrhimine）、止泻木碱（holarrhine）、锥丝亚胺（coni-mine）等。

药　　理　止泻木种子醇提取物具有降血糖活性，对糖尿病模型大鼠体重降低具有抑制活性，同时可改善代谢综合征相关指标。止泻木种子生物碱具有抗菌活性和抗炎活性，对蓖麻油诱导的腹泻具有止泻作用。分子对接研究发现止泻木碱止泻的机制可能是抑制产肠毒素大肠杆菌（enterotoxigenic *Escherichia coli*，ETEC）分泌的耐热肠毒素（ST）与鸟苷酸环化酶 c（guanylate cyclase c，GC-c）的胞外区域结合，它们的结合会引起信号级联激活，最终导致水样腹泻。止泻木树皮氯仿提取物具有体外和体内抗疟原虫活性。

加工炮制　采集成熟果实，干燥即得。

藏医应用　味苦、涩，性凉，效润。可清血热、止泻。主治赤巴病、肝病、血热证、热性腹泻、食物中毒。

资源与贸易状况　藏医所用止泻木子药材为进口药材，几乎全部来自印度。

附　　注　本品收录于《国家藏药标准全书》（药材标准号 WS3-BC-001）。

94 蓝布裙 ནད་མ་འཛར་ཀ།（乃玛恰尔玛）

别　　名　lun-ma（阿迪 - 达木珞巴语）、a-chu-pi（义都珞巴语）。

本草考证　"乃玛恰尔玛"出自《度母本草》。《度母本草》记载"蓝布裙之性相，生在温暖之地域，叶片青色较粗糙，茎干方形比较长，花朵外皮青蓝色，形状如同吉祥结，果实簇生成圆形，叶片粘物并盘绕"。《妙音本草》记载："蓝布裙生乌斯南部，花青状似吉祥结，果实被毛有果梗，叶片表面有粘液。"藏医所用"乃玛恰尔玛"为紫草科倒提壶的全草，本草著作中常汉译为"倒钩琉璃草"。

基　　原　紫草科（Boraginaceae）倒提壶（*Cynoglossum amabile* Stapf & J. R. Drummond）的根。

植物性状　多年生草本。基生叶具长柄，长圆状披针形或披针形，两面密生短柔毛；茎生叶长圆形或披针形。花序锐角分枝，分枝紧密，向上直伸，集为圆锥状；花冠通常蓝色，稀白色。小坚果卵形，背面微凹，密生锚状刺，边缘锚状刺基部连合，成狭或宽的翅状边，腹面中部以上有三角形着生面。花果期 5~9 月（图 2-94）。

图 2-94　倒提壶

分布与生境　产云南、贵州西部、西藏西南部至东南部、四川西部及甘肃南部。生于山坡草地、林缘、路边、田间、采伐迹地等处。

功效成分　倒提壶根含多糖类，以及吡咯里西啶类生物碱，如天芥菜碱（heliotrine）和毛果天芥菜碱（lasiocarpine），另含豆甾醇（stigmasterol）、β- 谷固醇（β-sitosterol）、胡萝卜苷（daucosterol）、齐墩果酸（oleanolic acid）、倒提壶酸（amabilic acid）等。

药　　理　近年来的研究发现，多糖类化合物具有抗肿瘤、免疫调节、抗病毒、抗衰老、降血糖等多种药理活性。吡咯里西啶类生物碱具有抗菌、抗肿瘤等活性，但也具有较强的肝毒性，使用时需谨慎。

加工炮制　采集全草，干燥即得。

藏医应用　味苦、甘，消化后味苦，性凉，效糙。可消肿排脓、散瘀止血。主治创伤感染、化脓、皮肤感染、跌打损伤等。

民间医应用 达木珞巴族民间药用于清热解毒。

资源与贸易状况 倒提壶为极常见野生植物，常在采伐迹地、撂荒地大面积生长，资源量大。

95 | 苦茄 ཁ་ལང་ཙོས་ཀ（乌鲁祖玛）

别　　名 kha-lang-gyi（仓洛门巴语）。

本草考证 "乌鲁祖玛"为青藏高原具有热带、亚热带气候沟谷地区的民族民间药，《中华藏本草》有收录。

基　　原 茄科（Solanaceae）水茄（*Solanum torvum* Swartz）的果实。

植物性状 灌木。小枝、叶下面、叶柄及花序柄均被具长柄、短柄或无柄稍不等长 5~9 分枝的尘土色星状毛。小枝疏具基部宽扁的皮刺。叶单生或双生，卵形至椭圆形，边缘半裂或波状。伞房花序腋外生，二至三歧；花白色；萼杯状。浆果黄色，光滑无毛，圆球形，宿萼外面被稀疏的星状毛，果柄上部膨大。全年均开花结果（图 2-95）。

图 2-95　水茄

分布与生境 热带地区广布。珞隃地区产喜马拉雅山南麓低海拔河谷地带。生于河岸、湿润草地等处。

功效成分 水茄果实含有生物碱类，如澳洲茄胺（solasodine）；皂苷类，如水茄皂苷元（torvogenin）、绿莲皂苷元（chlorogenin）、脱氢剑麻皂苷元（sisalagenone）；还含有黄酮类物质。

药　　理 水茄中的生物碱具有抗肿瘤活性。澳洲茄胺有可的松样作用，可降低血管通透性及透明质酸酶的活性，对动物的过敏性、烧伤性、组织性休克有某些抵抗作用，还能增加胰岛素休克小鼠的存活率，并能促进抗体的形成。水茄果实中含有的异黄酮和甾体糖苷具有抗病毒作用。

加工炮制 一般现采现用鲜药。

藏医应用　味苦，性寒。可解毒、利胆、祛风湿、消肿散结。主治肝胆病、风湿等，对治疗肿瘤有辅助作用。

民间医应用　民间用于治疗肝炎。

资源与贸易状况　水茄为热带、亚热带地区常见野生植物，资源量大。

96　辣椒　ཚ་ད་ཀ（孜扎嘎）

别　　名　sur-lho（仓洛门巴语）、rtsi-kra-ka（《中华藏本草》）。

本草考证　"孜扎嘎"出自《度母本草》。《度母本草》记载"热药之王孜扎嘎，生在珞隅炎热地，叶片散乱有裂片，茎干如同茜草根，其味辛辣有点甘"。《蓝琉璃》记载"孜扎嘎为一种辛辣的药物，茎似银露梅，多枝节，绿色，叶片与白柳相似，椭圆形果实红黄色，内有扁平种子"。藏药本草中记载的"孜扎嘎"为一类辛辣味的药物，藏医古本草未明其物，现代藏医在实际应用中，以茄科植物辣椒为正品，藏医认为"孜扎嘎"以味道辛辣者为佳，因此辣椒中最为辛辣的朝天椒为"孜扎嘎"佳品。墨脱产辣椒以辛辣度高而闻名西藏，其中有一种从印度引进的"魔鬼辣椒"，该品种被认为是"世界上最辣的辣椒"。但需要注意的是，辣椒品种众多，形态与本草记载并不完全一致。另外，《度母本草》成书时，辣椒尚未传入亚洲。因此，本草里记载的"孜扎嘎"是不是辣椒尚需考虑，需要后续做进一步考证。

基　　原　茄科（Solanaceae）辣椒［*Capsicum annuum* L. (=*Capsicum frutescens* L.)］的果实。

植物性状　草本或亚灌木，一年生或有限多年生植物。茎近分枝稍"之"字形折曲。叶互生，枝顶端节不伸长而呈双生或簇生状，矩圆状卵形、卵形或卵状披针形，全缘。花俯垂，花冠白色，裂片卵形。果实指状，顶端渐尖且常弯曲，未成熟时绿色，成熟后成红色、橙色或紫红色，味辣。种子扁肾形，长 3~5mm，淡黄色。花果期 5~11 月（图 2-96）。

图 2-96　墨脱产门巴辣椒

分布与生境　我国各地广泛栽培。珞隅地区产墨脱县。

功效成分　辣椒果实含辣椒碱类成分，主要有辣椒碱（capsaicin）、二氢辣椒碱（dihydrocapsaicin）、去甲双氢辣椒碱（nordihydrocapsaicin）、高辣椒碱（homocapsaicin）、高二氢辣椒碱（homodihydrocapsaicin）、壬酰香草酰胺（nonoyl vanillylamide）、辛酰香草酰胺（decoyl vanillylamide）等。辣椒果实还含有多种黄酮类物质，如原儿茶酸、绿原酸、山奈酚、芦丁和木犀草素。《中国药典》规定，本品按干燥品计算，含辣椒素（$C_{18}H_{27}NO_3$）和二氢辣椒素（$C_{18}H_{29}NO_3$）的总量不得少于 0.16%。

药　理　辣椒碱内服可作健胃剂，有促进食欲、改善消化的作用。临床上将辣椒碱制成膏药或搽剂外用可以缓解关节肌肉疼痛和术后神经痛。辣椒碱能通过改善肠道菌群来治疗肥胖症等。辣椒果实煎剂有杀灭臭虫的功效。辣椒果实中的黄酮有抗炎、抗氧化作用。

加工炮制　采集新鲜变红果实，干燥即得。

藏医应用　味辛，消化后味苦，性温，效糙、轻。可提升胃温、杀虫。主治胃寒、寄生虫病、麻风病、风湿病等。

资源与贸易状况　辣椒是珞隅地区的特色农产品，其中墨脱所产的门巴辣椒以辛辣闻名，辣椒碱含量高，为孜扎嘎药材的优质资源。

附　注　有些文献将本品基原植物定为小米辣（*Capsicum frutescens*），一些植物分类学专著依据该种"灌木或亚灌木，在每个开花节上 2 至数朵花；花果直立生；花冠绿白色"等特征，将该种与辣椒作为不同的种处理。本研究对植物的鉴定依据 *Flora of China*，根据其记载，该种的这些特征在实际观察中与辣椒区别不明显，因此将本种并入辣椒，其学名作为辣椒的异名处理。

97　曼陀罗　དྷ་དུ་ར།（达图热）

别　名　yun-ma-chu-dong（仓洛门巴语）、da-du-ra（卫藏藏语）。

本草考证　"达图热"为青藏高原南部温暖地区民族民间药，《中华藏本草》有收录。"达图热"一词似由梵语或印地语 Dhatura 转写而来，在藏南珞隅、门隅等地是广泛应用的民间药。

基　原　茄科（Solanaceae）曼陀罗（*Datura stramonium* L.）的种子。

植物性状　草本或半灌木状。茎粗壮，圆柱状，淡绿色或带紫色，下部木质化。叶广卵形，顶端渐尖，基部不对称楔形，边缘有不规则波状浅裂，裂片顶端急尖，有时亦有波状牙齿。花单生于枝杈间或叶腋，直立，花萼筒状；花冠漏斗状，下半部带绿色，上部白色或淡紫色，檐部 5 浅裂，裂片有短尖头。蒴果直立生，卵状，表面生有坚硬针刺或有时无刺而近平滑，成熟后淡黄色，规则 4 瓣裂。种子卵圆形，稍扁，黑色。花期 6~10 月，果期 7~11 月（图 2-97）。

分布与生境　我国热带、亚热带区域广布。生于荒坡、路边、采伐迹地等处。

功效成分　曼陀罗种子含莨菪碱（hyoscyamine）、东莨菪碱（scopolamine）、阿托

图 2-97 曼陀罗药材（左）及基原植株（右）

品等生物碱。

药　　理　东莨菪碱为临床上广泛应用的胆碱受体阻滞药，其药理作用主要表现为抑制腺体分泌及中枢镇静。临床上主要用于麻醉前给药，也可用于晕动症、帕金森病、妊娠呕吐及放射性呕吐等的治疗。阿托品是一种抗胆碱药，为毒蕈碱型受体阻断剂，其药理作用主要是解除平滑肌痉挛，量大可解除小血管痉挛，改善微循环，同时抑制腺体分泌，解除迷走神经对心脏的抑制，使心搏加快、瞳孔散大、眼压升高，兴奋呼吸中枢，解除呼吸抑制。

加工炮制　蒴果成熟自然干燥时收集种子，干燥处保存。

藏医应用　味苦，性凉。可止痛利湿，治疗牙痛、咳喘、烧伤、黄水疮等。

民间医应用　墨脱门巴族用于治疗牙痛。

资源与贸易状况　曼陀罗为热带和温带地区广泛分布的野生植物，资源量大。

98 车前 ཐརམ།（塔然姆）

别　　名　dol-ma-nyi-ta（错那门巴语）、kue-ma（尼西珞巴语）。

本草考证　"塔然姆"出自《度母本草》。《度母本草》记载"塔然姆生于田间、道路旁，叶片硬扁如鞋底，花如沿沟草。煮菜吃治疗培根病"。《宇妥本草》记载"塔然姆生于旱地，叶片铺地如鞋掌，种子如小铁果"。藏医所用"塔然姆"为车前科车前属多种植物干燥全草。

基　　原　车前科（Plantaginaceae）车前（*Plantago majo* L.）或平车前（*Plantago depressa* Willd.）的全草。

植物性状

车前

二年生或多年生草本。叶基生呈莲座状，平卧、斜展或直立；叶片草质、薄纸质或纸质，宽卵形至宽椭圆形。花序 1 至数个；花序梗直立或弓曲上升，穗状花序细圆柱状。花冠白色。蒴果近球形、卵球形或宽椭圆球形。种子卵形、椭圆形或菱形。花期 6~8 月，果期 7~9 月（图 2-98）。

图 2-98　车前（左）及药材（右）

平车前

一年生或二年生草本。直根长，具多数侧根，多少肉质。根茎短。叶基生呈莲座状，平卧、斜展或直立；叶片纸质，椭圆形、椭圆状披针形或卵状披针形，先端急尖或微钝，边缘具浅波状钝齿、不规则锯齿或牙齿，基部宽楔形至狭楔形，下延至叶柄，脉 5~7 条，上面略凹陷，于背面明显隆起；叶柄基部扩大成鞘状。花序 3~10 余个；穗状花序细圆柱状，上部密集，基部常间断。花冠白色。蒴果卵状椭圆形至圆锥状卵形。花期 5~7 月，果期 7~9 月。

分布与生境

车前：世界各温暖地区广布。

平车前：产黑龙江、吉林、辽宁、内蒙古、河北、山西、陕西、宁夏、甘肃、青海、新疆、山东、江苏、河南、安徽、江西、湖北、四川、云南、西藏。朝鲜、俄罗斯（西伯利亚至远东）、哈萨克斯坦、阿富汗、蒙古国、巴基斯坦、印度也有分布。

功效成分　车前含齐墩果酸（oleanolic acid）、β- 谷固醇、菜油甾醇（campesterol）、豆甾醇、木犀草素（luteolin）、洋丁香酚苷、桃叶珊瑚苷、车前醚苷（plantarenaloside）、龙船花苷（ixoroside）、车叶草苷（asperuloside）、山萝花苷（melampyroside）等。

药　　理　车前有一定的利尿作用，可使犬、家兔及人的水分排出增多，并增加尿素、尿酸及氯化钠的排出。车前水浸剂在试管内对同心性毛癣菌、羊毛状小芽孢癣菌、星状诺卡氏菌等有不同程度的抑制作用。平板打孔法证明金黄色葡萄球菌对车前高度敏感，宋氏痢疾杆菌中度敏感，大肠杆菌、绿脓杆菌、伤寒杆菌轻度敏感。

加工炮制　采集全草干燥即得。

藏医应用　味甘、涩，性寒。可清热、利尿、止泻、干黄水。主治腹泻、尿闭、出血、痈疮等。

民间医应用　康巴人民间鲜用车前全草煮水治疗各种热证和利尿。

资源与贸易状况　车前常见于田间地头、路边等处，资源量大。

99 蓝靛 ᠍ᡂ᠋᠍᠌᠍ᠠᡩ᠍᠍᠍ᠠ（欧然）

别　　名　rams（卫藏藏语）、yang-shar-pa（仓洛门巴语）、马蓝、门隅蓝草。

本草考证　"欧然"即传统绘画和染料所用之"藏青"，为门隅产的"欧然草"煎煮而成的精华。《晶珠本草》记载为"然"，意为"蓝靛"。蓝靛以青色有红色光泽为上品。在绘画颜料中属于"土类"颜料。蓝靛来源植物有爵床科板蓝、十字花科菘蓝、豆科木蓝等，据藏药本草和唐卡绘画文献记载，蓝靛来源于门巴族种植的"欧然草"。本研究实地调查确认墨脱门巴族群众栽培用作蓝靛的植物为爵床科板蓝。

基　　原　爵床科（Acanthaceae）板蓝 [*Strobilanthes cusia* (Nees) Kuntze] 全草。

植物性状　草本。多年生一次性结实。茎直立或基部外倾，稍木质化，高约1m，通常成对分枝，幼嫩部分和花序均被锈色、鳞片状毛，叶柔软，纸质，椭圆形或卵形，顶端短渐尖，基部楔形，边缘有稍粗的锯齿，两面无毛，干时黑色；侧脉每边约8条，两面均凸起。穗状花序直立；苞片对生。蒴果无毛。种子卵形。花期11月（图2-99）。

图2-99　板蓝

分布与生境　产我国南方各省区。印度、缅甸、喜马拉雅山南坡等地也有分布，一般为栽培。珞隅地区墨脱县江新村有栽培。

功效成分　蓝靛含吲哚类生物碱，如靛蓝（indigo）和靛玉红（indirubin），还含有喹唑酮类生物碱，如色胺酮（tryptanthrin）等。另含有2-苯并唑酮（2-benzoxazolinone）、阿克苷（acteoside）、角胡麻苷（martynoside）等。

药　　理　板蓝中的靛蓝、靛玉红、色胺酮等成分具有协同抗炎活性，同时具有抗肉芽肿细胞增生等活性，临床上用板蓝治疗胃溃疡。大肠杆菌抗菌实验发现，色胺酮通过破坏细菌 DNA 复制过程而发挥抗菌活性。色胺酮另有抗冠状病毒活性，其机制是抑制病毒表面刺突蛋白与血管紧张素转换酶 2 的结合。板蓝根临床上也用于治疗银屑病，基于网络药理学分析发现，板蓝根可能是通过 HIF-1 信号通路、T 细胞受体信号通路等多通路，以及多成分、多靶点而发挥对银屑病的治疗作用的。

加工炮制 采集板蓝全草，晒干，加水煎煮浓缩成浸膏即得。目前藏医所用蓝靛药材多为我国内地和尼泊尔、印度等地产的用于蓝染的干燥蓝靛泥。

藏医应用 味苦，性凉。主治眼疾、火烧伤、皮肤病。

资源与贸易状况 目前藏医所用蓝靛药材多为我国内地出产或尼泊尔等国进口的天然蓝靛染料。实地调查发现墨脱门巴族群众少量栽培板蓝用于制作染料和绘画颜料，可进一步开发利用。

植物文化 蓝靛在唐卡绘画中已经有上千年的应用历史，利用光谱法对唐宋时期的部分唐卡文物研究发现，蓝靛已被作为蓝黑色颜料使用。历代唐卡绘画文献记载，"然"为门巴族制作的一种植物染料，是门隅地区的"欧然草"煎煮浓缩制得的精华。本研究通过田野调查发现藏族群众还把蓝靛作为传统氆氇织造工艺中的蓝色染料。古代藏医文献以其形如干土块而列为"土类"药物。蓝靛状如泥土，呈青蓝色，带有特殊气味，古代多从西域而来，因此古人曾误以为是狮子的粪便。大医师丹增彭措在《晶珠本草》中驳斥了这种说法，他认为狮子是很罕见的动物，而蓝靛到处都有，因此不可能是狮子的粪便。

附　注 目前藏医所用蓝靛药材多为染料蓝靛，其制作工艺与藏医本草记载有较大差异，需要进一步考证。

100 大驳骨 ་ཤར (哇夏嘎)

别　名 vassaka（梵语）、shar-pa（仓洛门巴语）、巴夏嘎。

本草考证 "哇夏嘎"出自《甘露精要八支秘诀续》。"哇夏嘎"是梵语转写。《度母本草》记载"所说草药鸭嘴花，珞隅河川树林生，树干高大叶密厚，花朵状似鸭子嘴"。《蓝琉璃》记载"哇夏嘎叶大，状如核桃树嫩树，树干中空虚松，生枝处有鸟足状结节，花黄白色"。藏医所用哇夏嘎正品基原为爵床科鸭嘴花全草。

基　原 爵床科（Acanthaceae）鸭嘴花（*Justicia adhatoda* L.）的全草。

植物性状 大灌木。叶纸质，矩圆状披针形至披针形、卵形或椭圆状卵形，顶端渐尖，有时稍呈尾状，基部阔楔形，全缘。茎叶揉后有特殊臭气。穗状花序卵形或稍伸长；花冠白色，有紫色条纹或粉红色。蒴果近木质，上部具 4 粒种子，下部实心短柄状（图 2-100）。

分布与生境 我国南方热带区域栽培，原产地未知，最早发现于印度。多为栽培。

功效成分 鸭嘴花含生物碱类，如鸭嘴花酚碱（vasicinol）、鸭嘴花醇碱（vasicol）、去氧鸭嘴花酮碱（deoxyvasicinone）、鸭嘴花酮碱（vasicinone）、鸭嘴花碱（vasicine）、

图 2-100 鸭嘴花

甜菜碱（betaine）、大驳骨酮碱（adhavasinone）等；黄酮类，如山奈酚（kaempferol）、槲皮素（quercetin）、异牡荆黄素（isovitexin）等；以及多种多糖类和挥发油成分。

药　　理　鸭嘴花醇提取物具有良好的抗菌活性。抗炎活性研究发现，鸭嘴花提取物能显著减轻二甲苯致小鼠耳廓肿胀程度，对比其他"哇夏嘎"代用品，作为抗炎药材使用时，首选鸭嘴花，其次为塞北紫堇。鸭嘴花叶和根提取物具有抗糖尿病活性，黄酮类成分具有抗氧化活性。

加工炮制　采集全草，干燥后即得。

藏医应用　味苦、涩，消化后味苦，性凉，效钝、糙。可清热凉血、消炎止痛、止咳。主治各种热证、跌打损伤、出血。

民间医应用　墨脱门巴族用于治疗跌打损伤。

资源与贸易状况　青藏高原不产鸭嘴花，目前藏医所用鸭嘴花药材多为产自印度和尼泊尔的进口药材。实地调查墨脱雅鲁藏布大峡谷沟谷热带区域（背崩乡）的村庄偶有栽培于庭院。

药用历史与植物文化　鸭嘴花是阿育吠陀医学中的重要药物，梵语名 vassaka，藏语转写为 ba-sha-ka，汉语音译"哇夏嘎"或"巴夏嘎"。阿育吠陀医生应用鸭嘴花治疗呼吸系统疾病，具有祛痰、镇咳等功效。阿育吠陀医学随着文化和贸易交流传入我国西藏后，古代的吐蕃医生在原本藏医的基础上，吸收借鉴阿育吠陀医学理论和技术，总结出《甘露精要八支秘诀续》等著作，其中就收录了鸭嘴花。同时，藏医还扩展了鸭嘴花的用途，除了治疗呼吸疾病外，还将其用于治疗炎症、痢疾、感染等。由于鸭嘴花原产喜马拉雅山南麓热带、亚热带地区，青藏高原难以获取足够资源，藏医又用具有类似功效的高原植物，如塞北紫堇（*Corydalis impatiens*）等作为代用品。

101 密花香薷 ཞིམ་ཐིག་སྲུབ་པོ།（齐柔木布）

本草考证　"齐柔木布"出自《度母本草》。《度母本草》记载，"齐柔"生长在田间和水沟，叶青色，花穗似佛座，籽似青金石灵塔，味涩而辛。《晶珠本草》把齐柔分为黑白两种，白者为"齐柔噶布"，黑者为本品。

基　　原　唇形科（Lamiaceae）密花香薷（*Elsholtzia densa* Benth.）的全草。

植物性状　草本，密生须根。茎直立，自基部多分枝，分枝细长，茎及枝均四棱形，具槽，被短柔毛。叶长圆状披针形至椭圆形，边缘在基部以上具锯齿，草质，上面绿色下面较淡，两面被短柔毛。穗状花序长圆形或近圆形，长 2~6cm，宽 1cm，密被紫色串珠状长柔毛，由密集的轮伞花序组成；最下的一对苞叶与叶同形，向上呈苞片状，卵圆状圆形。花萼钟状，外面及边缘密被紫色串珠状长柔毛，萼齿 5，后 3 齿稍长，近三角形，果时花萼膨大，近球形，外面极密被串珠状紫色长柔毛。花冠小，淡紫色，冠檐二唇形，上唇直立，先端微缺，下唇稍开展，3 裂，中裂片较侧裂片短。小坚果卵珠形，腹面略具棱，顶端具小疣突起。花果期 7~10 月（图 2-101）。

图 2-101　密花香薷

分布与生境　产我国西部各省区。南亚、中亚和北亚也有分布。模式标本采自喜马拉雅山地区。生于山坡草地。

功效成分　密花香薷含挥发油，其主要成分有柠檬烯、反式叶醇、α-松油醇、芳樟醇、苯乙酮、棕榈酸等。

药　　理　密花香薷醇提取物对四氯化碳和对乙酰氨基酚（扑热息痛）诱导的大鼠肝损伤模型具有保肝作用，在摄入密花香薷提取物后，大鼠各项肝功能指标都显著下降。密花香薷醇提取物具有体外抗氧化活性和抗 α-糖苷酶活性。密花香薷挥发油对革兰氏阳性菌金黄色葡萄球菌具有较强的生长抑制作用，对革兰氏阴性菌大肠杆菌和绿脓杆菌具有较弱的生长抑制作用，对真菌白色念珠菌具有中等强度的生长抑制作用。体外抗病毒实验表明，密花香薷挥发油具有一定的抗甲型流感病毒的作用。

加工炮制 采集全草干燥即得。

藏医应用 味辛、涩，性温。主治皮肤感染、梅毒、疥疮等。

民间医应用 墨脱民间用于治疗感冒。

资源与贸易状况 密花香薷广布于青藏高原东部和南部中低海拔河谷和农牧区，为常见野生植物，在气候适宜区常成为较难清除的农田杂草，资源量丰富。

附　注 密花香薷挥发油及其各成分对赤拟谷盗和烟草甲两种农业害虫有不同程度的杀灭作用，可作为开发有机农药的潜在资源。

102 土藿香 ཟ་ཚེ་ལ་ཡ།（萨奇阿亚）

别　名 tsua-hdra（仓洛门巴语）。

本草考证 "萨奇阿亚"出自《蓝琉璃》。《蓝琉璃》记载"本品状如荨麻，但不蜇人"。毛继祖教授等的译本《蓝琉璃》（上海科学技术出版社，2012年版）中将本品翻译为"西藏荨麻"，但西藏荨麻实为藏药"萨珠木"的基原植物，因此此处翻译是否适当需要进一步考证和讨论。《甘露本草明镜》及《藏药晶镜本草》中记载的"萨奇阿亚"形态描述符合唇形科藿香的特征。

基　原 唇形科（Lamiaceae）藿香［*Agastache rugosa* (Fischer & C. Meyer) Kuntze］的全草。

植物性状 多年生直立草本。茎四棱形。叶心状卵形至长圆状披针形，先端尾状长渐尖，基部心形，稀截形，边缘具粗齿，纸质。轮伞花序多花，在主茎或侧枝上组成顶生密集的圆筒形穗状花序。花冠淡紫蓝色，冠檐二唇形，上唇直伸，先端微缺，下唇3裂，中裂片较宽大。成熟小坚果卵状长圆形，腹面具棱，褐色。花期6~9月，果期9~11月（图2-102）。

分布与生境 原产中国，广泛栽培于温暖地区。珞隅地区墨脱县、察隅县有栽培。

功效成分 藿香含挥发油0.28%，主要成分为甲基胡椒酚，占80%以上，并含有茴香醚、茴香醛、d-柠檬烯、对-甲氧基桂皮醛、α-蒎烯、β-蒎烯、3-辛酮、3-辛醇、对-聚伞花素、1-辛烯-3-醇、芳樟醇、1-石竹烯、β-榄香烯、β-葎草烯、α-衣兰烯、β-金合欢烯、γ-荜澄茄烯、二氢白菖考烯等。我国东北产藿香风干材料，全草含挥发油0.54%，并含微量鞣质及苦味质。土藿香非挥发性成分包括多种多酚类，如椴木素、熊果酸、芹菜素、原儿茶酸、椴树素等。

药　理 藿香煎剂试管实验表明，藿香煎剂（8%~15%）对许兰氏毛癣菌等多种致病性真菌有抑制作用。藿香醇提取物对皮肤具有抗炎、促进屏障修复等活性。

加工炮制 采集全株干燥后即得。

藏医应用 味苦、辛，消化后味苦，性凉，效糙。可利尿、愈伤。主治恶性水肿及疮。

民间医应用 墨脱门巴族用藿香叶代茶治疗感冒。

资源与贸易状况 藿香为墨脱县中低海拔区域常见栽培植物，在背崩村等地逸为

图 2-102　藿香

野生。资源量充足。

103　藏党参　ཀླུ་བདུད་རྡོ་རྗེ།（陆得多吉）

别　　名　gen（尼西珞巴语）。

本草考证　"陆得多吉"出自《晶珠本草》。《晶珠本草》记载"陆得多吉生长在阴山灌木间，叶状如银簇，茎长紫色，状如铁线，花灰白色，状如铃铛，下垂，花心如金刚杵，内有脑状纹理。有牛黄气味，折断时流白色乳汁"。各地藏医以党参属植物为"陆得多吉"基原植物入药，墨脱产的多为大叶党参。

基　　原　桔梗科（Campanulaceae）大叶党参（*Codonopsis affinis* Hook. f. & Thoms.）的根。

植物性状　茎基具多数细小茎痕。根常肥大，呈纺锤状而有分枝，通常较粗大，表面灰黄色，近上部有细密环纹，而下部则疏生横长皮孔，细小时肉质，粗老时渐趋于木质。茎缠绕；长 2m 以上，黄绿色或绿色。叶在主茎及侧枝上的互生，在小枝上的近于对生，叶片卵形或卵状长圆形，顶端短渐尖，基部深心形、浅心形或略圆钝，边缘微波状或近于全缘。花顶生或与叶片相对生；花萼贴生至子房顶端，筒部半球状。蒴果下部半球状或略近于球状，上部圆锥状。花果期 7~10 月（图 2-103）。

分布与生境　产西藏南部（聂拉木）、东南部（墨脱、波密）。生于林缘。

图 2-103 大叶党参

功效成分 未见本种相关报道。同属植物党参（*Codonopsis pilosula*）是常用中药材、藏药材。党参根含党参多糖和苷类，如丁香苷（syringin）、党参苷（tangshenoside）、胆碱（choline）、黑麦草碱（perlolyrine）、烟酸（nicotinic acid）等，以及多种氨基酸类，还含甾醇类，如蒲公英赛醇（taraxerol）、豆甾醇（stigmasterol）等。

药 理 未见本种相关报道。同属植物党参具有抗溃疡作用，动物实验发现，党参多糖给予大鼠口服，对应激性胃溃疡有非常明显的抑制作用，党参煎剂可明显减轻无水乙醇对胃黏膜的损伤。党参多糖对免疫抑制小鼠的非特异性免疫、体液免疫和细胞免疫具有免疫调节作用，将党参多糖制备成纳米乳制剂可显著增强其作用效果，同时党参多糖能有效抑制人肝癌 HepG2 细胞的生长和运动能力，具有开发成为抗肿瘤新药的潜力。党参不同部位提取物均具有保护神经细胞、提高学习记忆能力、延长环己巴比妥的安眠时间等作用。党参脂溶性成分对多种致病菌表现出强抑制活性。

加工炮制 秋季藤茎枯萎后采挖根部，干燥即得。

藏医应用 味甘，性凉，效缓、锐。可干黄水、祛风、消肿。主治关节炎、麻风病、湿疹、黄水病、麻痹、癔症等。

资源与贸易状况 大叶党参产喜马拉雅山地区亚热带区域，我国仅分布于墨脱县、错那市、聂拉木县等地。一般为当地自采自用，少作商品收购。

植物文化 "陆得多吉"一词，由"陆得"和"多吉"组成，意思是"镇压恶龙的金刚"，反映了藏医对党参功效的认识。"陆得"是传说中隐藏于山林深处的恶龙，会吐出有毒的"瘴气"，碰到的人会中毒，中毒的人会出现疯魔、肢体残缺等症状，如同麻风病。古代医疗条件不发达，喜马拉雅山地区麻风病肆虐，古人对麻风病的认识有限，便以为麻风病患者是中了瘴气的毒。党参的花形似镇魔法师所用的金刚铃，藏医在与疾病斗争的过程中发现党参治疗麻风病的效果尚可，故将其命名为"陆得多吉"。现代药理学研究发现，党参提取物可抑制麻风分枝杆菌等多种致病菌的活性，同时党参提取物具有神经保护活性，对麻风分枝杆菌感染导致的神经损伤具有抵抗作用。

104 鸡蛋参 སྙི་བ（尼哇）

别　　名　ji-lu（尼西珞巴语）。

本草考证　"尼哇"出自《度母本草》。《度母本草》记载"尼哇生长在阴山，叶细，花如紫菀花，蓝色，攀缘其他植物而生"。《宇妥本草》记载"尼哇生长在阴山草丛，叶小，茎长约一肘，花蓝色，有五个花瓣，根球形，茎折断后流出乳汁"。藏医所用尼哇药材为桔梗科鸡蛋参的块根。

基　　原　桔梗科（Campanulaceae）鸡蛋参［*Pseudocodon convolvulaceus* (Kurz) D. Y. Hong & H. Sun］的块根。

植物性状　草质藤本，具乳汁。根块状，近于卵球状或卵状，表面灰黄色，上端具短细环纹，下部则疏生横长皮孔。茎缠绕或近于直立，不分枝或有少数分枝，长可达 1m 余，无毛或被毛。叶互生或有时对生，均匀分布于茎上或密集地聚生于茎中下部，全缘或具波状钝齿，质地厚而为纸质或薄而为薄纸质或膜质。花单生于主茎及侧枝顶端；花冠辐状而近于 5 全裂，裂片椭圆形，淡蓝色或蓝紫色，顶端急尖。蒴果上位部分短圆锥状，下位部分倒圆锥状，有 10 条脉棱，无毛。种子极多，长圆状，无翼，棕黄色，有光泽。花果期 7~10 月（图 2-104）。

图 2-104　鸡蛋参

分布与生境　产云南、贵州西部、四川及西藏。缅甸有分布。生于海拔 1000~3000m 草坡或灌丛中，缠绕于高草或灌木上。

功效成分　鸡蛋参块根含蒲公英赛酮（taraxerone）、蒲公英赛醇（taraxerol）、荞草酸（shikimic acid）、丁香脂素（syringaresinol）、豆甾醇（stigmasterol）、豆甾烷醇（stigmastanol）、α- 菠菜固醇（α-spinasterol）、α- 菠菜甾酮（α-spinasterone）、二十五烷（pentacosane）、木栓酮（friedelin）、β- 香树脂醇乙酸酯（β-amyrinacetate）、羽扇豆醇乙酸酯（lupeolacetate）等。

加工炮制　采集块根，鲜用或干燥保存。

藏医应用　味甘，性平，效滑。可补脾益肺、增强嗅觉。主治感冒、胸痛、食欲不振。

资源与贸易状况　鸡蛋参广泛分布于青藏高原东南部适生区，资源量大。

105 鬼针草 ཀྱི་ཚེར་དམན་པ།（起则曼巴）

别　名　chie-tsar（康巴藏语）、狼把草。

本草考证　"起则曼巴"为藏药"起则"的民间代用品。"起则"出自《晶珠本草》，现代本草考证其正品为菊科苍耳（*Xanthium sibiricum*）的果实。"起则"原本指像苍耳子一样具有刺毛，会黏附在动物或人身上的一类果实和种子药材。鬼针草种子也具有此特性，因此作为苍耳的代用品。"thman-pa"一词意为"下品"。罗达尚教授在《晶珠本草正本诠释》一书中将"起则曼巴"考证为 5 种鬼针草属植物。本研究调查发现珞隅地区分布最广的为本种，墨脱县民间用于制作凉茶，有清热保健之效。

基　原　菊科（Asteraceae）鬼针草（*Bidens tripartita* L.）的全草。

植物性状　一年生草本。茎圆柱状或具钝棱而稍呈四方形。叶对生，下部的较小，不分裂，边缘具锯齿，通常于花期枯萎，中部叶具柄，长椭圆状披针形，不分裂（极少）或近基部浅裂成一对小裂片，通常 3~5 深裂，裂深几达中肋，两侧裂片披针形至狭披针形，顶生裂片较大，披针形或长椭圆状披针形与侧生裂片边缘均具疏锯齿，上部叶较小，披针形，3 裂或不分裂。头状花序单生茎端及枝端。无舌状花，全为筒状两性花。瘦果扁，楔形或倒卵状楔形，边缘有倒刺毛，顶端芒刺通常 2 枚，极少 3~4 枚，两侧有倒刺毛。花果期夏、秋季（图 2-105）。

分布与生境　广布全国各地。生于荒坡、草地、采伐迹地等处。

功效成分　鬼针草中的主要有效成分为黄酮类，如木犀草素、槲皮素和芹菜素等。

药　理　黄酮类物质具有抗炎、抗菌等活性。其中槲皮素作为一种广泛存在于自然界的天然黄酮类化合物，获得了深入的研究，目前已经发现它具有多重生物活性，如抗氧化、抗病毒、抗炎作用，在细胞和动物实验中可以用来治疗肝病、心脏病、脾病、肺病、肾病、骨科疾病、神经系统疾病等。

加工炮制　采集全草干燥即得，或采集嫩叶嫩芽，用制茶法制成茶叶。

藏医应用　味苦，性凉。主治瘟疫热证、肾炎、痢疾。

民间医应用　墨脱门巴族用于制作凉茶，有清热解毒之效。

资源与贸易状况　鬼针草是温暖地区路边和田间常见杂草，资源量大。

图 2-105　鬼针草

106　蒲公英　ཁུར་མང་།（库尔芒）

别　　名　ji-shu-gong-ma（工布藏语）、gyal-lo-pin-di（尼西珞巴语）。

本草考证　"库尔芒"出自《医学四续》。《蓝琉璃》详释"库尔芒叶裂片甚多，直生，花黄色，众人皆知"。《妙音本草》记载"蒲公英清大肠热，根子、叶片和花朵当菜治疫疠紊乱，可谓上品之蔬菜"。《宇妥本草》记载："蒲公英生田地埂，折断流乳其味苦，叶片铺地叶缘裂，花朵黄色花梗细，长短五指或六指"。藏医所用库尔芒为蒲公英属数种植物，其中蒲公英被认为是正品。

基　　原　菊科（Asteraceae）蒲公英（*Taraxacum mongolicum* Handel-Mazzetti）的全草。

植物性状　多年生草本。根圆柱状，黑褐色，粗壮。叶倒卵状披针形、倒披针形或长圆状披针形，先端钝或急尖，边缘有时具波状齿或羽状深裂，有时倒向羽状深裂或大头羽状深裂，顶端裂片较大，三角形或三角状戟形，全缘或具齿，裂片三角形或三角状披针形，通常具齿，平展或倒向。花葶1至数个；头状花序；总苞钟状，淡绿色；舌状花黄色，边缘花舌片背面具紫红色条纹，花药和柱头暗绿色。瘦果倒卵状披针形，暗褐色；冠毛白色。花期4~9月，果期5~10月（图2-106）。

分布与生境　我国温带和亚热带区域广布。生于草地、路边、采伐迹地等处。

功效成分　蒲公英根中含蒲公英醇（taraxol）、蒲公英赛醇（taraxerol）、蒲公英甾

图 2-106 蒲公英（左）及药材（右）

醇类、豆甾醇（stig-masterol）、β- 谷固醇（β-sitosterol）、胆碱、咖啡酸（caffeic acid）、菊粉等。叶含叶黄素（lutein）、紫黄质（violaxanthin）、叶绿酯（plastoquinone）、维生素（vitamin）C 及维生素 D 等。花含山金车二醇（arnidiol）、叶黄素和毛茛黄质（flavoxanthin）等。《中国药典》规定，本品按干燥品计算，含菊苣酸（$C_{22}H_{18}O_{12}$）不得少于 0.45%。

药 理 蒲公英甾醇类是蒲公英的主要活性成分之一，蒲公英甾醇对肝损伤、胃炎、肠炎、肺炎、关节炎及免疫系统疾病等多种相关疾病具有潜在的防治作用，在体内外均表现出显著的抗炎、抗氧化等药理作用。菊粉为膳食纤维，能缓解便秘、增加肠道有益菌比例、降低血脂水平。

加工炮制 采集全草干燥即得。

藏医应用 味苦、甘，性寒。可清热。主治各种热证。

民间医应用 民间用蒲公英干燥全草代茶，有清热解毒的作用。

资源与贸易状况 蒲公英是广泛分布的野生植物，资源量大。青藏高原自低山沟谷到高寒草原皆有分布。

---

107 千里光 ཡག་ཤིང་། （尤古兴）

别 名 ji-ji-ba（阿迪 - 达木珞巴语）、kang-pu-rong-pa（阿迪 - 博噶尔珞巴语）。

本草考证 "尤古兴"出自《晶珠本草》。《晶珠本草》记载"尤古兴生长在热带，叶片外紫内灰，紫色茎秆特别长，花朵小而有毛"。藏医把"尤古兴"分为黑白两种，白者为本品，黑者为接骨木。

基 原 菊科（Asteraceae）千里光（*Senecio scandens* Buch.-Ham. ex D.Don）的全草。

植物性状 多年生攀缘草本。根状茎木质。茎伸长，弯曲，长 2~5m，多分枝。叶具柄，叶片卵状披针形至长三角形，顶端渐尖，基部宽楔形、截形、戟形或稀心形，通常具浅或深齿，稀全缘，有时具细裂或羽状浅裂，至少向基部具 1~3 对较小的侧裂片。头状花序有舌状花，多数，在茎枝端排列成顶生复聚伞圆锥花序。瘦果圆柱形，冠毛白色（图 2-107）。

图 2-107 千里光

分布与生境 产西藏、陕西、湖北、四川、贵州、云南、安徽、浙江、江西、福建、湖南、广东、广西、台湾等地。常见于林缘。

功效成分 千里光含毛茛黄质（flavoxanthin）、菊黄质（chrysanthemaxanthin）、少量的 β- 胡萝卜素（β-carotene）、千里光宁碱（senecionine）、千里光菲灵碱（seneciphylline）、氢醌（hydroquinone）、对 - 羟基苯乙酸（*p*-hydroxyphenylacetic acid）、香草酸（vanillic acid）、水杨酸（salicylic acid）、焦粘酸（pyromucic acid）等，此外还含挥发油、黄酮苷、鞣质等成分，另含由 L- 鼠李糖、D- 阿拉伯糖、D- 甘露糖、D- 木糖、D- 葡萄糖和 D- 半乳糖等构成的多糖。

药 理 体外试验发现，千里光煎剂对痢疾志贺菌和金黄色葡萄球菌有较强的抗菌作用，对伤寒杆菌、副伤寒杆菌、大肠杆菌、变形杆菌、蜡样炭疽杆菌，以及八叠球菌皆有抑制作用。千里光多糖具有抗氧化和抗炎活性，能刺激巨噬细胞一氧化氮（NO）和免疫调节细胞因子（IL-1β 和 TNF-α）的产生而不产生细胞毒性，并不同程度地促进脾细胞增殖，具有免疫调节活性。

加工炮制 采集全草干燥即得。

藏医应用 味苦，性寒。可治疗皮肤感染。

资源与贸易状况 千里光为广泛分布的常见野生植物。

附　　注 千里光有毒，其主要毒性成分为阿多尼弗林碱，属吡咯里西啶类生物碱。《中国药典》规定，本品按干燥品计算，含阿多尼弗林碱（$C_{18}H_{23}NO_7$）不得过0.004%。

---

108 **接骨木** ཕག་ཤིང་ནག་པོ།（尤古兴那波）

别　　名 drou（尼西珞巴语）、san-tou-pa（阿迪 - 博噶尔珞巴语）、yu-gu-shing（仓洛门巴语）。

本草考证 "尤古兴"出自《晶珠本草》。《晶珠本草》记载："尤古兴生长在热带，叶片外紫内灰，紫色茎秆特别长，花朵小而有毛"。藏医把"尤古兴"分为黑白两种，黑者为本品，白者为千里光。

基　　原 五福花科（Adoxaceae）接骨木（*Sambucus javanica* Blume）的果实。

植物性状 落叶灌木或小乔木。羽状复叶有小叶 2~3 对，有时仅 1 对或多达 5 对，侧生小叶片卵圆形、狭椭圆形至倒矩圆状披针形，边缘具不整齐锯齿。花与叶同出，圆锥形聚伞花序顶生，花小而密，花冠蕾时带粉红色，开后白色或淡黄色。果实红色，极少蓝紫黑色，卵圆形或近圆形。花期一般 4~5 月，果熟期 9~10 月（图 2-108）。

图 2-108　接骨木

分布与生境 我国热带至温带区域广泛分布。生于荒坡、田间、林缘等处。

功效成分 接骨木含接骨木花色素苷（sambicyanin）、花色素葡萄糖苷（cyanidol glucoside）、羟基酸（hydroxy acid）、环烯醚萜苷类（iridoid glucoside）、莫罗忍冬苷

（morroniside）等。

药　　理　接骨木花色素苷具有较强的抗炎和抗菌活性。接骨木提取物对氯霉素诱导的小鼠再生贫血障碍模型具有免疫调节作用，可作为治疗白血病的潜在开发资源。

加工炮制　接骨木果实宜鲜用。

藏医应用　味苦，性凉。治疗赤巴病、肝热病、胆热、骨折、风湿等。

资源与贸易状况　接骨木为广泛分布的常见野生植物，资源量大。

109　西藏三七　དག་སྣེ། （古突）

别　　名　yu-gu-shing（仓洛门巴语）、chig-thub（康巴藏语）、lho-byung-ngam-glang-chen-chig-thub（《晶珠本草》）。

本草考证　"古突"出自《医学四续》。《蓝琉璃》详释"三七生长在阴山岩石中，叶片花朵细小，块根如大象的身体，暗红色的果实像伞，上品的三七产自门隅和珞隅"。《晶珠本草》记载"三七产自汉地，打箭炉的客商购买的噶布尔切图即为三七"。实地调查各地藏医所用"三七"实物，发现其基原相当混乱，除常用的五加科植物三七的根茎之外，尚有同属植物竹节人参（*Panax japonicus*）及其各变种，也有姜科植物莪术（*Curcuma phaeocaulis*）和蓼科植物血三七（*Polygonum amplexicaule*）的根茎。本草描述的三七和五加科人参属植物的形态特征最为接近，而《晶珠本草》中记载的细节"三七质地坚硬，好刀才能砍开，断面有光泽如石破面，白色微黄"、"产自汉地"和"在打箭炉购买"等，描述的显然是三七。因此，建议以五加科植物三七为正品来源，同属植物竹节人参及其诸变种为地方代用品，莪术和血三七为其混伪品。本书收录实地调查收集的珞隅地区产三七基原植物为珠子参和羽叶三七。

基　　原　五加科（Araliaceae）珠子参 [*Panax japonicus* var. *major* (Burkill) C. Y. Wu & K. M. Feng] 及羽叶三七 [*Panax japonicus* var. *bipinnatifidus* (Seem.) C. Y. Wu & Feng] 的根茎。

植物性状

珠子参 [*Panax japonicus* var. *major* (Burkill) C. Y. Wu & K. M. Feng]

多年生草本。根状茎串珠状，或兼有竹鞭状和串珠状，根通常不膨大，纤维状，稀侧根膨大成圆柱状肉质根。地上茎单生，高约 40cm，有纵纹，无毛，基部有宿存鳞片。叶为掌状复叶；中央小叶片阔椭圆形、椭圆形、椭圆状卵形至倒卵状椭圆形，稀长圆形或椭圆状长圆形，最宽处常在中部，长为宽的 2~4 倍，先端渐尖或长渐尖，基部楔形、圆形或近心形，边缘有细锯齿、重锯齿或缺刻状锯齿，上面脉上无毛或疏生刚毛，下面无毛或脉上疏生刚毛或密生柔毛。伞形花序单个顶生，直径约 3.5cm，有花 20~50 朵；总花梗长约 12cm，有纵纹，无毛；花梗纤细，无毛，长约 1cm；苞片不明显；花黄绿色；萼杯状（雄花的萼为陀螺形），边缘有 5 个三角形的齿；花瓣 5；雄蕊 5；子房 2 室；花柱 2（雄花中的退化雌蕊上为 1 条），离生，反曲（图 2-109）。

分布与生境　分布于甘肃、湖北、四川、云南、西藏东南部和南部。生于密林中。

图 2-109 珠子参药材（左）及植株（右）

羽叶三七 ［*Panax japonicus* var. *bipinnatifidus* (Seem.) C. Y. Wu & Feng］

多年生直立草本。根状茎多为串珠状，稀为典型竹鞭状，也有竹鞭状及串珠状的混合型。叶偶有托叶残存，小叶片长圆形，二回羽状深裂，稀一回羽状深裂，裂片又有不整齐的小裂片和锯齿。伞形花序单生于茎顶，有花 80~100 朵或更多。果扁球状肾形，成熟后为鲜红色，内有种子 2 粒。种子白色，三角状卵形，微具三棱。花期 7~8 月，果期 8~10 月。

分布与生境 分布于云南西北部、西藏喜马拉雅山地区、四川西部、甘肃南部、陕西南部。生于密林中。

功效成分 人参属植物中含有多种达玛烷型四环三萜皂苷的活性成分，如人参皂苷（ginsenoside）Rb1、人参皂苷 Rb、人参皂苷 Re、人参皂苷 Rg1、人参皂苷 Rg2、人参皂苷 Rh1、20-*O*- 葡萄糖人参皂苷 Rf（20-*O*-glucoginsenoside Rf）、三七皂苷（notoginsenoside）R1、三七皂苷 R2、三七皂苷 R3、三七皂苷 R4、三七皂苷 R6、三七皂苷 R7、绞股蓝皂苷（gypenoside）ⅩⅦ等。珠子参的主要功效成分是三萜皂苷类，如人参皂苷 Rb2 和 Rg5、珠子参皂苷 IVa、竹节参皂苷Ⅲ、竹节参皂苷Ⅳ和竹节参皂苷Ⅴ等。

药 理 人参皂苷（Rb1、Rg1）对大鼠实验性心肌缺血再灌注损伤具有抵抗作用。人参皂苷 Rg1 对小鼠有降血糖作用。人参皂苷 Rb1 对中枢神经系统有镇静作用。实验发现，珠子参总皂苷能增强大肠杆菌脂多糖诱导小鼠白细胞介素 -1（IL-1）和刀豆素诱导小鼠白细胞介素 -2（IL-2）的产生，并能对抗环磷酰胺对 IL-1 和 IL-2 的抑制作用，说明珠子参有增强免疫的作用。珠子参总皂苷还有抗炎作用。竹节参皂苷类能抑制胰酶的活性，具有降脂作用。

加工炮制 秋季倒苗后采挖根茎，干燥后即得。

藏医应用 味苦，性凉。可补肺养阴、祛瘀止痛、止血。

资源与贸易状况 珠子参和羽叶三七为青藏高原东部常见的林下野生植物，根茎作"三七"使用，在市场上称为"西藏三七"。由于大量采挖，资源量越来越少，需要引起重视。三七为大宗中藏药材，在云南、广西等省区广泛种植，资源量大，藏医所用三七药材多来自各地药材市场。

附　注　本书作者实地调查发现姜科植物莪术（*Curcuma phaeocaulis*）在云南西北部、四川西部康巴地区的温暖河谷地带有栽培，康巴人民间药用于治疗跌打损伤和风湿骨痛，因和三七有类似的功效，在当地集市上称为"藏三七"。在波密、林芝和察隅的药材商处也有出售。但目前我们掌握的资料不能确定莪术是否为"西藏三七"的代用品或混伪品，需要注意和"西藏三七"相区别。

110　芫荽子　ঙঙ্ঙ্ঙ্（乌苏）

别　名　bhu-su（仓洛门巴语）。

本草考证　"乌苏"出自《宇妥本草》。《宇妥本草》记载"芫荽生在山和园，茎干弯曲花白色，长短一足或一肘，叶片细碎乱散开，果如圆盒口闭合"。《度母本草》记载"所说妙药之芫荽，汉地及印度园中生，叶片茎干和花朵，形状如同藏茴香，果如合口护身符"。藏医把乌苏分为黑白两种，芫荽子为白乌苏。

基　原　伞形科（Apiaceae）芫荽（*Coriandrum sativum* L.）的果实。

植物性状　一年生或二年生草本，有强烈气味。茎圆柱形，直立，多分枝，有条纹，通常光滑。根生叶有柄，叶片一或二回羽状全裂，羽片广卵形或扇形半裂，边缘有钝锯齿、缺刻或深裂，上部的茎生叶三回至多回羽状分裂，末回裂片狭线形，全缘。伞形花序顶生或与叶对生，花白色或带淡紫色。果实圆球形，背面主棱及相邻的次棱明显。胚乳腹面内凹。油管不明显，或有 1 个位于次棱的下方。花果期 4~11 月（图 2-110）。

图 2-110　芫荽（左）及药材（右）

分布与生境　我国各地广泛栽培。

功效成分　芫荽子含挥发油，油中主要为芳樟醇（linalool）、对伞花烃（*p*-cymene）、α- 蒎烯、β- 蒎烯、DL- 蓉烯、α- 萜品烯、γ- 萜品烯、牻牛儿醇（geraniol）、龙脑、水芹烯（phellandrene）、莰烯（camphene）、脂肪油、岩芹酸（petroselic acid）。

药　　理　芫荽子和全株水、醇提取物及挥发油具有抗菌、抗氧化、抗肿瘤、利尿、降胆固醇、抗焦虑、镇静催眠和抗惊厥活性。其中挥发油主要成分芳樟醇具有多种神经药理作用，包括抗焦虑、镇静、抗惊厥和抗阿尔茨海默病等。另外，芫荽子煎剂可用于治疗胆道蛔虫病。

加工炮制　收集果实干燥即得。

藏医应用　味辛、咸，消化后味苦，性凉，效轻、润。可解表发汗、助消化。主治培根木布病、消化不良、食欲不振、口渴、绞肠痧、痘疹不透等。

资源与贸易状况　芫荽为常见栽培作物，资源量大。

参考文献

巴卧·祖拉陈瓦. 2017. 贤者喜宴·吐蕃史[M]. 周闰年译. 西宁: 青海人民出版社.

白玛朗杰. 2018. 白玛朗杰文集[M]. 北京: 中国社会科学出版社.

白若杂纳. 2016. 妙音本草[M]. 西宁: 青海人民出版社.

柏秀英, 姚晓武. 2013. 社会历史文化因素对迪庆藏医药的影响[J]. 中国民族民间医药, 22(10): 5-6.

曹斐华, 李冲. 2008. 龙胆属植物化学成分及药理作用的研究进展[J]. 中国新药杂志, 2008(1): 27-29.

曹尚银, 谭洪花, 刘丽, 等. 2010. 中国石榴栽培历史、生产与科研现状及产业化方向[C]//中国园艺学会石榴分会筹备组. 中国石榴研究进展(一). 中国园艺学会石榴分会筹备组: 中国园艺学会: 8.

曹铸, 坶已铭, 杨秀平. 2005. 松香酸钠胶囊的研制及治疗银屑病临床疗效观察[J]. 中华医学实践杂志, 4(5): 458-459.

陈雏. 2007. 青藏高原沙棘属植物资源与品质评价[D]. 成都: 四川大学硕士学位论文.

陈存武, 张莉, 何晓梅, 等. 2010. 盐肤木果实常规营养成分分析[J]. 畜牧与饲料科学, (4): 2-5.

陈湖海, 张卫东, 苏娟, 等. 2009. 藏东瑞香茎叶化学成分的研究[J]. 天然产物研究与开发, 21(5): 733-736.

陈健勤, 孙文, 莫念, 等. 2019. 基于网络药理学探讨板蓝根治疗银屑病作用机理[J]. 辽宁中医杂志, (12): 2530-2533, 2686.

陈立明. 2006. 原西藏地方政权对墨脱及其以南地区的统辖与治理[J]. 西藏研究, (2): 7-14.

陈立明. 2009. 藏族与门巴族珞巴族历史关系简论[J]. 西藏民族学院学报(哲学社会科学版), 30(6): 28-33, 122.

陈立明. 2011. 门巴族珞巴族的传统文化及其在新时期的变化[J]. 西藏民族学院学报(哲学社会科学版), 32(5): 48-54, 139.

陈龙. 2010. 云南十种辣椒抗氧化及抑菌活性的研究[D]. 昆明: 昆明理工大学硕士学位论文.

陈明. 2018. 汉译佛经中的天竺药名札记(六)[J]. 中医药文化, 13(6): 25-32.

陈朋朋, 付传香, 吴泽宇, 等. 2017. 东莨菪碱医药中间体的研究进展[J]. 安徽化工, 43(6): 1-4.

陈巧鸿, 杨培全, 刘卫健. 2000. 鸡蛋参的化学成分分究[J]. 中草药, 31(2): 6-8.

陈智勇. 2014. 中国紫胶产业现状及发展建议[J]. 世界林业研究, 27(4): 71-74.

达仓宗巴·班觉桑布. 2017. 汉藏史集[M]. 西宁: 青海人民出版社.

大丹曾. 2016. 中国藏药材大全[M]. 北京: 中国藏学出版社.

丹增坚措. 1989. 藏医简介[J]. 西部中医药, (1): 45-47.

旦增曲培, 阿茹娜, 尼玛次仁. 2019a. 浅谈藏、蒙药部分"巴夏嘎"类药物品种整理研究[J]. 中国民族医药杂志, 25(3): 54-57.

旦增曲培, 格桑群培, 格桑顿珠, 等. 2019b. 藏药3种巴夏嘎对小鼠抗炎作用的比较研究[J]. 中医药导报, 25(18): 53-56.

邓丽娜, 李博然, 王国伟, 等. 2016. 尼泊尔酸模化学成分研究[J]. 中草药, 47(12): 2095-2099.

帝玛尔·丹增彭措. 2012. 晶珠本草[M]. 上海: 上海科学技术出版社.

第司·桑吉嘉措. 2016. 蓝琉璃[M]. 西宁: 青海人民出版社.

丁玉玲. 2005. 大黄蒽醌类的研究概况[J]. 时珍国医国药, 16(11): 1160-1162.

樊轻亚, 王万好, 代春美. 2018. DOLPA/AOT-异辛烷反胶束萃取-UPLC法测定倒提壶中4种生物碱的含量[J]. 分析测试学报, 37(12): 1445-1450.

范治国, 黄毅岚, 谢川黔. 2008. 鸭嘴花化学成分和药理作用研究进展[J]. 中国药房, 19(6): 464-465.

方清茂, 张浩, 曹毓. 2008. 藏药波棱瓜子提取物对肝损伤大鼠的抗氧化作用[J]. 华西药学杂志, (2): 24-26.

方勇. 2019. 海南产大叶仙茅化学成分的研究[D]. 合肥: 安徽医科大学硕士学位论文.

丰明, 朱荣杰, 赵贯飞. 2022. 西藏墨脱热区野生植物资源利用与农业产业发展建议[J]. 热带农业科学, 42(2): 38-41.

冯育林, 李云秋, 徐丽珍, 等. 2006. 蜀葵花的化学成分研究(Ⅱ): 黄酮类成分研究[J]. 中草药, (11): 1622-1624.

冯育林, 徐丽珍, 杨世林, 等. 2006. 蜀葵花的化学成分研究(Ⅰ)[J]. 中草药, (11): 1610-1612.

冯祚建, 蔡桂全, 郑昌琳. 1986. 西藏哺乳类[M]. 北京: 科学出版社.

符前雨, 周悌强, 张广杰, 等. 2021. 榆树皮的化学成分研究[J]. 军事医学, (1): 35-39.

付林, 古锐, 马逾英, 等. 2018. 藏药蓝、黑、杂色3类榜间品种考证研究[J]. 中国中药杂志, (16): 3405-3411.

嘎玛曲培. 2014. 甘露本草明镜[M]. 拉萨: 西藏人民出版社.

嘎务. 1995. 藏药晶镜本草[M]. 北京: 民族出版社.

高洁莹. 2015. 盐肤木果粕成分研究[D]. 长沙: 湖南中医药大学硕士学位论文.

葛冰洁, 王政, 周鸿缘, 等. 2020. 蒲公英甾醇药理作用研究进展[J]. 动物医学进展, 41(9): 102-105.

根敦琼培. 2017. 白史[M]. 蒲文成译. 西宁: 青海民族出版社.

贡却坚赞. 2002. 藏医学简介[J]. 国外医学: 医院管理分册, 19(3): 41-46.

谷雨龙. 2015. 百种藏成药研究[M]. 北京: 中央民族大学出版社.

关法春, 王超, 权红. 2011. 西藏野生波棱瓜资源的调查和分类[J]. 西南农业学报, 24(2): 832-834.

关陟昊, 唐小利, 王雪, 等. 2021. "一带一路"背景下国内外藏药发展现状[J]. 中华医学图书情报杂志, 30(6): 29-34.

管兆国. 2017. 我国木瓜种质资源[J]. 山西果树, 1: 5-8.

郭光普. 2004. 西藏墨脱县野生动物和当地居民之间的关系研究[D]. 上海: 华东师范大学博士学位论文.

国家药典委员会. 2020. 中华人民共和国药典2020年版[M]. 北京: 中国医药科技出版社.

国家中医药管理局. 2002. 中华本草·藏药卷[M]. 上海: 上海科学技术出版社.

韩广轩, 谷莉, 尹建设, 等. 2001. 鸡蛋参化学成分的研究[J]. 药学实践杂志, (3): 174-175.

汉藏对照词典协作编撰组. 2002. 汉藏对照词典[M]. 北京: 民族出版社.

何达海, 梁天宇, 丁克毅, 等. 2017. 黄苞南星的化学成分研究[J]. 西南民族大学学报(自然科学版), 43(3): 263-267.

何泽慧, 温红珠, 林江. 2022. 青黛治疗溃疡性结肠炎的机制研究进展[J]. 中医药学报, 50(1): 101-105.

侯方, 王亮. 2009. 墨脱县野生兰科植物资源及开发利用[J]. 中国林副特产, (5): 77-80.

胡栋宝, 陆卓东, 伍贤学. 2017. 中药香附子化学成分及药理活性研究进展[J]. 时珍国医国药, (2): 180-182.

胡文忠, 刘程惠, 姜爱丽, 等. 2012. 藏药的发展历史及研究进展[J]. 安徽农业科学, 40(20): 10746-10748.

怀来县长城生物化学工程有限公司. 2020. L-苹果酸的生理特性及应用进展[J]. 饮料工业, 23(4): 74-77.

黄骥, 龙春林. 2006. 云南黄连的传统种植及其在生物多样性保护中的价值[J]. 生物多样性, (1): 79-86.

黄家雄, 郭铁英, 吕玉兰, 等. 2017. 墨脱热区发展咖啡可行性分析[J]. 中国热带农业, (4): 16-18.

黄立成, 东珠, 昌也平, 等. 1994. 对藏药"五根"的探讨[J]. 中国民间医药, (4): 14-16, 46.

黄璐琦, 陈美兰, 肖培根. 2004. 中药材道地性研究的现代生物学基础及模式假说[J]. 中国中药杂志, 29(6): 494-610.

黄元射, 毛景欣, 陈敏. 2018. 波棱瓜子化学成分及抗肝病研究概况[J]. 中国民间医药, 27(3): 48-51, 56.

贾敏如, 李心怡, 卢晓琳, 等. 2019. 近代中国各民族使用进口传统药物(药材)的品种分析及建议[J]. 华西药学杂志, 34(4): 413-420.

贾敏如, 张艺. 2016. 中国民族药辞典[M]. 北京: 中国医药科技出版社.

靳坤. 2015. 浅析中原文化在吐蕃的传播影响: 以文成公主和亲为例[J]. 四川民族学院学报, 24(4): 35-38.

李渤生. 1984. 南迦巴瓦峰地区植被垂直带谱[J]. 山地研究, (3): 174-181.

李德伦, 吴玲玲, 董哲毅, 等. 2020. 小檗碱治疗肾脏疾病研究现状[J/OL]. 解放军医学杂志, (10): 1092-1098.

李金轲, 马得汶, 马进. 2013. 珞巴族尼西人的传统社会生活[J]. 西藏研究, (3): 74-85.

李敬, 张兰胜. 2016. 尼泊尔酸模中蒽醌类成分研究[J]. 时珍国医国药, (2): 298-300.

李梦茜, 甘国源, 林琳, 等. 2020. HPLC法测定蓖麻叶中槲皮素、绿原酸、蓖麻碱3种活性成分的含量[J]. 大众科技, 22(2): 32-34.

李齐, 江惟苏, 白思. 2019. 鬼臼毒素酊辅助治疗尖锐湿疣的效果及对复发率的影响[J]. 皮肤病与性病, 41(2): 77-78.

李茜. 2013. 石榴籽原花青素提取纯化及抗氧化活性研究[D]. 合肥: 安徽农业大学硕士学位论文.

李兴鸣, 徐学明. 2006. 芫荽抑菌成分的提取及其抑菌性能的研究[J]. 食品科技, 10: 89-91.

李玉娟, 杨梅, 刘青. 2008. 论迪庆藏药及应用特色[J]. 中国民族医药杂志, (3): 39-40.

李珍, 林国秀, 罗盛莲, 等. 2012. 青藏高原云杉针叶水提物抑菌作用研究[J]. 中国农业科技导报, 14(3): 138-144.

梁丹, 李炳章, 刘务林, 等. 2014. 西藏墨脱发现猛隼和白胸翡翠[J]. 动物学杂志, 49: 463.

梁天宇, 丁克毅, 王晓玲, 等. 2016. 黄苞南星中的葡萄糖脑苷脂[J]. 中国中药杂志, 41(13): 2466-2472.

廖矛川, 王有为, 屠治本, 等. 2002. 西藏八角莲的化学成分研究[J]. 武汉植物学研究, 20(1): 71-74.

廖锐, 郭光普, 刘阳, 等. 2015. 西藏墨脱县小型兽类多样性研究[J]. 四川林业科技, 36: 6-10.

廖育群. 2002. 阿输吠陀印度的传统医学[M]. 沈阳: 辽宁教育出版社.

林振耀, 吴祥定. 1985. 南迦巴瓦峰地区气候基本特征[J]. 山地研究, (4): 250-257.

凌彩金, 吴家尧, 李家贤, 等. 2013. 林芝地区易贡茶场茶叶产业情况调研[J]. 中国茶叶, 35(5): 26-28.

刘皓涵, 梁琪琪, 王国良, 等. 2020. 核桃油中亚麻酸对小鼠血脂和肝功能的影响[J]. 中国油脂, 45(8): 51-54.

刘江, 冯锐, 郑颖. 2013. 含多糖类中药抗肿瘤作用的研究进展[J]. 中国药房, 24(47): 4497-4500.

刘丽娜, 张体灯, 金红宇, 等. 2019. 新版《进口药材管理办法》解读[J]. 中国药事, 33(8): 846-850.

刘清华, 袁经权, 杨峻山. 2005. 紫草科植物中的吡咯里西啶类化学成分及药理活性研究概况[J]. 中国药学杂志, (8): 561-564.

刘伟铭. 2009. 西藏核桃油与蛋白地理变异规律及核桃青稞粉产品的研究[D]. 哈尔滨: 东北林业大学硕士学位论文.

刘霞, 王军, 张平三, 等. 2020. 葡萄籽油的营养价值与生物活性综述[J]. 中国酿造, 39(3): 12-16.

刘晓东. 1999. 青藏高原隆升对亚洲季风形成和全球气候与环境变化的影响[J]. 高原气象, (3): 321-332.

刘晓梅, 彭芝榕, 倪学勤, 等. 2013. 低聚果糖、乳酸杆菌对便秘模型大鼠的通便功能影响[J]. 食品科学, 34(11): 296-299.

刘艺. 2011. 密花香薷化学成分及其抗微生物活性研究[D]. 北京: 北京协和医学院硕士学位论文.

刘玉兰, 王小磊, 刘海兰, 等. 2018. 盐肤木果及其果油与籽油品质比较[J]. 食品科学, 39(20): 197-201.

刘育铖, 毛思宇, 李昱. 2021. 黄花倒水莲总皂苷抗凝血和抗血栓作用及机制: 基于网络药理学[J]. 食品科学, 42(23): 206-213.

刘云鹤, 蔡金保, 王红丽. 2020. 党参多糖抑制PI3K/AKT通路对人肝癌HepG2细胞生长和运动能力的影响[J]. 中国免疫学杂志, 36(9): 1108-1113.

隆林, 罗朝凤, 李天先. 2020. 倒提壶多糖的含量测定[J]. 中国民间医药, 29(18): 58-61.

卢杰, 兰小中, 罗建. 2011. 林芝地区珍稀濒危藏药植物资源调查与评价[J]. 资源科学, 33(12): 2362-2369.

吕炎晞, 王隶书, 程东岩, 等. 2017. 中药头花蓼的化学成分和药理作用研究概况[J]. 中国药师, 20(10): 1849-1853.

罗达尚. 1997a. 藏药资源及其研究、开发[J]. 中国藏学, (4): 49-58.

罗达尚. 1997b. 中华藏本草[M]. 北京: 民族出版社.

罗小文, 谭睿, 顾健, 等. 2012. 四川藏区藏医药发展状况调查研究[J]. 亚太传统医药, 8(8): 1-2.

马得汶, 李金轲, 姚万禄. 2014. 珞巴族阿迪人的传统社会生活[J]. 西藏研究, (4): 40-47.

马建忠, 庄会富. 2010. 从高山到河谷: 德钦藏药植物资源的多样性及利用研究[J]. 植物分类与资源学报, 32(1): 67-73.

马世林, 毛继祖. 2012. 月王药诊[M]. 上海: 上海科学技术出版社.

马文兵. 2017. 玛曲县药用植物资源及多样性研究[D]. 兰州: 西北师范大学硕士学位论文.

马小军, 张丽霞, 林艳芳. 2018. 中国傣药志[M]. 北京: 人民卫生出版社.

马晓辉, 晋玲, 吕培霖, 等. 2018. 甘肃省甘南地区龙胆科藏药种类与品种整理[J]. 中兽医药杂志, 137(2): 86-88.

马志荣. 2002. 藏药无茎芥和滇藏五味子化学成份研究[D]. 昆明: 云南大学硕士学位论文.

毛继祖. 1980. 藏医药学发展史简介[J]. 青海民族大学学报(社会科学版), (4): 91-103.

卯晓岚. 1984. 南迦巴瓦峰地区大型真菌的垂直分布[J]. 山地研究, (3): 190-197, 223-224.

孟凡成, 王磊, 张健, 等. 2013. 云南黄连中非生物碱类化学成分的研究[J]. 中国药科大学学报, 44(4): 307-310.

南彩云, 朱继孝, 蒋伟, 等. 2017. 滇结香花的化学成分研究[J]. 中药材, 40(7): 1618-1621.

聂安政, 高梅梅, 凡杭, 等. 2019. 中药特殊服法的探讨与思考(Ⅰ): 药引[J]. 中草药, 50(23): 5901-5906.

聂少平, 唐炜, 殷军艺, 等. 2018. 食源性多糖结构和生理功能研究概述[J]. 中国食品学报, 18(12): 1-12.

潘红艳, 高唯, 宫智勇. 2012. 香菜中天然抑菌成分的提取及其抑菌效果研究[J]. 武汉轻工大学学报, 31(1): 18-21.

潘旭, 朱鹤云, 张昌浩, 等. 2020. 龙胆化学成分和药理作用研究进展[J]. 吉林医药学院学报, 41(2): 74-75.

裴盛基, 张宇. 2020. 南药文化[M]. 上海: 上海科学技术出版社.

彭城权. 2018. 西藏高原上的绿色明珠: 林芝市易贡茶场[J]. 中国茶叶, 40(2): 46-52.

彭华昌. 1992. 圆柏叶精油化学成分的研究[J]. 广西植物, (2): 191-192.

彭华胜, 王德群, 郝近大, 等. 2015. 冷背药材的沿革及发展对策[J]. 中国中药杂志, 40(9): 1635-1638.

前宇妥·云丹衮波. 2016. 宇妥本草[M]. 西宁: 青海人民出版社.

强巴赤烈. 1996. 中国的藏医[M]. 北京: 中国藏学出版社.

让穹多吉. 2016. 药名之海[M]. 西宁: 青海人民出版社.

乳毕坚瑾. 2004. 米拉日巴传及道歌(藏文)[M]. 西宁: 青海民族出版社.

阮金兰, 杜俊蓉, 曾庆忠, 等. 2003. 香附的研究进展[J]. 中华中医药杂志, 18(21): 50-53.

芮和恺, 余光辉, 陈伟东, 等.1985. 小角柱花抗生育成分的研究[J]. 中草药, 16(11): 13.

沈佳奇, 李志, 周棱波. 2020. 薏苡仁油主要成分及其功能性研究进展[J]. 中国油脂, 45(8): 90-95.

盛和林. 2005. 中国哺乳动物图鉴[M]. 郑州: 河南科学技术出版社.

盛晓明. 2000. 地方性知识的构造[J]. 哲学研究, (12): 36-44, 76-77.

时菲菲, 王妲妲, 曹金花, 等. 2020. 双连续型党参多糖纳米乳对免疫抑制小鼠的免疫调节作用[J]. 动物营养学报, 32(12): 5925-5931.

史密斯A, 解焱. 2009. 中国兽类野外手册[M]. 长沙: 湖南教育出版社.

史晓龙. 2015. 藏药攀茎钩藤化学成分及生物活性研究[D]. 兰州: 兰州理工大学硕士学位论文.

苏日娜, 罗维早, 朱继孝, 等. 2018. 荨麻属药用植物研究进展[J]. 中草药, 49(11): 2722-2728.

孙凤, 杨得坡. 2009. 铁线莲属植物的化学成分研究进展[J]. 中国中药杂志, 34(20): 2660-2668.

孙航, 周浙昆. 1996. 中国豆科植物区系新资料[J]. 云南植物研究, 18(3): 293-294.

孙航, 周浙昆. 1997. 喜马拉雅东部雅鲁藏布江大峡湾河谷地区种子植物区系的性质和近缘关系[J]. 应用与环境生物学报, (2): 184-190.

孙航, 周浙昆. 2002. 雅鲁藏布江大峡弯河谷地区种子植物[M]. 昆明: 云南科技出版社.

孙宏开. 1983. 义都珞巴话概要[J]. 民族语文, (6): 63-79.

索朗卓嘎. 2021. "孟湾风暴"移动路径对藏东南强降水过程影响的初探[J]. 西藏科技, (12): 3-5.

塔娜. 2018. 宽筋藤的化学成分与药理作用研究[D]. 武汉: 中南民族大学硕士学位论文.

谭其骧. 1991. 简明中国历史地图集[M]. 北京: 中国地图出版社.

谭睿. 2013. 藏药波棱瓜子抗肝炎药效物质基础研究与评价[J]. 学术动态, (4): 27-32.

唐荣平. 2020. 临沧热区南药诃子资源现状及产业发展建议[J]. 现代农业科技, (2): 81-82.

陶华明. 2009. 麻黄根及羊齿天门冬化学成分研究[D]. 长春: 吉林大学博士学位论文.

王宏, 陈建南. 2009. 给"南药"一个确定的概念[J]. 中国医药导报, 6(32): 56-57.

王莉莉, 周应军. 2006. 抗癌物质鬼臼毒素及其衍生物研究进展[J]. 现代药物与临床, 21(1): 6-9.

王丽, 苏钛, 侯安国. 2020. 珠子参的化学成分及药理作用研究进展[J]. 中国中医基础医学杂志, 26(7): 1037-1040.

王秋霞, 贾美艳, 唐荣平, 等. 2006. 石榴籽化学成分及应用研究进展[J]. 特产研究, 28(1): 53-56.

王伟, 张犁. 2014. 木犀草素抗肿瘤作用的研究进展[J]. 东南大学学报(医学版), (2): 218-221.

王祥培, 万德光, 王祥森, 等. 2006. 不同产地野生与栽培头花蓼中总黄酮的含量分析[J]. 时珍国医国药, (9): 1713-1714.

王晓琴, 王力伟, 赵岩, 等. 2014. 广枣的化学成分和药理活性研究进展[J]. 食品科学, 35(13): 281-285.

王艳玲. 2018. 西夏千佛龛唐卡的显微偏光及拉曼光谱分析[J]. 光散射学报, 30(2): 150-155.

王子明, 杨龄, 房银东, 等. 2019. 攀茎钩藤茎枝的化学成分研究[J]. 中草药, 50(12): 2802-2808.

韦广辉. 2014. 中越边境进口药材监管工作中存在的问题及对策[J]. 中国药事, 28(5): 462-464.

韦宏金, 周喜乐, 金冬梅, 等. 2018. 西藏蕨类植物新记录[J]. 广西植物, 38(3): 397-407.

魏凌云, 王建华, 郑晓冬, 等. 2005. 菊粉研究的回顾与展望[J]. 食品与发酵工业, (7): 81-85.

温立嘉, 时坤, 黄建, 等. 2014. 西藏墨脱鸟兽红外相机监测初报[J]. 生物多样性, 22: 798-799.

文成当智, 仁真旺甲, 尕藏扎西, 等. 2021. 基于偏序结构和药性理论的"方-药-量-性"共性关联分析[J]. 中国实验方剂学杂志, 27(9): 184-192.

吴冬凡. 2008. 金钮扣生药学和化学成分研究[D]. 广州: 广东药学院硕士学位论文.

吴凤荣, 曾聪彦, 戴卫波. 2014. 宽筋藤的药理作用和临床应用研究进展[J]. 中国执业药师, 11(12): 37-40.

吴茂隆, 陈小兰, 廖振欣, 等. 2011. 龙脑樟研究利用及其发展前景[J]. 江西林业科技, (2): 33-35.

吴培泉. 1990. 芫荽子煎剂治疗胆道蛔虫病64例观察[J]. 中医药临床杂志, (3): 15.

吴颖珍. 2022. 桄榔粉化学成分的分析[J]. 出国与就业, (14): 178-179.

吴征镒. 1983. 西藏植物志[M]. 北京: 科学出版社.

吴志军, 欧阳明安, 杨崇仁. 2000. 黄花远志茎皮的寡糖酯和酚类成分[J]. 云南植物研究, 22(4): 482-494.

希瓦措. 2016. 度母本草[M]. 西宁: 青海人民出版社.

肖春霞, 杨万霞, 涂江涛, 等. 2018. RP-HPLC法测定不同产地及不同部位马蓝中六种活性成分的含量[J]. 天然产物研究与开发, 30(7): 1188-1194.

肖伟烈. 2005. 四种药用植物的化学成分和生物活性研究[D]. 昆明: 中国科学院昆明植物研究所博士学位论文.

谢伟容, 高斐雄, 林燕燕, 等. 2016. 黄花远志根和叶提取物对急性肝损伤小鼠的保护作用[J]. 天津药学, 28(6): 3.

熊先华, 徐波, 鞠文彬, 等. 2018. 西藏墨脱悬钩子属植物小志[J]. 广西植物, 38(11): 1411-1421.

徐冰. 2012. 藏药波棱瓜子化学成分研究[D]. 重庆: 西南大学硕士学位论文.

徐福玲. 2017. 不同海拔西藏波棱瓜生理特性及种质资源遗传多样性分析[D]. 哈尔滨: 东北林业大学硕士学位论文.

徐庆军. 2009. 民族药倒提壶的抗炎活性成分研究[D]. 广州: 广东药学院硕士学位论文.

徐秀梅, 廖志华, 陈敏. 2009. 滇藏五味子化学成分研究[J]. 中国药学杂志, 44(23): 1769-1772.

许贤斌, 金玥, 孙宇俊, 等. 2021. 西藏茶产业发展的SWOT分析及建议[J]. 高原农业, 5(3): 317-324.

闫恒, 张辉. 2016. 石榴化学成分及其药理作用研究进展[J]. 中国处方药, 14(2): 18-19.

阎兰, 马骥. 2011. 马钱子品种沿革与应用实况分析[J]. 中国中医药现代远程教育, 9(2): 97-98.

杨崇仁, 张颖君. 2021. 古代印度三果浆的传入及其影响[J]. 广西植物, 41(3): 334-339.

杨竞生. 2016. 中国藏药植物资源考订[M]. 昆明: 云南科技出版社.

杨林, 孔祥志, 周嵩生. 1989. 介绍两种掺假阿魏[J]. 中药材, (11): 30.

杨宁. 2015. 墨脱植物[M]. 北京: 中国林业出版社.

杨圣敏. 2004. 中国民族志[M]. 北京: 中央民族大学出版社.

杨艳娟, 谢世清, 杨生超, 等. 2011. 云南黄连的研究进展[J]. 安徽农业科学, 39(23): 14037-14038, 14085.

叶拉太. 2019. 变迁与承续: 喜马拉雅中部洛沃的区域宗教史研究: 基于尼泊尔西北部洛沃(木斯塘)的实地考察[J]. 青海民族大学学报(社会科学版), 45(2): 1-10.

于淼, 黄圣卓, 张宇, 等. 2019. 海南粗榧总碱中化学成分研究[J]. 中草药, 50(7): 1541-1545.

于倩, 巫冠中. 2019. 木犀草素抗炎机制的研究进展[J]. 药学研究, 38(2): 108-111.

于志斌, 李得运, 刘丽娜, 等. 2022. 2010-2019年药材进口贸易情况及法规标准体系分析[J]. 中国现代中药, 24(1): 147-152.

宇妥·元丹衮波. 2012. 医学四续[M]. 上海: 上海科学技术出版社.

云成悦. 2018. 苗药头花蓼活性成分的提取及鉴定研究[D]. 贵阳: 贵州师范大学硕士学位论文.

臧穆, 苏永革. 1985. 南迦巴瓦峰地区数种热带真菌分类地理[J]. 山地研究, (4): 307-310.

曾燕, 王浩, 李鹏英, 等. 2019. 进口药材现状及原产国发展道地药材基地的必要性和可行性分析[J]. 中国现代中药, 21(11): 1573-1578.

张海元, 李小辉, 梅双喜, 等. 2017. 珠子参化学成分研究进展[J]. 中草药, 48(14): 2997-3004.

张恒, 耿岩玲, 王岱杰, 等. 不同品种皱皮木瓜的营养成分研究[J]. 山东科学, 24(2): 24-27.

张胜男, 秦思, 万青, 等. 2016. 榼藤不同用药部位的药理活性及化学成分的对比研究[J]. 时珍国医国药, (6): 1327-1329.

张书东. 2012. 国产悬钩子属绢毛亚组新资料(英文)[J]. 植物科学学报, 30(3): 301-304.

张锡齐, 穆红梅, 宋文洁. 2020. 葫芦化学成分及其药理学研究进展[J]. 中国瓜菜, 33(2): 1-7.

张雅雯, 邵东燕, 师俊玲, 等. 2017. 山奈酚生物功能研究进展[J]. 生命科学, 29(4): 86-91.

张怡, 贺春荣, 杨学东, 等. 2018. 藏药藏锦鸡儿的基原植物与代用品考证[J]. 中草药, (1): 3950-3956.

张英朔. 2019. 黄精皂苷的制备、抗癌活性及其机理[D]. 合肥: 合肥工业大学硕士学位论文.

张勇, 张宏武, 邹忠梅. 2008. 榼藤子种仁化学成分研究[J]. 中国药学杂志, 43(14): 1063-1065.

张宇, 付瑶, 杨立新, 等. 2019. 西藏墨脱产"藏药三果"品种鉴定与考证[J]. 亚太传统医药, 15(8): 44-49.

张云. 2016. 上古西藏与波斯文明[M]. 北京: 中国藏学出版社.

张珍, 周卫东. 2020. 盐酸小檗碱对糖耐量减低患者第一时相胰岛素分泌的影响[J]. 实用糖尿病杂志, 16(5): 27-28.

赵超, 范朋飞, 肖文. 2015. 西藏墨脱发现黑胸楔嘴鹩鹛[J]. 动物学杂志, 50: 141-144.

赵国栋, 李许桂, 石确次仁. 2017. 茶叶传入西藏相关问题研究[J]. 西藏研究, (4): 38-47.

赵楠, 柴军红, 何婷婷, 等. 2019. 悬钩子属三萜类成分及其生物活性研究进展[J]. 中成药, 41(12): 2981-2989.

郑作新, 李德浩, 王祖祥, 等. 1983. 西藏鸟类志[M]. 北京: 科学出版社.

中国科学院植物研究所. 1972. 中国高等植物图鉴[M]. 北京: 科学出版社.

钟国跃, 古锐, 周华蓉, 等. 2009. 藏药"蒂达"的名称与品种考证[J]. 中国中药杂志, (23): 165-170.

钟国跃, 周福成, 石上梅, 等. 2012. 藏药材常用品种及质量标准现状调查分析研究[J]. 中国中药杂志, 37(16): 2349-2355.

周宝珍. 2017. 不同产地黄精薯蓣皂苷元含量的研究[J]. 陕西农业科学, 63(8): 42-45.

周红, 曾仲奎. 1996. 油麻藤种子中凝集素的纯化及性质的研究[J]. 中国生物化学与分子生物学报, 12(3): 336-340.

周建波, 李晶, 张梅. 2020. 黄精多糖的生物活性及其药理作用综述[J]. 昆明学院学报, 42(3): 93-98.

周孟, 李芮, 廖祥明, 等. 2018. HPLC法测定黔产蓖麻叶中3种成分的含量[J]. 中药材, 41(6): 1415-1417.

周永福, 黄飞燕, 文荣荣, 等. 2011. 川西獐牙菜的化学成分研究(Ⅱ)[J]. 云南民族大学学报(自然科学版), 20(1): 14-16.

朱建光, 段金廒, 李文林, 等. 2018. 外来输入短缺中药材质量监管现状与思考[J]. 中国中药杂志, 43(12): 2628-2632.

宗时春, 张鞍灵. 2013. 大花五味子的化学成分[J]. 西北农业学报, 22(10): 156-161.

邹琼宇, 唐玉莲, 陈迪钊, 等. 2015. 西南菝葜的化学成分研究[J]. 有机化学研究, 3(1): 51-54.

左振常, 罗达尚. 1986. 从我国植物区系看中国藏药的区系组成[J]. 西北植物学报, (4): 268-274.

Abdel-Salam N A, Ghazy N M, Sallam S M, et al. 2018. Flavonoids of *Alcea rosea* L. and their immune stimulant, antioxidant and cytotoxic activities on hepatocellular carcinoma HepG-2 cell line[J]. Nat Prod Res, 32(6): 702-706.

Achour M, Ferdousi F, Sasaki K, et al. 2021. Luteolin modulates neural stem cells fate determination: in vitro study on human neural stem cells, and in vivo study on LPS-induced depression mice model[J]. Front Cell Dev Biol, 9: 753279.

Agnihotri S A, Wakode S R, Ali M. 2012. Chemical composition, antimicrobial and topical anti-inflammatory activity of essential oil of *Amomum subulatum* fruits[J]. Acta Pol Pharm, 69(6): 1177-1181.

Ahmadi M, Rad A K, Rajaei Z, et al. 2012. *Alcea rosea* root extract as a preventive and curative agent in ethylene glycol-induced urolithiasis in rats[J]. Indian J Pharmacol, 44(3): 304-307.

Aldulaimi A M A, Husain F F. 2019. Effect of aqueous extract *Cyperus rotundus* tubers as antioxidant on liver and kidney functions in albino male rats exposed to cadmium chloride toxic[J]. Baghdad Science Journal, 16(2): 0315.

Anis Z. 2012. Radical scavenging activity, total phenol content and antifungal activity of *Cinnamomum iners* wood[J]. Iranica Journal of Energy & Environment, 3(5): 12.

Aref A M, Momenah M A, Jad M M, et al. 2021. Tramadol Biological Effects: 4: Effective Therapeutic Efficacy of *Lagenaria siceraria* Preparation (Gamal & Aref1) and Melatonin on Cell Biological, Histochemical, and Histopathological Changes in the Kidney of Tramadol-Induced Male Mice[J]. Microsc Microanal, 8: 1-13.

Arora V, Campbell J N, Chung M K. 2021. Fight fire with fire: Neurobiology of capsaicin-induced analgesia for chronic pain[J]. Pharmacol Ther, 4(220): 107743.

Arthan D, Snasti J, Kittakoop P, et al. 2002. Antiviral isoflavonoid sulfate and steroidal glycosides from the fruits of *Solanum torvum*[J]. Phytochemistry, 59(4): 459-463.

Atwa G, Omran G, Elbaky A A, et al. 2021. The antitumour effect of galangin and luteolin with doxorubicin on chemically induced hepatocellular carcinoma in rats[J]. Contemp Oncol (Pozn), 25(3): 174-184.

Badavenkatappa S G, Peraman R. 2021. In vitro antitubercular, anticancer activities and IL-10 expression in

HCT-116 cells of *Tinospora sinensis* (Lour.) Merr. leaves extract[J]. Nat Prod Res, 35(22): 4669-4674.

Bais S, Gill N S, Rana N, et al. 2014. A phytopharmacological review on a medicinal plant: *Juniperus communis*[J]. Int Sch Res Notices, 2014: 634723.

Bandekar P P, Roopnarine K A, Parekh V J, et al. 2010. Antimicrobial activity of tryptanthrins in *Escherichia coli*[J]. J Med Chem, 53: 3558-3565.

Bei Y, Tia B, Li Y, et al. 2021. Anti-influenza a virus effects and mechanisms of emodin and its analogs via regulating PPARα/γ-AMPK-SIRT1 pathway and fatty acid metabolism[J]. Biomed Res Int, 2021: 9066938.

Bogetofte H, Alamyar A B, Morten M M. 2020. Levodopa therapy for Parkinson's disease: history, current status and perspectives[J]. CNS & Neurological Disorders-Drug Targets, 19(8): 572-583.

Cahlíková L, Macáková K, Chlebek J, et al. 2011. Ecdysterone and its activity on some degenerative diseases[J]. Nat Prod Commun, 6(5): 707-718.

Cao P, Xie P, Wang X, et al. 2017. Chemical constituents and coagulation activity of *Agastache rugosa*[J]. BMC Complement Altern Med, 17(1): 93.

Cháirez-Ramírez M H, de la Cruz-López K G, García-Carrancá A. 2021. Polyphenols as antitumor agents targeting key players in cancer-driving signaling pathways[J]. Front Pharmacol, 20(12): 710304.

Chand L, Dasgupta S, Chattopadhyay S K, et al. 1977. Chemical investigation of some *Elaeocarpus* species[J]. Planta Medica, 32(2): 197-199.

Chanda J, Mukherjee P K, Biswas R, et al. 2021. *Lagenaria siceraria* and it's bioactive constituents in carbonic anhydrase inhibition: A bioactivity guided LC-MS/MS approach[J]. Phytochem Anal, 32(3): 298-307.

Chang Y, Tian Y, Zhou D, et al. 2021. Gentiopicroside ameliorates ethanol-induced gastritis via regulating MMP-10 and pERK1/2 signaling[J]. Int Immunopharmacol, 90: 107213.

Chawla R, Kumar S, Sharma A. 2012. The genus *Clematis* (Ranunculaceae): chemical and pharmacological perspectives[J]. J Ethnopharmacol, 143(1): 116-150.

Cheenpracha S, Boapun P, Limtharakul Née Ritthiwigrom T, et al. 2019 Antimalarial and cytotoxic activities of pregnene-type steroidal alkaloids from *Holarrhena pubescens* roots[J]. Nat Prod Res, 33(6): 782-788.

Choudhary N, Khatik G L, Choudhary S, et al. 2021. In vitro anthelmintic activity of *Chenopodium album* and in-silico prediction of mechanistic role on *Eisenia foetida*[J]. Heliyon, 7(1): e05917.

Cui Y, Jiang L, Shao Y, et al. 2019. Anti-alcohol liver disease effect of *Gentianae macrophyllae* extract through MAPK/JNK/p38 pathway[J]. J Pharm Pharmacol, 71(2): 240-250.

Dabe N E, Kefale A T, Dadi T L. 2020. Evaluation of abortifacient effect of *Rumex nepalensis* Spreng among pregnant Swiss Albino rats: laboratory-based study[J]. J Exp Pharmacol, 12: 255-265.

Dar P A, Ali F, Sheikh I A, et al. 2017. Amelioration of hyperglycaemia and modulation of antioxidant status by *Alcea rosea* seeds in alloxan-induced diabetic rats[J]. Pharm Biol, 55(1): 1849-1855.

Das N G, Rabha B, Talukdar P K, et al. 2016. Preliminary in vitro antiplasmodial activity of *Aristolochia griffithii* and *Thalictrum foliolosum* DC extracts against malaria parasite *Plasmodium falciparum*[J]. BMC Res Notes, 9: 51.

Daud S M, Yaacob N S, Fauzi A N. 2021. 2-Methoxy-1,4-naphthoquinone (MNQ) inhibits glucose uptake and lactate production in triple-negative breast cancer cells[J]. Asian Pac J Cancer Prev, 22(S1): 59-65.

Dong W, Zhao Y, Hao Y, et al. 2022. Integrated molecular biology and metabonomics approach to understand the mechanism underlying reduction of insulin resistance by corn silk decoction[J]. J Ethnopharmacol, 284: 114756.

Eid A M, Issa L, Al-Kharouf O, et al. 2021. Development of *Coriandrum sativum* oil nanoemulgel and evaluation of its antimicrobial and anticancer activity[J]. Biomed Res Int, 2021: 5247816.

El-Fiky F K, Abou-Karam M A, Afify E A. 1996. Effect of *Luffa aegyptiaca* (seeds) and *Carissa edulis* (leaves) extracts on blood glucose level of normal and streptozotocin diabetic rats[J]. J Ethnopharmacol, 50(1): 43-47.

El-Saber B G, Magdy B A, Gwasef L, et al. 2020. Chemical constituents and pharmacological activities of garlic (*Allium sativum* L.): A review[J]. Nutrients, 12(3): 872.

Ensikat H J, Wessely H, Engeser M, et al. 2021. Distribution, ecology, chemistry and toxicology of plant stinging hairs[J]. Toxins (Basel), 13(2): 141.

Fusco S F B, Pancieri A P, Amancio S C P, et al. 2021. Efficacy of flower therapy for anxiety in overweight or obese adults: a randomized placebo-controlled clinical trial[J]. J Altern Complement Med, 27(5): 416-422.

Gao S M, Liu J S, Wang M, et al. 2018. Traditional uses, phytochemistry, pharmacology and toxicology of *Codonopsis*: A review[J]. J Ethnopharmacol, 219: 50-70.

Gautam R, Karkhile K V, Bhutani K K, et al. 2010. Anti-inflammatory, cyclooxygenase (COX)-2, COX-1 inhibitory, and free radical scavenging effects of *Rumex nepalensis*[J]. Planta Med, 76(14): 1564-1569.

Ghalib R M, Hashim R, Sulaiman O, et al. 2012. Phytochemical analysis, cytotoxic activity and constituents-activity relationships of the leaves of *Cinnamomum iners* (Reinw. ex Blume-Lauraceae)[J]. Nat Prod Res, 26(22): 2155-2158.

Ghosal M, Mandal P. 2016. Evaluation of antidiabetic activity of *Calamus erectus* in streptozotocin induced diabetic rats[J]. Asian Journal of Plant Science and Research, (1): 47-53.

Giaccari L G, Aurilio C, Coppolino F, et al. 2021. Capsaicin 8% patch and chronic postsurgical neuropathic pain[J]. J Pers Med, 11(10): 960.

Gil-Montoya J A, Silvestre F J, Barrios R, et al. 2016. Treatment of xerostomia and hyposalivation in the elderly: A systematic review[J]. Med Oral Patol Oral Cir Bucal, 21(3): e355-e366.

Gulfraz M, Ahmad A, Asad M J, et al. 2011. Antidiabetic activities of leaves and root extracts of *Justicia adhatoda* Linn. against alloxan induced diabetes in rats[J]. African Journal of Biotechnology, 10(32): 6101-6106.

Guo L, Wang Y, Bi X, et al. 2020. Antimicrobial activity and mechanism of action of the *Amaranthus tricolor* crude extract against *Staphylococcus aureus* and potential application in cooked meat[J]. Foods, 9(3): 359.

Gupta N, Choudhary S K, Bhagat N, et al. 2021. In silico prediction, molecular docking and dynamics studies of steroidal alkaloids of *Holarrhena pubescens* Wall. ex G. Don to guanylyl cyclase C: implications in designing of novel antidiarrheal therapeutic strategies[J]. Molecules, 26(14): 4147.

Hagiyama M, Takeuchi F, Sugano A, et al. 2022. Indigo plant leaf extract inhibits the binding of SARS-CoV-2 spike protein to angiotensin-converting enzyme 2[J]. Exp Ther Med, 23(4): 274.

He C, Li Z, Liu H, et al. 2020. Chemical compositions and antioxidant activity of adlay seed (*Coix lachryma-jobi* L.) oil extracted from four main producing areas in China[J]. J Food Sci, 85(1): 123-131.

He M, Hu C, Chen M, et al. 2021. Effects of gentiopicroside on activation of NLRP3 inflammasome in acute gouty arthritis mice induced by MSU[J]. J Nat Med, 9: 29.

He Q, Tang X, Wang S, et al. 2021. A poisoning outbreak caused by *Millettia pachycarpa*—Chongqing Municipality, December 2020[C]. China CDC Wkly, 3(14): 298-300.

Hosseini M, Boskabady M H, Khazdair M R. 2021. Neuroprotective effects of *Coriandrum sativum* and its constituent, linalool: A review[J]. Avicenna J Phytomed, 11(5): 436-450.

Huang B, He D, Chen G, et al. 2018. α-Cyperone inhibits LPS-induced inflammation in BV-2 cells through activation of Akt/Nrf2/HO-1 and suppression of the NF-κB pathway[J]. Food Funct, 9(5): 2735-2743.

Huang Y, Zhou W, Sun J, et al. 2022. Exploring the potential pharmacological mechanism of hesperidin and glucosyl hesperidin against COVID-19 based on bioinformatics analyses and antiviral assays[J]. Am J Chin Med, 50(2): 351-369.

Hussein R A, Afifi A H, Soliman A A F, et al. 2020. Neuroprotective activity of *Ulmus pumila* L. in Alzheimer's disease in rats; role of neurotrophic factors[J]. Heliyon, 6(12): e05678.

Imran M, Khan A S, Khan M A, et al. 2021. Antimicrobial activity of different plants extracts against *Staphylococcus aureus* and *Escherichia coli*[J]. Polim Med, 51(2): 69-75.

Ivanović M, Makoter K, Islamčević R M. 2021. Comparative study of chemical composition and antioxidant activity of essential oils and crude extracts of four characteristic Zingiberaceae herbs[J]. Plants (Basel), 10(3): 501.

Jaśniewska A, Diowksz A. 2021. Wide spectrum of active compounds in sea buckthorn (*Hippophae rhamnoides*) for disease prevention and food production[J]. Antioxidants (Basel), 10(8): 1279.

Javadinia S S, Abbaszadeh-Goudarzi K, Mahdian D, et al. 2021. A review of the protective effects of quercetin-rich natural compounds for treating ischemia-reperfusion injury[J]. Biotech Histochem, 23: 1-10.

Jiang H, Zhong J, Li W, et al. 2021. Gentiopicroside promotes the osteogenesis of bone mesenchymal stem cells by modulation of β-catenin-BMP2 signalling pathway[J]. J Cell Mol Med, 25(23): 10825-10836.

Kanagali S N, Patil B M, Khanal P, et al. 2022. *Cyperus rotundus* L. reverses the olanzapine-induced weight gain and metabolic changes-outcomes from network and experimental pharmacology[J]. Comput Biol Med, 141: 105035.

Kim Y S, Kim E K, Nawarathna W P A S, et al. 2017. Immune-stimulatory effects of *Althaea rosea* flower extracts through the MAPK signaling pathway in RAW264.7 cells[J]. Molecules, 22(5): 679.

Komati A, Anand A, Shaik H, et al. 2020. *Bombax ceiba* (Linn.) calyxes ameliorate methylglyoxal-induced oxidative stress via modulation of RAGE expression: identification of active phytometabolites by GC-MS analysis[J]. Food Funct, 11(6): 5486-5497.

Kuo C L, Chi C W, Liu T Y. 2004 . The anti-inflammatory potential of berberine[J]. Cancer Letters, 203(2): 127-137.

Lee H S, Cho H J, Yu R, et al. 2014. Mechanisms underlying apoptosis-inducing effects of kaempferol in HT-29 human colon cancer cells[J]. Int J Mol Sci, 15(2): 2722-2737.

Lee Y S, Kim W S, Kim K H, et al. 2006. Berberine, a natural plant product, activates AMP-activated protein kinase with beneficial metabolic effects in diabetic and insulin-resistant states[J]. Diabetes, 55(8): 2256-2264.

Lee Y, Lim H W, Ryu I W, et al. 2020. Anti-inflammatory, barrier-protective, and antiwrinkle properties of *Agastache rugosa* Kuntze in human epidermal keratinocytes[J]. Biomed Res Int, 2020: 1759067.

Li B L, Yuan J, Wu J W. 2021a. A review on the phytochemical and pharmacological properties of *Rosa laevigata*: a medicinal and edible plant[J]. Chem Pharm Bull (Tokyo), 69(5): 421-431.

Li C, Zhao C, Fan P F. 2015a. White-cheeked macaque (*Macaca leucogenys*): a new macaque species from Modog, southeastern Tibet[J]. American Journal of Primatology, 77: 753-766.

Li C, Zhao Y, Yang D, et al. 2015b. Inhibitory effects of kaempferol on the invasion of human breast carcinoma cells by downregulating the expression and activity of matrix metalloproteinase-9[J]. Biochem Cell Biol, 93(1): 16-27.

Li J, Thangaiyan R, Govindasamy K, et al. 2021b. Anti-inflammatory and anti-apoptotic effect of zingiberene on isoproterenol-induced myocardial infarction in experimental animals[J]. Hum Exp Toxicol, 40(6): 915-927.

Li L, Xu X, Qian H, et al. 2022. Elevational patterns of phylogenetic structure of angiosperms in a biodiversity hotspot in eastern Himalaya[J]. Diversity and Distributions, 28(12): 2534-2548.

Li R, Hu H B, Li X F, et al. 2015c. Essential oils composition and bioactivities of two species leaves used as packaging materials in Xishuangbanna, China[J]. Food Control, 51(3): 9-14.

Li Y, Zhang X L, Huang Y R, et al. 2020. Extracts or active components from *Acorus gramineus* Aiton for cognitive function impairment: preclinical evidence and possible mechanisms[J]. Oxid Med Cell Longev, 2020: 6752876.

Li Z, Cheng Y X, Li A L, et al. 2010. Antioxidant, anti-inflammatory and anti-influenza properties of components from *Chaenomeles speciosa*[J]. Molecules, 15(11): 8507-8517.

Liang J, Shao Y, Wu H, et al. 2021. Chemical constituents of the essential oil extracted from *Elsholtzia densa* and their insecticidal activity against *Tribolium castaneum* and *Lasioderma serricorne*[J]. Foods, 10(10): 2304.

Liu J H, Xiao X L, Peng Y T, et al. 2016a. Chemical constituents from *Elaeocarpus braceanus*[J]. Natural Product Research & Development, (28): 1176-1180.

Liu J. 2005. Oleanolic acid and ursolic acid: research perspectives[J]. Journal of Ethnopharmacology, 100(1-2): 92-94.

Liu S, Xiao P, Kuang Y, et al. 2021a. Flavonoids from sea buckthorn: A review on phytochemistry, pharmacokinetics and role in metabolic diseases[J]. J Food Biochem, 45(5): e13724.

Liu T, Guo Q, Zheng S, et al. 2021b. Cephalotaxine inhibits the survival of leukemia cells by activating mitochondrial apoptosis pathway and inhibiting autophagy flow[J]. Molecules, 26(10): 2996.

Liu W, Ning R, Chen R N, et al. 2016b. Aspafilioside B induces G2/M cell cycle arrest and apoptosis by up-regulating H-Ras and N-Ras via ERK and p38 MAPK signaling pathways in human hepatoma HepG2 cells[J]. Mol Carcinog, 55(5): 440-457.

Liu W, Yang X H, Zhou M, et al. 2007. Pharmacodynamical mechanisms of total flavonoids from *Chaenomeles lagenaria* Koidz in the relaxation of gastrointestinal smooth muscles[J]. World Chin J Digestol, 15: 165-167.

Liu X Q, Wu H, Yu H L, et al. 2011. Purification of a lectin from *Arisaema erubescens* (Wall.) Schott and its pro-inflammatory effects[J]. Molecules, 16(11): 9480-9494.

Liu X, Jin X, Yu D, et al. 2019. Suppression of NLRP3 and NF-κB signaling pathways by α-cyperone via activating SIRT1 contributes to attenuation of LPS-induced acute lung injury in mice [J]. Int Immunopharmacol, 76: 105886.

Lu H, Zhang J, Yang Y, et al. 2016. Earliest tea as evidence for one branch of the Silk Road across the Tibetan Plateau[J]. Sci Rep, 6: 18955.

Ma H, Bai L. 2021. Effect of *Polygonatum odoratum* ethanol extract on high glucose-induced tubular epithelial cell apoptosis and oxidative stress[J]. Pak J Pharm Sci, 34(3(Special)): 1203-1209.

Makhija P, Handral H K, Mahadevan G, et al. 2021. Black cardamom (*Amomum subulatum* Roxb.) fruit extracts exhibit apoptotic activity against lung cancer cells[J]. J Ethnopharmacol, 287: 114953.

Mapoung S, Umsumarng S, Semmarath W, et al. 2021. Photoprotective effects of a hyperoside-enriched fraction prepared from *Houttuynia cordata* Thunb. on ultraviolet B-induced skin aging in human fibroblasts through the MAPK signaling pathway[J]. Plants (Basel), 10(12): 2628.

Materska M, Perucka I. 2005. Antioxidant activity of the main phenolic compounds isolated from hot pepper fruit (*Capsicum annuum* L.)[J]. Journal of Agriculture Food Chemistry, 53(5): 1750-1756.

Miao F, Shan C, Shah S A H, et al. 2020. The protective effect of walnut oil on lipopolysaccharide-induced acute intestinal injury in mice[J]. Food Sci Nutr, 9(2): 711-718.

Mustaffa F, Indurkar J, Ismail S, et al. 2011. An antimicrobial compound isolated from *Cinnamomum iners* leaves with activity against methicillin-resistant *Staphylococcus aureus*[J]. Molecules, 16(4): 3037-3047.

Myers N, Mittermeier R A, Mittermeier C G, et al. 2000. Biodiversity hotspots for conservation priorities[J]. Nature, 403: 853-858.

Nijat D, Lu C F, Lu J J, et al. 2021. Spectrum-effect relationship between UPLC fingerprints and antidiabetic and antioxidant activities of *Rosa rugosa*[J]. J Chromatogr B Analyt Technol Biomed Life Sci, 1179: 122843.

Olas B. 2018. The beneficial health aspects of sea buckthorn (*Elaeagnus rhamnoides* (L.) A. Nelson) oil[J]. Journal of Ethnopharmacology, 213: 183-190.

Owen P L, Johns T. 2008. Antioxidants in medicines and spices as cardioprotective agents in Tibetan Highlanders[J]. Pharmaceutical Biology, 40(5): 346-357.

Pa R, Mathew L. 2012. Antimicrobial activity of leaf extracts of *Justicia adhatoda* L. in comparison with vasicine[J]. Asian Pacific Journal of Tropical Biomedicine, 2(3): S1556-S1560.

Parama D, Boruah M, Yachna K. 2020. Diosgenin, a steroidal saponin, and its analogs: Effective therapies against different chronic diseases[J]. Life Sci, 260: 118182.

Parisa S, Parisa S, Elham G, et al. 2020. Berberine: A novel therapeutic strategy for cancer[J]. IUBMB Life, 72(10): 2065-2079.

Pérez G R M, Muñiz-Ramirez A, Garcia-Campoy A H, et al. 2021. Evaluation of the antidiabetic potential of extracts of *Urtica dioica*, *Apium graveolens*, and *Zingiber officinale* in mice, zebrafish, and pancreatic β-cell[J]. Plants (Basel), 10(7): 1438.

Pires E O, Pereira E, Carocho M, et al. 2021. Study on the potential application of *Impatiens balsamina* L. flowers extract as a natural colouring ingredient in a pastry product[J]. Int J Environ Res Public Health, 18(17) : 9062.

Pires E O, Pereira E, Pereira C, et al. 2021. Chemical composition and bioactive characterisation of *Impatiens walleriana*[J]. Molecules, 26(5): 1347.

Prihantini A I, Tachibana S, Itoh K, et al. 2015. Antioxidant active compounds from *Elaeocarpus sylvestris*, and their relationship between structure and activity[J]. Procedia Environmental Sciences, 28: 758-768.

Puri H S. 2003. Rasayana, ayurvedic herbs for longevity and rejuvenation[M]. London: Taylor and Francis.

Qin G W, Chen Y G. 2000. Traditional Chinese Medicine Research & Development[M]. Beijing: Science Press.

Roopan S M, Devi Rajeswari V, Kalpana V N, et al. 2016. Biotechnology and pharmacological evaluation of Indian vegetable crop *Lagenaria siceraria*: an overview[J]. Appl Microbiol Biotechnol, 100(3): 1153-1162.

Saravanan R, Raja K, Shanthi D. 2022. GC-MS analysis, molecular docking and pharmacokinetic properties of phytocompounds from *Solanum torvum* unripe fruits and its effect on breast cancer target protein[J]. Appl Biochem Biotechnol, 194(1): 529-555.

Satyal P, Dosoky N S, Kincer B L, et al. 2012. Chemical compositions and biological activities of *Amomum subulatum* essential oils from Nepal[J]. Nat Prod Commun, 7(9): 1233-1236.

Sharma A, Goyal R, Sharma L. 2016. Potential biological efficacy of *Pinus* plant species against oxidative, inflammatory, and microbial disorders[J]. BMC Complement Altern Med, 16: 35.

Shi Z, Fang Z Y, Gao X X, et al. 2021. Nuciferine improves high-fat diet-induced obesity via reducing intestinal permeability by increasing autophagy and remodeling the gut microbiota[J]. Food Funct, 12(13): 5850-5861.

Shinwari Z K, Ahmad I, Ahmad N, et al. 2020. Investigation of phytochemical, anti-microbial activities of *Justicia gendarussa* and *Justicia adhatoda*[J]. Pakistan Journal of Botany, 52(5): 225-232.

Shovo M A R B, Tona M R, Mouah J. 2021. Computational and pharmacological studies on the antioxidant, thrombolytic, anti-inflammatory, and analgesic activity of *Molineria capitulate*[J]. Curr Issues Mol Biol, 43(2): 434-456.

Shrestha S, Park J H, Cho J G, et al. 2016. Phytochemical constituents from the florets of tiger grass *Thysanolaena latifolia* from Nepal[J]. J Asian Nat Prod Res, 18(2): 206-213.

Singh B, Chopra A, Ishar M P S, et al. 2010. Pharmacognostic and antifungal investigations of *Elaeocarpus ganitrus* (Rudrakasha)[J]. Indian J Pharmac Sci, 72(2): 261-265.

Singh R K, Bhattacharya S K, Acharya S B. 2000. Studies on extracts of *Elaeocarpus sphaericus* fruits on in vitro rat mast cells[J]. Phytomedicine International Journal of Phytotherapy & Phytopharmacology, 7(3): 205-207.

Sisay Zewdu W, Jemere Aragaw T. 2020. Evaluation of the anti-ulcer activity of hydromethanolic crude extract and solvent fractions of the root of *Rumex nepalensis* in Rats[J]. J Exp Pharmacol, 12: 325-337.

Song H K, Park S H, Kim H J, et al. 2021. Alpinia officinarum water extract inhibits the atopic dermatitis-like responses in NC/Nga mice by regulation of inflammatory chemokine production[J]. Biomed Pharmacother, 144: 112322.

Stohs S J, Bagchi D. 2015. Antioxidant, anti-inflammatory, and chemoprotective properties of *Acacia catechu* heartwood extracts[J]. Phytother Res, 29(6): 818-824.

Stompor-Gorący M. 2021. The health benefits of emodin, a natural anthraquinone derived from rhubarb-A summary update[J]. Int J Mol Sci, 22(17): 9522.

Suica-Bunghez I R, Teodorescu S, Dulama I D, et al. 2016. Antioxidant activity and phytochemical compounds of snake fruit (*Salacca zalacca*)[J]. IOP Conference Series: Materials Science and Engineering, 133(012051): 1-8.

Sun F, Yang X, Ma C, et al. 2021a. The effects of diosgenin on hypolipidemia and its underlying mechanism: a review[J]. Diabetes Metab Syndr Obes, 14: 4015-4030.

Sun Q, Leng J, Tang L, et al. 2021b. A comprehensive review of the chemistry, pharmacokinetics, pharmacology, clinical applications, adverse events, and quality control of indigo naturalis[J]. Front Pharmacol, 12: 664022.

Sun Q, Wang N, Xu W, et al. 2021c. *Ribes himalense* as potential source of natural bioactive compounds: Nutritional, phytochemical, and antioxidant properties[J]. Food Sci Nutr, 9(6): 2968-2984.

Suresh C J, Prathiha K. 2014. A review on traditional and ethnomedicinal uses of *Elaeocarpus ganitrus* (Rudraksha)[J]. International Journal of Pharma and Bio Sciences, 5(1): 495-511.

Sut S, Baldan V, Faggian M, et al. 2021. The bark of *Picea abies* L., a waste from sawmill, as a source of valuable compounds: phytochemical investigations and isolation of a novel pimarane and a stilbene derivative[J]. Plants (Basel), 10(10): 2106.

Taheri Y, Herrera-Bravo J, Huala L, et al. 2021. *Cyperus* spp.: a review on phytochemical composition, biological activity, and health-promoting effects[J]. Oxid Med Cell Longev, 2021: 4014867.

Takomthong P, Waiwut P, Yenjai C, et al. 2020. Structure-activity analysis and molecular docking studies of coumarins from *Toddalia asiatica* as multifunctional agents for Alzheimer's disease [J]. Biomedicines,

8(5): 107.

Tang C, Yu, Y M, Qi Q L, et al. 2019. Steroidal saponins from the rhizome of *Polygonatum sibiricum*[J]. J Asian Nat Prod Res, 21(3): 197-206.

Tang G, Xu Y, Zhang C, et al. 2021a. Green tea and epigallocatechin gallate (EGCG) for the management of nonalcoholic fatty liver diseases (NAFLD): insights into the role of oxidative stress and antioxidant mechanism[J]. Antioxidants (Basel), 10(7): 1076.

Tang H, Hao S, Chen X, et al. 2020. Epigallocatechin-3-gallate protects immunity and liver drug-metabolism function in mice loaded with restraint stress[J]. Biomed Pharmacother, 129: 110418.

Tang Z, Luo T, Huang P, et al. 2021b. Nuciferine administration in C57BL/6J mice with gestational diabetes mellitus induced by a high-fat diet: the improvement of glycolipid disorders and intestinal dysbacteriosis[J]. Food Funct, 12(22): 11174-11189.

Tarigan J B, Barus D A, Dalimunthe A. 2020. Physicochemical properties of *Arenga pinnata* Merr. endosperm and its antidiabetic activity for nutraceutical application[J]. J Adv Pharm Technol Res, 11(1): 1-5.

Teng R, Wu Z, He Y, et al. 2002. Revised structures of arillatanosides A-C from *Polygala arillata*[J]. Magnetic Resonance in Chemistry, 40(6): 424-429.

Tungmunnithum D, Pinthong D, Hano C. 2018. Flavonoids from *Nelumbo nucifera* Gaertn., a medicinal plant: uses in traditional medicine, phytochemistry and pharmacological activities[J]. Medicines (Basel), 5(4): 127.

Wang G, Wang Y Z, Yu Y, et al. 2020. Triterpenoids extracted from *Rhus chinensis* Mill act against colorectal cancer by inhibiting enzymes in glycolysis and glutaminolysis: network analysis and experimental validation[J]. Nutr Cancer, 72(2): 293-319.

Watroly M N, Sekar M, Fuloria S. 2021. Chemistry, biosynthesis, physicochemical and biological properties of rubiadin: a promising natural anthraquinone for new drug discovery and development[J]. Drug Des Devel Ther, 15: 4527-4549.

Wei K, Sun H, Chen X, et al. 2019. Furowanin A exhibits antiproliferative and pro-apoptotic activities by targeting sphingosine kinase 1 in osteosarcoma[J]. Anat Rec (Hoboken), 302(11): 1941-1949.

Weng G, Duan Y, Zhong Y, et al. 2021. Plant extracts in obesity: a role of gut microbiota[J]. Front Nutr, 8: 727951.

Wu G, Terol J, Ibanez V, et al. 2018. Genomics of the origin and evolution of *Citrus*[J]. Nature, 554: 311-316.

Wu G, Yan Y, Zhou Y. 2020. Sulforaphane: expected to become a novel antitumor compound[J]. Oncol Res, 28(4): 439-446.

Wu Z Y, Peter H R, Hong D Y. 2013. Flora of China[M]. Beijing: Science Press & St. Louis: Missouri Botanical Garden.

Xiao W L, Gong Y Q, Wang R R, et al. 2009. Bioactive nortriterpenoids from *Schisandra grandiflora*[J]. Journal of Natural Products, 72(9): 1678-1681.

Xu H, Wang L, Yan K, et al. 2021. Nuciferine inhibited the differentiation and lipid accumulation of 3T3-L1 Preadipocytes by regulating the expression of lipogenic genes and adipokines[J]. Front Pharmacol, 12:

632236.

Xu Y, Lin W, Ye S, et al. 2017. Protective effects of an ancient Chinese Kidney-Tonifying formula against H₂O₂-induced oxidative damage to MES23.5 cells[J]. Parkinsons Dis, 2017: 2879495.

Xuanji X, Zengjun G, Hui Z, et al. 2016. Chemical composition, in vitro antioxidant activity and α-glucosidase inhibitory effects of the essential oil and methanolic extract of *Elsholtzia densa* Benth[J]. Nat Prod Res, 30(23): 2707-2711.

Yang A M, Shi X L, Zheng Z Z, et al. 2018. Chemical constituents of *Uncaria scandens*[J]. Chemistry of Natural Compounds, 54(4): 793-794.

Yang Z, Sun H, Su S. 2021. Tsantan Sumtang Restored Right Ventricular Function in Chronic Hypoxia-Induced Pulmonary Hypertension Rats[J]. Front Pharmacol, 11: 607384.

Yousuf D M, Shah W A, Mubashir S, et al. 2012. Chromatographic analysis, anti-proliferative and radical scavenging activity of *Pinus wallichina* essential oil growing in high altitude areas of Kashmir, India[J]. Phytomedicine, 19(13): 1228-1233.

Yu J, Hu M, Wang Y, et al. 2018. Extraction, partial characterization and bioactivity of polysaccharides from *Senecio scandens* Buch.-Ham.[J]. Int J Biol Macromol, 109: 535-543.

Zahara K, Panda S K, Swain S S, et al. 2020. Metabolic diversity and therapeutic potential of *Holarrhena pubescens*: an important ethnomedicinal plant[J]. Biomolecules, 10(9): 1341.

Zahoor M, Ikram M, Nazir N, et al. 2021. A comprehensive review on the medicinal importance; biological and therapeutic efficacy of *Lagenaria siceraria* (Mol.) (Bottle Gourd) Standley fruit[J]. Curr Top Med Chem, 21(20): 1788-1803.

Zargar O A, Bashir R, Ganie S A, et al. 2018. Hepatoprotective potential of *Elsholtzia densa* against acute and chronic models of liver damage in Wistar rats[J]. Drug Res (Stuttg), 68(10): 567-575.

Zeng Z, Tian R, Feng J, et al. 2021. A systematic review on traditional medicine *Toddalia asiatica* (L.) Lam.: Chemistry and medicinal potential[J]. Saudi Pharm J, 29(8): 781-798.

Zhang K, Chen X L, Zhao X, et al. 2022. Antidiabetic potential of Catechu via assays for α-glucosidase, α-amylase, and glucose uptake in adipocytes[J]. J Ethnopharmacol, 291: 115118.

Zhang K, Liu Q, Luo L, et al. 2021a. Neuroprotective effect of alpha-asarone on the rats model of cerebral ischemia-reperfusion stroke via ameliorating glial activation and autophagy[J]. Neuroscience, 473: 130-141.

Zhang M, Wang J, Zhu L, et al. 2017a. *Zanthoxylum bungeanum* Maxim. (Rutaceae): a systematic review of its traditional uses, botany, phytochemistry, pharmacology, pharmacokinetics, and toxicology[J]. Int J Mol Sci, 18(10): 2172.

Zhang N. 2019. Summary of the approved natural small molecule antitumor compounds[J]. Chin. Pharm, 22: 1702-1705.

Zhang Q, Zhao J J, Xu J, et al. 2015a. Medicinal uses, phytochemistry and pharmacology of the genus *Uncaria*[J]. J Ethnopharmacol, 173: 48-80.

Zhang S D. 2012. Notes on Rubus subsect. Lineati from China[J]. J Plant Sci, 30(3): 301-304.

Zhang S, Han L, Zhang H, et al. 2014. *Chaenomeles speciosa*: A review of chemistry and pharmacology[J]. Biomedical Reports, 2(1): 12-18.

Zhang X, Hu Y, Jin C, et al. 2020a. Extraction and hypolipidemic activity of low molecular weight polysaccharides isolated from *Rosa Laevigata* fruits[J]. Biomed Res Int, 2020: 2043785.

Zhang Y , Geng Y F, Zhang L L, et al. 2015b. Finding new sources from "Using Different Plants as the Same Herb": a case study of Huang-lian in Northwest Yunnan, China[J]. Journal of ethnopharmacology, 169: 413-425.

Zhang Y, Jiang J, Shen H, et al. 2017b. Total flavonoids from rhizoma drynariae (Gusuibu) for treating osteoporotic fractures: implication in clinical practice[J]. Drug Des Devel Ther, 11: 1881-1890.

Zhang Y, Yan L S, Ding Y, et al. 2020b. *Edgeworthia gardneri* (Wall.) Meisn. water extract ameliorates palmitate induced insulin resistance by regulating IRS1/GSK3β/FoxO1 signaling pathway in human HepG2 hepatocytes[J]. Front Pharmacol, 10: 1666.

Zhang Z H, Liu J Q, Hu C D, et al. 2021b. Luteolin confers cerebroprotection after subarachnoid hemorrhage by suppression of NLPR3 inflammasome activation through Nrf2-dependent pathway[J]. Oxid Med Cell Longev, 2021: 5838101.

Zhang Z, Xu H, Zhao H, et al. 2019. *Edgeworthia gardneri* (Wall.) Meisn. water extract improves diabetes and modulates gut microbiota[J]. J Ethnopharmacol, 239: 111854.

Zhao D G, Zhou A Y, Du Z, et al. 2015. Coumarins with α-glucosidase and α-amylase inhibitory activities from the flower of *Edgeworthia gardneri*[J]. Fitoterapia, 107: 122-127.

Zhao Z L, Dorje G, Wang Z T. 2010. Identification of medicinal plants used as Tibetan Traditional Medicine Jie-Ji[J]. Journal of Ethnopharmacology, 132(1): 122-126.

Zheng Q, Li S, Li X, et al. 2021. Advances in the study of emodin: an update on pharmacological properties and mechanistic basis[J]. Chin Med, 16(1): 102.

Zhou F, He K, Guan Y, et al. 2020a. Network pharmacology-based strategy to investigate pharmacological mechanisms of *Tinospora sinensis* for treatment of Alzheimer's disease[J]. J Ethnopharmacol, 259: 112940.

Zhou Y, Tang G, Li X, et al. 2020b. Study on the chemical constituents of nut oil from *Prunus mira* Koehne and the mechanism of promoting hair growth[J]. J Ethnopharmacol, 58: 112831.

Zhou Z B, Li Z R, Wang X B, et al. 2016. Polycyclic polyprenylated derivatives from *Hypericum uralum*: neuroprotective effects and antidepressant-like activity of Uralodin A[J]. J Nat Prod, 79(5): 1231-1240.

Zhuang M, Qiu H, Li P, et al. 2018. Islet protection and amelioration of type 2 diabetes mellitus by treatment with quercetin from the flowers of *Edgeworthia gardneri*[J]. Drug Des Devel Ther, 12: 955-966.

附　录

附录 I 路隅地区热带、亚热带产藏药材和民间药材调查编目

中药名	藏药名	基原植物	科	利用部位	生境	发现地	本草记载	凭证标本（野生植物）或栽培情况
石榴	se-hbru	石榴 *Punica granatum* L.	千屈菜科 Lythraceae	果实	庭院	背崩村	《中华本草·藏药卷》	栽培
大葱	tsong	葱 *Allium fistulosum* L.	石蒜科 Amaryllidaceae	鳞茎	庭院	墨脱县、察隅县各村镇	《晶珠本草》	栽培
大蒜	sgog-skya	蒜 *Allium sativum* L.	石蒜科 Amaryllidaceae	鳞茎	庭院	墨脱县各村镇	《晶珠本草》《医学四续》《蓝琉璃》	栽培
天门冬	nye-shing	羊齿天门冬 *Asparagus filicinus* D. Don	天门冬科 Asparagaceae	根	庭院、热带山地常绿阔叶林下	格林达巴、德尔贡村	《晶珠本草》	栽培
黄精	ra-nye	卷叶黄精 *Polygonatum cirrhifolium* (Wallich) Royle	天门冬科 Asparagaceae	根茎	热带山地常绿阔叶林	巴登村	《晶珠本草》	QTP-EBT-4035
圆柏	shug-pa	圆柏 *Juniperus chinensis* L.	柏科 Cupressaceae	枝叶	庭院	德尔贡村，墨脱县县城	《晶珠本草》	QTP-EBT-MT-LZY187
香柏	shug-pa	香柏 *Sabina pingii* var. *wilsonii* (Rehder) W. C. Cheng & L. K. Fu	柏科 Cupressaceae	枝叶	庭院、寺院	德尔贡村	《晶珠本草》	QTP-EBT-MT-LZY187
糖茶藨	se-rgod	喜马拉雅茶藨子 *Ribes himalense* Royle ex Decaisne in Jacquemont	茶藨子科 Grossulariaceae	果实	热带山地常绿阔叶林	80K	《晶珠本草》	QTP-EBT-MT-LZY168
茶叶	ja-shing	茶 *Camellia sinensis* (L.) Kuntze	茶科 Theaceae	叶	茶园、庭院	格林	《中华藏本草》《中华本草·藏药卷》	栽培，引种于福建、四川
藏菖蒲	shu-gad-nag-po	金钱蒲 *Acorus gramineus* Solander ex Aiton	菖蒲科 Acoraceae	根茎	林缘、公路边坡	德尔贡村（栽培）	《晶珠本草》	栽培，引种于湖南
车前	na-ram	车前 *Plantago majo* L.	车前科 Plantaginaceae	全株	林缘、公路边坡	80K	《月王药诊》《晶珠本草》《医学四续》《妙音本草》	QTP-EBT-MT-LZY177
藿香	swa-phyi-a-ya	藿香 *Agastache rugosa* (Fischer & C. Meyer) Kuntze	唇形科 Lamiaceae	全株	庭院	德尔贡村	《晶珠本草》	栽培
香茶菜	zhim-thig-nag-po	细锥香茶菜 *Isodon coetsa* (Buchanan-Hamilton ex D. Don) Kudô	唇形科 Lamiaceae	全草	公路边坡、采伐迹地	德尔贡村	《中华本草·藏药卷》	QTP-EBT-MT-LZY067, P2017111301
浆果乌柏	dur-ga-shing	浆果乌柏 *Balakata baccata* (Roxburgh) Esser	大戟科 Euphorbiaceae	果实、茎	沟谷雨林	西让村	《晶珠本草》	QTP-EBT-MT-LZY134

续表

中药名	藏药名	基原植物	科	利用部位	生境	发现地	本草记载	凭证标本（野生植物）或栽培情况
巴豆	dan-rog	巴豆 Croton tiglium L.	大戟科 Euphorbiaceae	种子	沟谷雨林	西让村至地东村雨林	《晶珠本草》	QTP-EBT-MT-044
蓖麻	dgand-rog-po	蓖麻 Ricinus communis L.	大戟科 Euphorbiaceae	叶、果实、种子	采伐迹地、公路边坡	背崩乡	《晶珠本草》《蓝琉璃》	QTP-EBT-MT-LZY016
刀豆	mkhal-ma-zho-sha	刀豆 Canavalia gladiata (Jacquin) Candolle	豆科 Fabaceae	种子	庭院	背崩乡、巴登村、西让村	《度母本草》《晶珠本草》	栽培
眼镜豆	mchin-pa-zho-sha	眼镜豆 Entada rheedii Sprengel	豆科 Fabaceae	种子	沟谷雨林	西让村	《晶珠本草》	QTP-EBT-ZHY-012
厚果鸡血藤	a-hbra-dman-pa	厚果崖豆藤 Millettia pachycarpa Bentham in Miquel	豆科 Fabaceae	种子	沟谷雨林	江新村、地东村、西让村	《中国藏药材大全》	QTP-EBT-MT-LZY059
白花鸡血藤	gla-gor-zho-sha	白花油麻藤 Mucuna birdwoodiana Tutcher	豆科 Fabaceae	种子	沟谷雨林	西让村	《晶珠本草》	QTP-EBT-MT-LZY059
豌豆	sran-ma	豌豆 Pisum sativum L.	豆科 Fabaceae	果实	庭院	栽培	《晶珠本草》《度母本草》《妙音本草》	栽培
决明子	thli-ka-rdo-rje	决明 Senna tora (L.) Roxburgh	豆科 Fabaceae	种子	公路边坡	路边	《晶珠本草》	QTP-EBT-MT-YLX-045
宽筋藤	sle-tres	中华青牛胆 Tinospora sinensis (Loureiro) Merrill	防己科 Menispermaceae	藤茎	林缘	县城仁钦朋岔路口	《晶珠本草》	QTP-EBT-MT-LZY047
凤仙花	bye-hu-star-ka	锐齿凤仙花（南迦巴瓦凤仙花）Impatiens arguta J. D. Hooker & Thomson	凤仙花科 Balsaminaceae	全株	林缘、采伐迹地、田间地头	巴登村	《晶珠本草》《妙音本草》	QTP-EBT-MT-LZY085
大米	hbras	稻 Oryza sativa L.	禾本科 Poaceae	果实	田地	背崩村	《晶珠本草》	栽培
红糖	bu-rma	甘蔗 Saccharum officinarum L.	禾本科 Poaceae	汁液炼成的糖	田地	栽培	《晶珠本草》	栽培，引种于印度
棕叶芦	brag-ghi-sdong-po	棕叶芦 Thysanolaena latifolia (Roxburgh ex Hornemann) Honda	禾本科 Poaceae	根	沟谷雨林	地东村	《晶珠本草》	QTP-EBT-MT-LZY121
玉米须	ma-rmos-lo-tog-gi-me-tog	玉蜀黍 Zea mays L.	禾本科 Poaceae	花	田地	栽培	《中华藏本草》	栽培

续表

中药名	藏药名	基原植物	科	利用部位	生境	发现地	本草记载	凭证标本（野生植物）或栽培情况
荜茇	pi-pi-ling	具柄胡椒 Piper petiolatum Hooker f.	胡椒科 Piperaceae	果实	沟谷雨林	雅鲁藏布江两岸河谷林下	《晶珠本草》《医学四续》《度母本草》	QTP-EBT-MT-LZY114
核桃	star-ga	泡核桃 Juglans sigillata Dode	胡桃科 Juglandaceae	种子	庭院	德尔贡村	《晶珠本草》《度母本草》	栽培
波棱瓜	gser-gyi-me-dog	波棱瓜 Herpetospermum pedunculosum (Seringe) C. B. Clarke	葫芦科 Cucurbitaceae	种子	庭院	巴登村	《晶珠本草》	栽培
葫芦	ka-bed	葫芦 Lagenaria siceraria (Molina) Standley	葫芦科 Cucurbitaceae	果实	庭院	格林	《晶珠本草》	栽培
丝瓜子	gser-gyi-phud-bu	丝瓜 Luffa aegyptiaca Miller	葫芦科 Cucurbitaceae	种子	庭院	巴登	《晶珠本草》	栽培
香砂仁	ga-go-la	高良姜 Alpinia officinarum Hance	姜科 Zingiberaceae	果实	热带山地雨林	格林村	《晶珠本草》	QTP-EBT-MT-LZY006
野草果	ga-go-la	香豆蔻 Amomum subulatum Roxburgh	姜科 Zingiberaceae	果实	沟谷雨林	地东村	《晶珠本草》《医学四续》《度母本草》《蓝琉璃》	QTP-EBT-MT-LZY123
姜黄	yung-ba	姜黄 Curcuma longa L.	姜科 Zingiberaceae	根茎	沟谷雨林、庭院	江新村、西让村	《晶珠本草》《蓝琉璃》	QTP-EBT-MT-LZY125
西藏大豆蔻	klo-sug	西藏大豆蔻 Amomum tibeticum (T. L. Wu & S. J. Chen) X. E. Ye, L. Bai & N. H. Xia (=Hornstedtia tibetica T. L. Wu & S. J. Chen)	姜科 Zingiberaceae	果实	沟谷雨林	巴登村、地东村	《中华本草·藏药卷》	QTP-EBT-MT-LZY080
干姜	sga-skya	姜 Zingiber officinale Roscoe	姜科 Zingiberaceae	根茎	庭院	背崩乡、巴登村、西让村	《晶珠本草》《蓝琉璃》《鲜明注释》	栽培
金丝海棠	ja-shing-dbang-phyug	匙萼金丝桃 Hypericum uralum Buchanan-Hamilton ex D. Don	金丝桃科 Hypericaceae	果实、花	热带山地常绿阔叶林	80K、达木路民族乡	《晶珠本草》	QTP-EBT-MT-LZY162
蜀葵	me-tog-ha-lo, ljam-pa-lha-mo	蜀葵 Alcea rosea L.	锦葵科 Malvaceae	花	庭院	庭院栽培	《晶珠本草》	栽培，引种于林芝
党参	snyyi-ba	大叶党参 Codonopsis affinis Hook. f. & Thoms.	桔梗科 Campanulaceae	根	林缘	格林村	《晶珠本草》《度母本草》《药名之海》	QTP-EBT-MT-LZY172
鬼针草	byi-bzung	鬼针草 Bidens tripartita L.	菊科 Asteraceae	全株	公路边坡、采伐迹地	巴登村	《中华藏本草》	QTP-EBT-MT-LZY110

续表

中药名	藏药名	基原植物	科	利用部位	生境	发现地	本草记载	凭证标本（野生植物）或栽培情况
蒲公英	khis-rab-lo-ma	蒲公英 *Taraxacum mongolicum* Handel-Mazzetti	菊科 Asteraceae	全株	公路边坡	80K	《度母本草》	QTP-EBT-0009
鸭嘴花	ba-sha-ka	鸭嘴花 *Justicia adhatoda* L.	爵床科 Acanthaceae	全株	庭院	西让村	《晶珠本草》	栽培，引种于印度
金钗石斛	bu-shes-tse	石斛 *Dendrobium nobile* Lindley	兰科 Orchidaceae	茎	热带山地雨林附生、庭院	阿苍村	《晶珠本草》	QTP-EBT-MT-LZY192
藜	sna-uh	藜 *Chenopodium album* L.	苋科 Amaranthaceae	全草	公路边坡	墨脱县、察隅县各地	《晶珠本草》《度母本草》	18CS16803
莲花	khang-la	莲 *Nelumbo nucifera* Gaertner	莲科 Nelumbonaceae	花	公园池塘	墨脱莲花湖公园	《中华藏本草》	栽培
荞麦	bra-bo	荞麦 *Fagopyrum esculentum* Moench、苦荞 *Fagopyrum tataricum* (L.) Gaertner	蓼科 Polygonaceae	果实	庭院	德尔贡村	《妙音本草》《度母本草》	QTP-EBT-0156
头花蓼	gla-sgang	头花蓼 *Polygonum capitatum* Buchanan-Hamilton ex D. Don	蓼科 Polygonaceae	全株	岩石附生	背崩乡	《晶珠本草》	QTP-EBT-MT-LZY073
土大黄	sho-mang	尼泊尔酸模 *Rumex nepalensis* Sprengel	蓼科 Polygonaceae	根	公路边坡、采伐迹地	格林、达木、80K	《中华藏本草》	QTP-EBT-0091
藏茵陈	rgya-tig	显脉獐牙菜 *Swertia nervosa* (Wall. ex G. Don) C. B. Clarke	龙胆科 Gentianaceae	全株	林缘、草地	格林达巴	《晶珠本草》《月王药诊》《医学四续》《蓝琉璃》	QTP-EBT-MT-LZY070
马齿苋	tsan-ger-reb	马齿苋 *Portulaca oleracea* L.	马齿苋科 Portulacaceae	全草	岩石附生	西让村	《度母本草》	KUN-ETM-1493
藏木通	ba-le-ka	西藏关木通 *Isotrema griffithii* (Hook. f. & Thomson ex Duch.) C. E. C. Fisch.	马兜铃科 Aristolochiaceae	茎	热带山地常绿阔叶林	达木嘎隆曲河边	《度母本草》	QTP-EBT-4051
铁线莲	dbyi-mong	*Clematis napaulensis* DC.	毛茛科 Ranunculaceae	茎	林缘	格林村至格林达巴路旁	《晶珠本草》	QTP-EBT-MT-LZY082
云连	myang-rtsi-spras	云南黄连 *Coptis teeta* Wallich	毛茛科 Ranunculaceae	根茎	热带山地常绿阔叶林	德尔贡村、格林村	《晶珠本草》《度母本草》	QTP-EBT-0152
马尾黄连	lgags-kyu-ba	滇川唐松草 *Thalictrum finetii* B. Boivin	毛茛科 Ranunculaceae	根	热带山地常绿阔叶林	格林	《中华藏本草》	KUN-ETM-3937
木棉	nah-ga-ge-sar	木棉 *Bombax ceiba* L.	锦葵科 Malvaceae	花	沟谷雨林	西让村	《晶珠本草》	QTP-EBT-MT-YLX013

续表

中药名	藏药名	基原植物	科	利用部位	生境	发现地	本草记载	凭证标本（野生植物）或栽培情况
葡萄	rgun-hbrum	葡萄 Vitis vinifera L.	葡萄科 Vitaceae	果实	庭院	栽培	《中华藏本草》《晶珠本草》	栽培
广酸枣	snying-zho-sha	南酸枣 Choerospondias axillaris (Roxburgh) B. L. Burtt & A. W. Hill	漆树科 Anacardiaceae	果实	沟谷雨林	西让村、地东村	《晶珠本草》《度母本草》	XDA001
茜草	btsod	梵茜草 Rubia manjith Roxburgh ex Fleming	茜草科 Rubiaceae	根	林缘、庭院、公路边坡、采伐迹地	格林	《晶珠本草》	QTP-EBT-MT-LZY077
钩藤	khyung-sder-ngkar-po	攀茎钩藤 Uncaria scandens (Smith) Hutchinson in Sargent	茜草科 Rubiaceae	藤茎	热带山地常绿阔叶林	德尔贡村多吉顶、格林寺	《晶珠本草》《度母本草》	QTP-EBT-MT-LZY027
藏桃仁	kham-bu	光核桃 Amygdalus mira (Koehne) Ricker	蔷薇科 Rosaceae	种子	庭院	栽培	《晶珠本草》	QTP-EBT-2301
野樱桃	ri-skyes-seuh-dmar-tsung	喜马拉雅樱花（高盆樱桃）Cerasus cerasoides (Buchanan-Hamilton ex D. Don) S. Y. Sokolov	蔷薇科 Rosaceae	果实，树皮(茎皮)	热带山地常绿阔叶林	格林达巴	《晶珠本草》	QTP-EBT-4033
木瓜	dzha-pho-ra, ser-ya	西藏木瓜 Chaenomeles speciosa (Sweet) Nakai	蔷薇科 Rosaceae	果实	庭院	格林、德尔贡	《度母本草》《晶珠本草》	QTP-EBT-0123
苹果	gu-shu	苹果 Malus pumila Miller	蔷薇科 Rosaceae	果实	庭院	格林	《中华藏本草》《晶珠本草》	栽培，引种于林芝
蔷薇花	se-bhi	玫瑰 Rosa rugosa Thunberg in Murray	蔷薇科 Rosaceae	花	庭院	江新村	《晶珠本草》	QTP-EBT-MT-LZY185
悬钩子	ga-bra	椭圆悬钩子 Rubus ellipticus Smith	蔷薇科 Rosaceae	藤茎	林缘、公路边坡	格林达巴	《晶珠本草》《度母本草》	QTP-EBT-MT-LZY131
辣椒	tsi-tra-ka	辣椒 Capsicum annuum L.	茄科 Solanaceae	果实	庭院	背崩乡	《晶珠本草》《度母本草》《蓝琉璃》	栽培
接骨木	rgyal-po-tu-ru	接骨木 Sambucus javanica Blume	五福花科 Adoxaceae	果实	热带山地常绿阔叶林	格林达巴、西让村、白马西路河、雅鲁藏布江河谷	《晶珠本草》	QTP-EBT-MT-LZY013
瑞香	srin-shing-sna-ma	藏东瑞香 Daphne bholua Buchanan-Hamilton ex D. Don	瑞香科 Thymelaeaceae	全株	热带山地常绿阔叶林	德尔贡村多吉顶	《晶珠本草》《妙音本草》	QTP-EBT-MT-LZY030

续表

中药名	藏药名	基原植物	科	利用部位	生境	发现地	本草记载	凭证标本（野生植物）或栽培情况
鱼腥草	nya-dri-bro-bhi-sdo	蕺菜 *Houttuynia cordata* Thunberg	三白草科 Saururaceae	全草	庭院	背崩乡	《中华藏本草》	KUN-ETM-5987
粗榧	sgron-me-shing	海南粗榧 *Cephalotaxus mannii* J. D. Hooker	三尖杉科 Cephalotaxaceae	叶	庭院	背崩乡	《墨脱本地民间药》	ZHY045
芫荽子	uh-su	芫荽 *Coriandrum sativum* L.	伞形科 Apiaceae	全株	庭院	巴登村	《晶珠本草》	栽培
香附子	mon-log-gla-sgang, sman-gla-sgang	香附 *Cyperus rotundus* L.	莎草科 Cyperaceae	根茎	田地	背崩村	《度母本草》	QTP-EBT-MT-LZY150
商陆	dpha-rgod	商陆 *Phytolacca acinosa* Roxburgh	商陆科 Phytolaccaceae	根	采伐迹地	巴登村	《晶珠本草》	QTP-EBT-MT-LZY093
油菜籽	pang-kha	欧洲油菜 *Brassica napus* L.	十字花科 Brassicaceae	种子	田地	墨脱村	《医学四续》	栽培
莱菔子	la-phud	萝卜 *Raphanus sativus* L.	十字花科 Brassicaceae	种子	庭院，田地	西让村	《晶珠本草》	栽培
骨碎补	ldum-bu-re-ral	华槲蕨（秦岭槲蕨）*Drynaria baronii* (Christ) Diels	水龙骨科 Polypodiaceae	根茎	沟谷雨林	背崩村至江新村雅鲁藏布江河谷热带雨林大树上	《蓝琉璃》	QTP-EBT-0043
油松	sgron-shing	不丹松 *Pinus bhutanica* Grierson, D. G. Long & C. N. Page	松科 Pinaceae	树脂	热性针叶林	德尔贡村，格林村，仁钦朋	《晶珠本草》	QTP-EBT-MT-LZY149
南五味子	da-trig	异形南五味子（吹风散）*Kadsura heteroclita* (Roxburgh) Craib	五味子科 Schisandraceae	茎、果实	热带山地雨林	德尔贡村	《中华藏本草》	QTB-EBT-YLX-019
五味子	nga-trig	大花五味子 *Schisandra grandiflora* (Wallich) J. D. Hooker & Thomson in J. D. Hooker	五味子科 Schisandraceae	果实、藤茎	热带山地常绿阔叶林	80K	《药名之海》《晶珠本草》《蓝琉璃》	P201711302
五味子	da-trig	滇藏五味子 *Schisandra neglecta* A. C. Smith	五味子科 Schisandraceae	茎、果实	热带山地常绿阔叶林	格林	《迪庆藏药》	PE-Li & Cheng-00936
牛膝	zur-lug-chu-rtse	牛膝（怀牛膝）*Achyranthes bidentata* Blume	苋科 Amaranthaceae	根	公路边坡	80K	《中华藏本草》	KUN-ETM-1953, 5908
木黄连	gya-pa	门隅十大功劳 *Mahonia monyulensis* Ahrendt	小檗科 Berberidaceae	茎	热带山地常绿阔叶林	背崩村，庭院栽培	《中华藏本草》	QTP-EBT-4076

续表

中药名	藏药名	基原植物	科	利用部位	生境	发现地	本草记载	凭证标本（野生植物）或栽培情况
水麻	zwa-syi-a-ya	水麻 Debregeasia longifolia (N. L. Burman) Weddell in Candolle	荨麻科 Urticaceae	根	热带山地常绿阔叶林	格林达巴	《中华藏本草》	QTP-EBT-MT-LZY014
黄花远志	byiu-srad-ma-ser-po	黄花远志 Polygala arillata Buch.-Ham. ex D. Don	远志科 Polygalaceae	根	热带山地常绿阔叶林	西让村、地东村、德尔贡村、格林	《晶珠本草》	NWBI -1415
花椒	gyer-ma	花椒 Zanthoxylum bungeanum Maximowicz	芸香科 Rutaceae	果实	庭院	德尔贡村	《晶珠本草》《度母本草》《妙音本草》	QTP-EBT-MT-LZY029
桂皮	shing-tsha	大叶桂 Cinnamomum iners Reinwardt ex Blume	樟科 Lauraceae	树皮（茎皮）	沟谷雨林	德尔贡村、西让村	《中华本草·藏药卷》	QTP-EBT-MT-LZY023
蓝布裙	nad-ma-hbyar-ma	倒提壶 Cynoglossum amabile Stapf & J. R. Drummond	紫草科 Boraginaceae	根	采伐迹地、公路边坡	巴登村	《妙音本草》《度母本草》	QTP-EBT-MT-LZY083
酸藤子	byi-tang-ga	多花酸藤子 Embelia floribunda Wallich in Roxburgh	紫金牛科 Myrsinaceae	果实	热带山地雨林	波东村	《晶珠本草》	QTP-EBT-MT-LZY089
槟榔	smag	小花桄榔 Arenga micrantha C. F. Wei	棕榈科 Arecaceae	髓心、果实	热带山地雨林、庭院	背朋	《晶珠本草》	QTP-EBT-MT-LZY035

注：此附录是实地调查研究的结果，为第一手资料，与各论（本草研究的结果）为彼此独立的内容。各论部分是综合了实地调研、文献研究、本草考证等多个工作的结果，因此与第一手资料有较大出入。

附录 II　珞隅地区进口藏药材替代植物资源调查编目

藏药名	植物中文名	拉丁学名	科名	药用部位	藏医功效	藏药本草记载	野生植物凭证标本
shing-tsha	肉桂	*Cinnamomum iners* Reinwardt ex Blume	樟科 Lauraceae	树皮	味辛、甘、涩，性温、微咸，性热、燥、轻。补益胃肾。用于治疗寒性胃病和培根病	《度母本草》：所说桂皮为热药，热寒河川密林生，树干坚硬树片小。以皮厚薄分两种，薄皮热大厚皮平，其味辛甘如同姜	LZY023
star-ga	核桃	*Juglans sigillata* Dode	胡桃科 Juglandaceae	种子	味甘，性温。治龙性骨节不利、僵直等	《妙音本草》：核桃树大叶子厚，花朵白红有光泽，果实白红有光泽。《度母本草》：所说核桃之良药，生在炎热之路隅，树干高大叶厚盈，其味甘甜并油腻	MZ037
yung-ba	姜黄	*Curcuma longa* L.	姜科 Zingiberaceae	根茎	味苦、辛，性凉。治痈疽肿毒、肝病、中毒等	《度母本草》：所说草药之姜黄，南方河川暖地生，叶片状如大蒜叶，根子外皮如同姜，内瓤红黄有光泽，其味稍许有点苦	LZY125
pi-pi-ling	具柄胡椒	*Piper petiolatum* Hooker f.	胡椒科 Piperaceae	果实	味辛、苦，性温。消化后味甘。增加胃阳，驱寒、平喘止咳、龙合并症，滋养身体，增强体力和消化能力	《晶珠本草》：毕毕林产于珞隅，门隅地方的，色褐、粒紫密，味不很辣，果茎粗细约四指者，色红、颗粒清晰，味不很辣，细而短	LZY114
tsi-trra-ka	辣椒	*Capsicum annuum* L.	茄科 Solanaceae	果实	味辛，性温。治疗水肿病、鼓胀、溃疡，感染和寒性胃病	《度母本草》：热药之王小米辣，生在珞隅炎热地，叶片散乱有裂片，茎可如同酉青根，其味辛辣有点甘	MZ007
nah-ga-ge-sar	木棉	*Bombax ceiba* L.	锦葵科 Malvaceae	花	味苦，性凉。清心热、肝热、肺热。治疗热性心脏病、咳嗽	《晶珠本草》：那噶格萨叶和树干状如核桃树，称那噶布丙。花开后，花蕊花丝如马尾，称为白玛格萨	QTP-EBT-MT-YLX013
smying-zho-sha	南酸枣	*Choerospondias axillaris* (Roxburgh) B. L. Burtt & A. W. Hill	漆树科 Anacardiaceae	果实	味酸、甘，性凉。清心热，用于治疗热性心脏病	《度母本草》：心脏病药南酸枣，大叶密厚，花朵黄色很美丽，心形果称娘肖夏。《图鉴》：中说、治心脏病的广酸枣，生长于热带河川地带林间，树大、叶厚，产珞隅地方的，肉厚、质佳	XDA001
rgun-hbrum	葡萄	*Vitis vinifera* L.	葡萄科 Vitaceae	果实	味甘、微酸，性凉、轻、润。治疗肺热，明目、利二便。咳嗽痰多、水肿病等	《妙音本草》：葡萄似熟无患子，其味甘而稍带酸。葡萄果籽能止痰泻，葡萄肉能度下泻。《度母本草》：葡萄果营养，温暖河川林同生，叶片圆小茎蔓长，茎蔓近似铁线莲，果实红色很难见，其味甘而有点酸。《晶珠本草》：生于高级河川地的葡萄，茎干如沙棘，叶如葡萄叶，叶如菊蒌叶，果实红紫，成串生于枝条上端，盘托而生，每串近百粒	MZ063

续表

藏药名	植物中文名	拉丁学名	科名	药用部位	藏医功效	藏药本草记载	野生植物凭证标本
sgron-shing	不丹松	*Pinus bhutanica* Grierson. D. G. Long & C. N. Page	松科 Pinaceae	树脂	味苦、微甘、性温。用于治疗寒湿痹证、筋骨疼痛等症	《妙音本草》：油松状如灵宝塔，针叶状如碧玉云，味色性温干而燥。《度母本草》：油松生长在南部，门隅路隅之河川，形似珍宝堆，花朵红色似火舌；叶心状如碧玉云，叶松生长下而生长	LZY149
mon-log-gla-sgang, sman-gla-sgang	香附	*Cyperus rotundus* L.	莎草科 Cyperaceae	根茎	味辛、涩，性凉。清疫热、肺热、肠热。治喑哑、热痢、肺热病	《度母本草》：所说门隅香附子，生在土厚之草坡，叶片细窄非常小，根子细小圆块状，遍布地下而生长	LZY150
ba-sha-ka	鸭嘴花	*Justicia adhatoda* L.	爵床科 Acanthaceae	全草	味苦，性凉。清血热、肝热。治血热病、肝热病、赤巴热病、跌打损伤、疮疖肿痛	《度母本草》：所说草药鸭嘴花，大叶密厚，花朵状似鸭子嘴	QTP-EBT-2023001
mchin-pa-zho-sha	眼镜豆	*Entada rheedii* Sprengel	豆科 Fabaceae	种子	味甘，性凉。治疗心病、肾病、肝热病、中毒症之热证、白脉病	《字妥本草》：庆巴肖夏生藏南热带沟谷，植株高大，荚果长，状如两臂伸直之半。种子红色，约有公牛眼般大小；《晶珠本草》：红色种子上有紫色线条，色形如肝，大小如海指甲	QTP-EBT-ZHY-012

注：此附录是实地调查研究的结果，为第一手资料，与各论（本草研究的结果）为彼此独立的内容。各论部分是综合了实地调研、文献研究、本草考证等多个工作的结果。本草考证部分是综合了实地调研、文献研究，因此与第一手资料有较大出入。